全国环境影响评价工程师职业资格考试系列参考教材

环境影响评价技术导则与标准

（2020年版）

生态环境部环境工程评估中心　编

中国环境出版集团·北京

图书在版编目（CIP）数据

环境影响评价技术导则与标准：2020年版 / 生态环境部环境工程评估中心编．—13版．—北京：中国环境出版集团，2020.3

全国环境影响评价工程师职业资格考试系列参考教材

ISBN 978-7-5111-4294-8

Ⅰ．①环…　Ⅱ．①生…　Ⅲ．①环境影响—评价—资格考试—自学参考资料　Ⅳ．①X820.3

中国版本图书馆CIP数据核字（2020）第025088号

出 版 人　武德凯
责任编辑　黄晓燕
文字编辑　张　倩
责任校对　任　丽
封面制作　宋　瑞

更多信息，请关注
中国环境出版集团
第一分社

出版发行　中国环境出版集团
（100062　北京市东城区广渠门内大街16号）
网　　址：http://www.cesp.com.cn
电子邮箱：bjgl@cesp.com.cn
联系电话：010-67112765（编辑管理部）
010-67112735（第一分社）
发行热线：010-67125803，010-67113405（传真）
印　　刷　北京中科印刷有限公司
经　　销　各地新华书店
版　　次　2005年2月第1版　2020年3月第13版
印　　次　2020年3月第1次印刷
开　　本　787×960　1/16
印　　张　17.75
字　　数　350千字
定　　价　59.00元

编写委员会

主　编　谭民强

副主编　吕　巍　孙优娜　苏　艺

编　委　（以姓氏拼音字母排序）

陈宣颖　崔志强　姜　昀　刘海龙　刘金洁

谭舟华　岳蓬蓬　张国宁　张倩倩　张希柱

前　言

为了满足环境影响评价工程师职业资格考试应试需求，我中心组织具有多年环境影响评价实践经验的专家于2005年编写了第一版环境影响评价工程师职业资格考试系列参考教材。《环境影响评价技术导则与标准》是该套教材的其中一册，归纳整理了从事环境影响评价业务所必需的环境影响评价技术导则与标准，并对重点内容作了解释和说明。

根据全国统一考试实践和《环境影响评价工程师职业资格考试大纲》的要求，我们于2006—2019年多次组织对该册教材进行修订。2019年底，根据最新发布的环境影响评价技术导则以及有关环境保护标准，再次对教材进行了修订。本版教材编写人员：第一章为张国宁、岳蓬蓬、舒艳、赵瑞霞、刘振起；第二章为岳蓬蓬、张国宁、李鱼、张宇、石静儒；第三章为易爱华、丁峰、岳蓬蓬；第四章为贾鹏、李鱼、蔡梅、李彦武；第五章为刘明柱、周俊、李鱼、李雅静；第六章为翟国庆、赵仁兴；第七章为朱远峰、李雅静、张倩倩；第八章为李鱼、舒艳、张林波、王维；第九章为马立强、舒艳；第十章为姜昀、谭舟华；第十一章为张国宁、舒艳；第十二章为韩煜明、舒艳。

书中不当之处，恳请读者批评指正。

编　者

2020年3月于北京

2020

全国环境影响评价工程师职业资格考试系列参考资料

全国环境影响评价工程师职业资格考试考点要点分析

环境影响评价相关法律法规试题解析

环境影响评价技术导则与标准试题解析

环境影响评价技术方法试题解析

环境影响评价案例分析试题解析

环境影响评价相关法律法规基础过关 800 题

环境影响评价技术导则与标准基础过关 800 题

环境影响评价技术方法基础过关 800 题

环境影响评价案例分析基础过关 50 题

环评云辅导

微信扫码关注中国环境出版集团即可获得

考前冲刺模拟试题

更多资源陆续上线，敬请关注。

- 练习题
- 在线题库
- 专家精讲视频

全国环境影响评价工程师

职业资格考试

2020年

中国环境出版集团

目 录

第一章　环境保护标准

第一节　环境保护标准概述

一、环境保护标准的定义

环境保护标准是为了防治环境污染，维护生态平衡，保障公众健康，对环境保护工作中需要统一的各项技术规范和技术要求所作的规定。具体讲，环境保护标准是国家为了保障公众健康，促进生态良性循环，实现社会经济发展目标，根据国家的环境政策和法规，在综合考虑本国自然环境特征、社会经济条件和科学技术水平的基础上，规定了环境中的污染物或其他有害因素的允许含量（浓度）和污染源排放污染物或其他有害因素的种类、数量、浓度、排放方式，以及监测方法和其他有关技术规范。

环境保护标准是随着环境问题的产生而出现的，随着科技进步和环境科学的发展，环境保护标准也随之而发展，其种类和数量也越来越多。我国目前已形成两级五类的环境保护标准体系，分别为国家级和地方级标准，类别包括环境质量标准、污染物排放（控制）标准、环境监测类标准、环境管理规范类标准和环境基础类标准。

二、环境保护标准的作用

1．环境保护标准是国家环境保护法规的重要组成部分

我国环境保护标准具有法规约束性，是我国环境保护法规所赋予的。在《中华人民共和国环境保护法》《中华人民共和国大气污染防治法》《中华人民共和国水污染防治法》《中华人民共和国海洋环境保护法》《中华人民共和国环境噪声污染防治法》《中华人民共和国固体废物污染环境防治法》《中华人民共和国土壤污染防治法》等法律法规中，都规定了制定实施环境保护标准的条款，使环境保护标准成为环境管理必不可少的依据和环境保护法规的重要组成部分。我国环境保护标准本身所具有的法规特征是：国家环境保护标准很多是法律规定必须严格贯彻执行的强制性标准。国家环境保护强制性标准由国务院生态环境主管部门制定，与国务院标准化行政主管部门联合发布；地方环境保护强制性标准由省级人民政府制定，并报国务院生态环境主管部门备案。这就使我

国环境保护标准具有行政法规的效力。同时，《国家环境保护标准制修订工作管理办法》《国家污染物排放标准实施评估工作指南（试行）》《地方环境质量标准和污染物排放标准备案管理办法》等管理制度文件，规范了环境保护标准从制（修）订到发布实施有严格的工作程序，使环境保护标准具有规范性特征。国家环境保护标准又是国家有关环境政策在技术方面的具体表现，如我国环境质量标准兼顾了我国环境保护工作的区域性和阶段性特征，体现了我国经济建设和环境建设协调发展的战略政策；我国污染物排放标准综合体现了国家关于资源综合利用的能源政策、淘劣奖优的产业政策、鼓励科技进步的科技政策等，其中行业污染物排放标准又着重体现了我国行业环境管理政策。

2．环境保护标准是环境保护规划的体现

环境保护规划的目标主要是用标准来表示的。我国环境质量标准就是将环境保护规划总目标依据环境组成要素和控制项目在规定时间和空间内予以分解并定量化的产物。因而环境质量标准是具有鲜明的阶段性和区域性特征的规划指标，是环境保护规划的定量描述。污染物排放标准则是根据环境质量目标要求，将规划措施根据我国的技术和经济水平以及行业生产特征，按污染控制项目进行分解和定量化，它是具有阶段性和区域性特征的控制措施指标。

环境保护规划是指在什么地方到什么时候采取什么措施达到什么标准，也就是通过环境保护规划来实施环境标准。通过环境保护标准提供了可列入国民经济和社会发展计划中的具体环境保护指标，为环境保护计划切实纳入国家各级经济和社会发展计划创造了条件；环境保护标准为其他行业部门提出了环境保护具体指标，有利于其他行业部门在制订和实施行业发展计划时协调行业发展与环境保护工作；环境标准提供了检验环境保护工作的尺度，有利于生态环境部门对环保工作的监督管理，对于人民群众加强对环保工作的监督和参与、提高全民族的环境保护意识也有积极意义。

3．环境保护标准是生态环境主管部门依法行政的依据

多年来逐步形成的环境管理制度，是环境监督管理职能制度化的体现。但是，这些制度只有在各自进行技术规范化之后，才能保证监督管理职能科学有效地发挥。

环境管理制度和措施的一个基本特征是定量管理，定量管理就要求在污染源控制与环境目标管理之间建立定量评价关系，并进行综合分析。因而就需要通过环境保护标准统一技术方法，作为环境管理制度实施的技术依据。

目标管理的核心首先是对不同时间、空间、污染类型，确定相应要达到的环境标准，以便落实重点控制目标；其次需要从污染物排放标准和区域总量控制指标出发，确定建设项目环境影响评价指标和“三同时”验收指标，确定集中控制工程与限期治理项目对污染源的不同控制要求，确定工业点源执行排放标准和总量指标的负荷分配量以及相应的排污收税额度。

总之，环境保护标准是强化环境管理的核心，环境质量标准提供了衡量环境质量状况的尺度，污染物排放标准为判别污染源是否违法提供了依据。同时，环境监测类标准、环境管理规范类标准和环境基础类标准统一了环境质量标准和污染物排放标准实施的技术与管理要求，为环境质量标准和污染物排放标准的正确实施提供了保障，并相应提高了环境监督管理的科学水平和可比程度。

4. 环境保护标准是推动环境保护科技进步的动力

环境保护标准与其他任何标准一样，是以科学与实践的综合成果为依据制定的，具有科学性和先进性，代表了今后一段时期内科学技术的发展方向。环境保护标准在某种程度上成为判断污染防治技术、生产工艺与设备是否先进可行的依据，成为筛选、评价环保科技成果的一个重要尺度，对技术进步起到导向作用。同时，环境监测类标准和环境基础类标准统一了采样、分析、测试、统计计算等技术方法，规范了环境保护有关技术名词、术语等，保证了环境信息的可比性，使环境科学各学科之间、环境监督管理各部门之间以及环境科研和环境管理部门之间有效的信息交往和相互促进成为可能。环境保护标准的实施还可以起到强制推广先进科技成果的作用，加速科技成果转化为生产力的步伐，使切合我国实际情况的无废、少废、节能、节水及污染治理新技术、新工艺、新设备尽快得到推广应用。

5. 环境保护标准是进行环境影响评价的准绳

无论进行环境质量现状评价，编制环境质量报告书，还是进行环境影响预测评价，编制环境影响评价文件，都需要环境保护标准。只有依靠环境保护标准，方能做出定量化的比较和评价，正确判断环境质量的好坏，从而为控制环境质量，进行环境污染综合整治，以及设计切实可行的治理方案提供科学依据。

6. 环境保护标准具有投资导向作用

环境保护标准中指标值高低是确定污染源治理资金投入的技术依据；在基本建设和技术改造项目中也是根据标准值，确定治理程度，提前安排污染防治资金。环境保护标准对环境投资的这种导向作用是明显的。

三、环境保护标准的特性

环境保护标准不同于产品质量标准，有其独特的法规属性，特别是环境质量标准和污染物排放标准，属于技术法规，具有强制性，必须执行。

环境保护标准也是我国标准化大家庭中的一员，受标准化法的管辖，但是鉴于环境保护标准的特殊性，《中华人民共和国标准化法》在“标准的制定”一章中的第十条第五款规定：法律、行政法规和国务院决定对强制性标准的制定另有规定的，从其规定。《中华人民共和国环境保护法》第十五条、第十六条规定：国务院生态环境主管部门制定国家环境质量标准和污染物排放标准，省、自治区、直辖市人民政府对国家环境质量标准、污染物排放标准中未作规定的项目，可以制定地方环境质量标准和污染物排放标准；对国家环境质量标准、污染物排放标准中已作规定的项目，可以制定严于国家标准的地方环境质量标准和污染物排放标准。地方环境质量标准和污染物排放标准应当报国务院生态环境主管部门备案。

在环境保护标准实施方面，环境质量标准和污染物排放标准有不同的实施制度。环境质量标准通过达标规划（如大气、水体）或风险管控（如土壤）予以实施，对于拟定了达标规划的进行目标考核，在规定期限内未完成环境质量改善目标的地区可实施区域限批并约谈相关负责人。企事业单位和其他生产经营者应遵守污染物排放标准的规定，超标属于违法行为，依法会受到责令改正、限制生产、停产整治、罚款、按日计罚等处罚，情节严重的，还会被责令停业、关闭。

四、环境保护标准工作历史沿革

我国的环境保护标准是与环境保护事业同步发展起来的。1973 年 8 月召开的第一次全国环境保护工作会议审查通过了我国第一个环境保护标准——《工业“三废”排放试行标准》，奠定了我国环境标准的基础。这一标准为我国刚刚起步的环保事业提供了管理和执法依据，在“三同时”把关、排污收费、污染源控制和污染防治等方面发挥了重大作用。

1979 年 3 月，第二次全国环境保护工作会议在成都召开，会议决定进一步加强环境标准工作。同年 9 月国家颁布了《中华人民共和国环境保护法（试行）》，明确规定了环境标准的制（修）定、审批和实施权限，使环境标准工作有了法律依据和保障。自此开始制定大气、水质和噪声等环境质量标准及钢铁、化工、轻工等 40 多个工业污染物国家排放标准。20 世纪 80 年代中期配合环境质量标准和污染物排放标准制定了相应的方法标准和标准样品标准。

20 世纪 80 年代末，原国家环保局重新修订、颁布了《地面水环境质量标准》（GB 3838—88），替代了 GB 3838—82；制定了《污水综合排放标准》（GB 8978—88），替代了《工业“三废”排放试行标准》中的废水部分。这两项标准的突出特点是：环境质量按功能分类保护，排放标准则根据水域功能确定了分级排放限值，即排入不同的功能区的废水执行不同级别的标准；强调了区域综合治理，提出了排入城市下水道的排放限值，对行业排放标准进行了调整，统一制定了水质浓度指标和水量指标，体现了水质和排污总量双重控制。

1991 年 12 月，在广州召开的环境标准工作座谈会上，提出了新的环境保护标准体系。在此之后，针对排放标准的时限问题和重点污染源控制问题，进一步明确了排放标准的时间段的确定依据，综合排放标准及行业排放标准的关系，着手修订综合排放标准和重点行业的排放标准，进一步理顺和解决了在实施中的一些问题。到 1996 年，在国家环境标准清理整顿中，制定和颁布了一批水、气污染物排放标准，进一步贯彻执行了广州会议的精神。

2000 年 4 月 29 日，在九届全国人大常委会第十五次会议上，通过新修订的《中华人民共和国大气污染防治法》，阐明了"超标即违法"的思想，自此后的《中华人民共和国水污染防治法》等环保法律都继承并强化了这一思想，超标将受到严厉的行政处罚（责令改正、限制生产、停产整治、停业关闭、罚款及按日计罚），甚至刑事处罚。这对污染物排放标准的科学性、适用性提出了更高要求，以往以综合性排放标准为主的标准体系注定行业针对性不强、污染控制重点不突出、限值科学合理性较差，为此国家开始了污染物排放标准体系调整工作，大力推进行业污染物排放标准制修订，一大批行业性污染物排放标准建立起来，管控的特征污染物也增加很多。与之配套，监测方法标准数量也急剧增长。

40 多年来，我国环境保护标准工作者积极研究、制定、实施环境标准，为推动我国的环境保护标准工作做出了不懈的努力，取得了显著的成绩。截至"十二五"末期，累计发布国家环境保护标准 1 941 项（其中"十二五"期间发布 493 项），废止标准 244 项，现行标准 1 697 项。在现行环保标准中，环境质量标准 16 项，污染物排放（控制）标准 161 项，环境监测类标准 1 001 项，环境管理规范类标准 481 项，环境基础类标准 38 项，通过备案的地方环保标准 148 项。目前，我国已基本形成了种类齐全、结构完整、协调配套、科学合理的环境保护标准体系。

第二节　环境保护标准体系

一、环境保护标准体系的定义

体系：指在一定系统范围内具有内在联系的有机整体。

环境保护标准体系：各种不同环境保护标准依其性质功能及其客观的内在联系，相互依存、相互衔接、相互补充、相互制约所构成的一个有机整体，即构成了环境保护标准体系。

二、环境保护标准体系的结构

环境保护标准分为国家环境保护标准和地方环境保护标准（图 1-1）。国家环境保护标准包括国家环境质量标准、国家污染物排放（控制）标准、国家环境监测类标准、国家环境管理规范类标准和国家环境基础类标准，统一编号 GB、GB/T、HJ 或 HJ/T。地方环境保护标准主要包括地方环境质量标准和地方污染物排放（控制）标准，统一编号 DB。

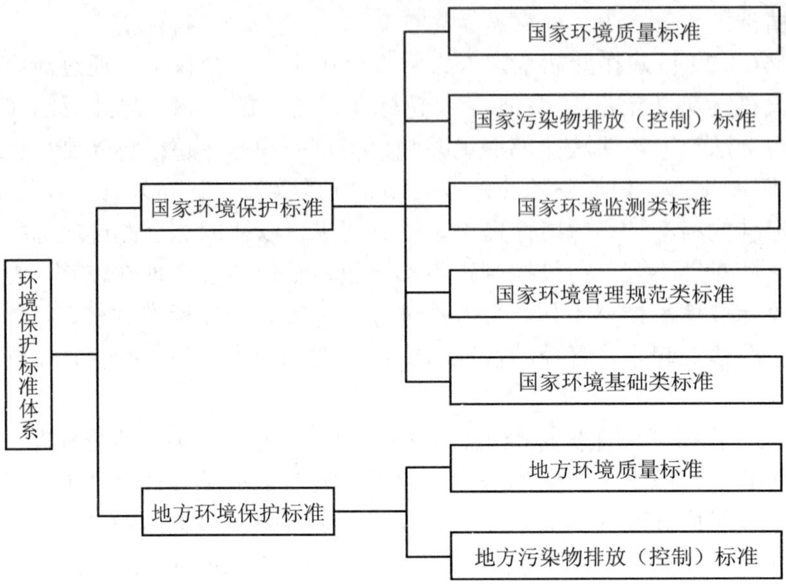

图 1-1　环境保护标准体系框图

1. 国家环境保护标准

（1）国家环境质量标准。是为了保障公众健康、维护生态环境和保障社会物质财富与经济社会发展阶段相适应，对环境中有害物质和因素所作的限制性规定。国家环境质量标准是一定时期内衡量环境优劣程度的标准，是为保护人体健康和生态环境而规定的具体、明确的环境保护目标。

（2）国家污染物排放（控制）标准。是根据国家环境质量标准，以及适用的污染控制技术，并考虑经济承受能力，对排入环境的有害物质和产生污染的各种因素所作的限制性规定，是对污染源控制的标准。是结合环保需求和行业经济、技术发展水平对排污单位提出的最基本的污染物排放控制要求。

（3）国家环境监测类标准。为监测环境质量和污染物排放，规范采样、分析、测试、数据处理等所作的统一规定（指分析方法、测定方法、采样方法、试验方法、检验方法、生产方法、操作方法、标准物质等所作的统一规定）。环境监测类标准主要包括环境监测分析方法标准、环境监测技术规范、环境监测仪器与系统技术要求以及环境标准样品四个子类。

（4）国家环境管理规范类标准。为提高环境管理的科学性、规范性，对环境影响评价、排污许可、污染防治、生态保护、环境监测、监督执法、环境统计与信息等各项环境管理工作中需要统一的技术要求、管理要求所作出的规定。

其中环境影响评价技术导则由规划环境影响评价技术导则和建设项目环境影响评

价技术导则组成。

规划环境影响评价技术导则由总纲、综合性规划环境影响评价技术导则和专项规划环境影响评价技术导则构成，总纲对后两项导则有指导作用，后两项导则的制定要遵循总纲总体要求。目前发布的规划环境影响评价技术导则主要有《规划环境影响评价技术导则 总纲》和《规划环境影响评价技术导则 煤炭工业矿区总体规划》。

建设项目环境影响评价技术导则由总纲、污染源源强核算技术指南、环境要素环境影响评价技术导则、专题环境影响评价技术导则和行业建设项目环境影响评价技术导则等构成。污染源源强核算技术指南包括污染源源强核算准则和火电、造纸、水泥、钢铁等行业污染源源强核算技术指南；环境要素环境影响评价技术导则是指大气、地表水、地下水、声环境、生态、土壤等环境影响评价技术导则；专题环境影响评价技术导则是指环境风险评价、人群健康风险评价、环境影响经济损益分析、固体废物等环境影响评价技术导则；行业建设项目环境影响评价技术导则是指水利水电、采掘、交通、海洋工程等建设项目环境影响评价技术导则。

（5）国家环境基础类标准。对环境保护标准工作中需要统一的技术术语、符号、代号（代码）、图形、指南、导则、量纲单位及信息编码等作的统一规定。

2．地方环境保护标准

地方环境保护标准是对国家环境保护标准的补充和完善。由省、自治区、直辖市人民政府制定。近年来为控制环境质量的恶化趋势，一些地方已将总量控制指标纳入地方环境保护标准。

（1）地方环境质量标准。对国家环境质量标准中未作规定的项目，可以制定地方环境质量标准，对国家环境质量标准中已作规定的项目，可以制定严于国家环境质量标准的地方环境质量标准。地方环境质量标准应报国务院生态环境主管部门备案。

（2）地方污染物排放（控制）标准。对于国家污染物排放标准中未作规定的项目，可以制定地方污染物排放标准；对于国家污染物排放标准已作规定的项目，可以制定严于国家污染物排放标准的地方污染物排放标准。地方污染物排放标准应报国务院生态环境主管部门备案。

三、环境保护标准之间的关系

1．国家环境保护标准与地方环境保护标准的关系

地方环境保护标准应严于国家环境保护标准，在执行上，地方环境保护标准优先于国家环境保护标准。

国家发布了最新的国家环境保护标准，造成早期发布的地方环境保护标准宽松于国家标准要求的，地方环境保护标准中宽松的技术内容自动失效，应及时对地方环境保护标准进行修改或废止。

2．国家污染物排放标准之间的关系

国家污染物排放标准分为跨行业的综合性排放标准（如污水综合排放标准、大气污染物综合排放标准）和行业性排放标准（如火电厂大气污染物排放标准、合成氨工业水污染物排放标准、造纸工业水污染物排放标准等）。综合性排放标准与行业性排放标准不交叉执行。即有行业性排放标准的执行行业性排放标准，没有行业性排放标准的执行综合性排放标准。

3．环境保护标准体系的体系要素

一方面，由于环境的复杂多样性，使得在环境保护领域中需要建立针对不同对象的环境保护标准，因而它们各具有不同的内容用途、性质特点等；另一方面，为使不同种类的环境保护标准有效地完成环境管理的总体目标，又需要科学地从环境管理的目的对象、作用方式出发，合理地组织协调各种标准，使其互相支持、相互匹配以发挥标准系统的综合作用。

环境质量标准和污染物排放标准是环境保护标准体系的主体，它们是环境保护标准体系的核心内容，从环境监督管理的要求上集中体现了环境保护标准体系的基本功能，是实现环境保护标准体系目标的基本途径和表现。

环境基础类标准是环境保护标准体系的基础，是环境保护标准的“标准”，它对统一、规范环境保护标准的制定、执行具有指导的作用，是环境保护标准体系的基石。

环境监测类标准、环境管理规范类标准构成环境保护标准体系的支持系统。它们直接服务于环境质量标准和污染物排放标准，是环境质量标准与污染物排放标准内容上的配套补充以及环境质量标准与污染物排放标准有效执行的技术保证。

四、环境质量标准与环境功能区之间的关系

环境质量一般分等级，与环境功能区类别相对应。高功能区环境质量要求严格，低功能区环境质量要求宽松一些。试举几例说明。

（一）环境空气功能区的分类和标准分级

1．功能区分类：二类

一类区：为自然保护区、风景名胜区和其他需要特殊保护的区域；

二类区：为居住区、商业交通居民混合区、文化区、工业区和农村地区。

2．标准分级：二级

一类区：适用环境空气污染物一级浓度限值；

二类区：适用环境空气污染物二级浓度限值。

（二）地表水环境质量功能区的分类和标准值

1．功能区分类：五类

Ⅰ类：主要适用于源头水、国家自然保护区；

Ⅱ类：主要适用于集中式生活饮用水水源地一级保护区、珍贵鱼类保护区、鱼虾产卵场等；

Ⅲ类：主要适用于集中式生活饮用水水源地二级保护区、一般鱼类保护区及游泳区；

Ⅳ类：主要适用于一般工业用水区及人体非直接接触的娱乐用水区；

Ⅴ类：主要适用于农业用水区及一般景观要求水域。

同一水域兼有多功能的，依最高功能划分类别。

2．标准值：五类

对应地表水上述五类功能区，将地表水环境质量基本项目标准值分为五类，不同功能类别分别执行相应类别的标准值。水域功能类别高的区域执行的标准值严于水域功能类别低的区域。

（三）地下水环境质量分类和标准值

1．质量分类：五类

Ⅰ类：地下水化学组分含量低，适用于各种用途；

Ⅱ类：地下水化学组分含量较低，适用于各种用途；

Ⅲ类：地下水化学组分含量中等，以《生活饮用水卫生标准》（GB 5749—2006）为依据，主要适用于集中式生活饮用水水源及工农业用水；

Ⅳ类：地下水化学组分含量较高，以农业和工业用水质量要求以及一定水平的人体健康风险为依据，适用于农业和部分工业用水，适当处理后可作生活饮用水；

Ⅴ类：地下水化学组分含量高，不宜作为生活饮用水水源，其他用水可根据使用目的选用。

2．标准值：五类

地下水环境质量指标分为五类，不同功能类别分别执行相应的标准值。水域功能类别高的区域执行的标准值严于水域功能类别低的区域。

（四）海水水质分类与标准

1．海水水质分类：四类

第一类：适用于海洋渔业水域，海上自然保护区和珍稀濒危海洋生物保护区；

第二类：适用于海水养殖区、海水浴场、人体直接接触海水的海上运动或娱乐区，以及与人类食用直接有关的工业用水区；

第三类：适用于一般工业用水区，滨海风景旅游区；

第四类：适用于海洋港口水域，海洋开发作业区。

2．标准值：四类

对应海水水质分类，将海水水质标准值分为四类，不同功能类别分别执行相应类别的标准值。水域功能类别高的区域执行的标准值严于水域功能类别低的区域。

（五）声环境功能区的分类和标准值

1．功能区分类：五类

0 类：指康复疗养区等特别需要安静的区域；

1 类：指以居民住宅、医疗卫生、文化教育、科研设计、行政办公为主要功能，需要保持安静的区域；

2 类：指以商业金融、集市贸易为主要功能，或者居住、商业、工业混杂，需要维护住宅安静的区域；

3 类：指以工业生产、仓储物流为主要功能，需要防止工业噪声对周围环境产生严重影响的区域；

4 类：指交通干线两侧一定距离之内，需要防止交通噪声对周围环境产生严重影响的区域，包括 4a 类和 4b 类两种类型。4a 类为高速公路、一级公路、二级公路、城市快速路、城市主干路、城市次干路、城市轨道交通（地面段）、内河航道两侧区域；4b 类为铁路干线两侧区域。

2．标准值：五类

对应声环境五类功能区，将环境噪声标准值分为五类，不同功能类别分别执行相应类别的标准值。噪声功能类别高的区域（如居住区）执行的标准值严于噪声功能类别低的区域（如工业区）。

（六）土壤环境功能区的分类和标准值

1. 功能区分类：二大类

（1）建设用地分类：二类

第一类用地：包括《城市用地分类与规划建设用地标准》（GB 50137—2011）规定的城市建设用地中的居住用地（R），公共管理与公共服务设施用地中的中小学用地（A33）、医疗卫生用地（A5）和社会福利设施用地（A6），以及公园绿地（G1）中的社区公园或儿童公园用地等。

第二类用地：包括《城市用地分类与规划建设用地标准》（GB 50137—2011）规定的城市建设用地中的工业用地（M），物流仓储用地（W），商业服务业设施用地（B），道路与交通设施用地（S），公共设施用地（U），公共管理与公共服务设施用地（A）（A33、

A5、A6 除外），以及绿地与广场用地（G）（G1 中的社区公园或儿童公园用地除外）等。

（2）农用地：指《土地利用现状分类》（GB/T 21010—2017）中的 01 耕地（0101 水田、0102 水浇地、0103 旱地）、02 园地（0201 果园、0202 茶园）和 04 草地（0401 天然牧草地、0402 人工牧草地）。

2. 标准值：二类

（1）建设用地：分别规定了建设用地第一类、第二类用地的风险筛选值和风险管制值。

规划用途为第一类用地的，适用第一类用地的风险筛选值和管制值；规划用途为第二类用地的，适用第二类用地的风险筛选值和管制值。规划用途不明确的，适用第一类用地的风险筛选值和管制值。

（2）农用地：风险筛选值和风险管制值。

五、污染物排放标准与环境功能区之间的关系

过去，对于水、气污染物排放标准，大部分是分级别的，分别对应于相应的环境功能区，处在高功能区的污染源执行严格的排放限值，处在低功能区的污染源执行宽松的排放限值。

目前，污染物排放标准的制定思路有所调整。首先，排放标准限值建立在经济可行的控制技术基础上，不分级别。制定国家污染物排放标准时，明确以技术为依据，采用“污染物达标排放技术”，即现有源以现阶段所能达到的经济可行的最佳实用控制技术为标准的制定依据。国家污染物排放标准不分级别，不再根据污染源所在地区环境功能不同而不同，而是根据不同工业行业的工艺技术、污染物产生量水平、清洁生产水平、处理技术等因素确定各种污染物排放限值。污染物排放标准以减少单位产品或单位原料消耗量的污染物排放量为目标，根据行业工艺的进步和污染治理技术的发展，适时对污染物排放标准进行修订，逐步达到减少污染物排放总量以实现改善环境质量的目标。其次，国家污染物排放标准与环境质量功能区逐步脱离对应关系，由地方根据具体需要进行补充制定排入特殊保护区的排放标准。逐步改变目前国家污染物排放标准与环境质量功能区对应的关系，超前时间段不分级别，现时间段可以维持，以便管理部门的逐步过渡。排放标准的作用对象是污染源，污染源排污量水平与生产工艺和处理技术密切相关。而目前这种根据环境质量功能区类别来制定相应级别的污染物排放标准过于勉强，因为单个排放源与环境质量不具有一一对应的因果关系，一个地方的环境质量受到诸如污染源数量、种类、分布、人口密度、经济水平、环境背景及环境容量等众多因素的制约，必须采取综合整治措施才能达到环境质量标准。

根据环境保护工作的要求，在国土开发密度已经较高、环境承载能力开始减弱，或环境容量较小、生态环境脆弱，容易发生严重环境污染问题而需要采取特别保护措施的

地区，应严格控制企业的污染排放行为，在上述地区的企业应执行污染物特别排放限值。

第三节 环境保护标准的实施与实施监督

组织实施标准，是指有计划、有组织、有措施地贯彻执行标准的活动。县级以上地方人民政府生态环境主管部门负责组织实施。

对标准实施监督，是指对标准贯彻执行情况进行督促检查处理的活动。

一、环境质量标准的实施

（1）在实施环境质量标准时，应结合所管辖区域环境要素的使用目的和保护目的划分环境功能区，对各类环境功能区按照环境质量标准的要求进行相应标准级别的管理。

（2）县级以上地方人民政府生态环境主管部门在实施环境质量标准时，应按国家规定，选定环境质量标准的监测点位或断面。经批准确定的监测点位、断面不得任意变更。

（3）各级环境监测站和有关环境监测机构应按照环境质量标准和与之相关的其他环境标准规定的采样方法、频率和分析方法进行环境质量监测。

（4）承担环境影响评价工作的单位应按照环境质量标准及规范进行环境质量评价。

（5）跨省河流、湖泊以及由大气传输引起的环境质量标准执行方面的争议，由有关省、自治区、直辖市人民政府生态环境主管部门协调解决，协调无效时，报生态环境部协调解决。

二、污染物排放标准的实施

县级以上人民政府生态环境主管部门在审批建设项目环境影响报告书（表）时，应根据下列因素或情形确定该建设项目应执行的污染物排放标准：

（1）建设项目所属的行业类别、所处环境功能区、排放污染物种类、污染物排放去向和建设项目环境影响报告书（表）批准的时间。

（2）建设项目向已有地方污染物排放标准的区域排放污染物时，应执行地方污染物排放标准，对于地方污染物排放标准中没有规定的指标，执行国家污染物排放标准中相应的指标。

（3）实行总量控制区域的建设项目，在确定排污单位应执行的污染物排放标准的同时，还应确定排污单位应执行的污染物排放总量控制指标。

（4）在国家及地方污染物排放标准中未包括的评价因子，由相关生态环境主管部门确认应执行的污染物排放要求。

建设项目的设计、施工、验收及投产后，均应执行生态环境主管部门在批准的建设项目环境影响报告书（表）中所确定的污染物排放标准。

企事业单位和个体工商业者排放污染物，应按所属的行业类型、所处环境功能区、排放污染物种类、污染物排放去向执行相应的国家和地方污染物排放标准，生态环境主管部门应加强监督检查。

三、环境监测类标准的实施

（1）被环境质量标准和污染物排放标准等强制性标准引用的方法标准具有强制性，必须执行。

（2）在进行环境监测时，应按照环境质量标准和污染物排放标准的规定，确定采样位置和采样频率，并按照国家环境监测方法标准的规定测试与计算。

（3）对于地方环境质量标准和污染物排放标准中规定的项目，如果没有相应的国家环境监测方法标准，可由省、自治区、直辖市人民政府生态环境主管部门组织制定地方统一分析方法，与地方环境质量标准或污染物排放标准配套执行。相应的国家环境监测方法标准发布后，地方统一分析方法停止执行。

（4）因采用不同的国家环境监测方法标准所得监测数据发生争议时，由上级生态环境主管部门裁定，或者指定采用一种国家环境监测方法标准进行复测。

（5）对各级环境监测分析实验室及分析人员进行质量控制考核，确保环境监测活动中使用国家环境标准样品：保证环境监测数据真实可靠。

四、环境管理规范类标准与环境基础类标准的实施

（1）使用环境保护专业用语和名词术语时，执行环境名词术语标准。

（2）排污口和污染物处理、处置场所的图形标志，执行国家环境保护图形标志标准。

（3）环境保护档案、信息进行分类和编码时，采用环境档案、信息分类与编码标准。

（4）制定各类环境标准时，执行环境标准编写技术原则及技术规范。

（5）划分各类环境功能区时，执行环境功能区划分技术规范。

（6）进行生态和环境质量影响评价时，执行有关环境影响评价技术导则及规范。

（7）进行自然保护区建设和管理时，执行自然保护区管理的技术规范和标准。

（8）对环境保护专用仪器设备进行认定时，采用有关仪器设备生态环境部标准。

五、环境保护标准的监督实施

1. 实施监督部门

（1）生态环境部负责对地方生态环境主管部门实施环境标准情况进行检查监督，在全国环保执法检查中要将环境保护标准执行情况作为一项重要内容。

（2）县级以上地方人民政府生态环境主管部门在向同级人民政府和上级生态环境主管部门汇报环保工作时，应将标准执行情况作为一项重要内容。

2. 实施监督方式

标准实施的监督可分为自我监督和管理性监督。

自我监督主要由排污单位及其主管部门承担，其基本出发点主要是“达到标准规定要求”。按照《环境保护法》第四十二条、第五十五条要求，重点排污单位应进行自行监测和对社会公开污染排放信息。为配合法律实施，生态环境部发布了多个行业的自行监测技术指南，建设了国家重点监控企业自行监测信息公开平台，目前已初步建立自行监测和信息公开制度。自我监督属于标准实施监督系统的一个重要组织部分，从守法的高度加以强化，也正是目前国外环境管理的一个特点。管理性监督主要由各级生态环境主管部门负责，体现对标准实施的监察与督导。其基本出发点是“达标”，采用的手段一般为监督性监测和检查、抽查。对环境质量标准的实施监督，一般为固定采样点位、固定频率的例行监测，以相应标准进行质量评定。对排放标准的实施监督，往往采用抽样测试检查制度，对排污单位的排污行为以相应标准进行判定。方法、样品标准一般通过监测质量控制考核活动进行监督检查。

总体来说，环境保护标准实施监督系统应形成归口管理—实施—自我监督—管理性监督的运行机制。

第四节　主要环境保护标准名录

目前，现行国家环境保护标准数量已经突破 1 900 项，本书选择与环境影响评价工作相关的主要环境质量标准、污染物排放标准、环境影响评价技术导则和建设项目竣工环境保护验收技术规范等列举如下。

一、环境质量标准

1. 大气环境质量标准

（1）《环境空气质量标准》（GB 3095—2012）

（2）《室内空气质量标准》（GB/T 18883—2002）

2. 水环境质量标准

（1）《地表水环境质量标准》（GB 3838—2002）

（2）《海水水质标准》（GB 3097—1997）

（3）《渔业水质标准》（GB 11607—89）

（4）《农田灌溉水质标准》（GB 5084—2005）

（5）《地下水质量标准》（GB/T 14848—2017）

3. 声环境质量标准

（1）《声环境质量标准》（GB 3096—2008）

（2）《城市区域环境振动标准》（GB 10070—88）
（3）《机场周围飞机噪声环境标准》（GB 9660—88）

4．土壤环境质量标准

（1）《土壤环境质量　农用地土壤污染风险管控标准（试行）》（GB 15618—2018）
（2）《土壤环境质量　建设用地土壤污染风险管控标准（试行）》（GB 36600—2018）

二、污染物排放标准

1．大气污染物排放标准

（1）《涂料、油墨及胶粘剂工业大气污染物排放标准》（GB 37824—2019）
（2）《制药工业大气污染物排放标准》（GB 37823—2019）
（3）《挥发性有机物无组织排放控制标准》（GB 37822—2019）
（4）《烧碱、聚氯乙烯工业污染物排放标准》（GB 15581—2016）
（5）《再生铜、铝、铅、锌工业污染物排放标准》（GB 31574—2015）
（6）《无机化学工业污染物排放标准》（GB 31573—2015）
（7）《合成树脂工业污染物排放标准》（GB 31572—2015）
（8）《石油化学工业污染物排放标准》（GB 31571—2015）
（9）《石油炼制工业污染物排放标准》（GB 31570—2015）
（10）《火葬场大气污染物排放标准》（GB 13801－2015）
（11）《锡、锑、汞工业污染物排放标准》（GB 30770—2014）
（12）《锅炉大气污染物排放标准》（GB 13271—2014）
（13）《水泥工业大气污染物排放标准》（GB 4915—2013）
（14）《电池工业污染物排放标准》（GB 30484—2013）
（15）《砖瓦工业大气污染物排放标准》（GB 29620—2013）
（16）《电子玻璃工业大气污染物排放标准》（GB 29495—2013）
（17）《炼焦化学工业污染物排放标准》（GB 16171—2012）
（18）《铁合金工业污染物排放标准》（GB 28666—2012）
（19）《轧钢工业大气污染物排放标准》（GB 28665—2012）
（20）《炼钢工业大气污染物排放标准》（GB 28664—2012）
（21）《炼铁工业大气污染物排放标准》（GB 28663—2012）
（22）《钢铁烧结、球团工业大气污染物排放标准》（GB 28662—2012）
（23）《铁矿采选工业污染物排放标准》（GB 28661—2012）
（24）《橡胶制品工业污染物排放标准》（GB 27632—2011）
（25）《火电厂大气污染物排放标准》（GB 13223—2011）
（26）《平板玻璃工业大气污染物排放标准》（GB 26453—2011）

（27）《钒工业污染物排放标准》（GB 26452—2011）
（28）《稀土工业污染物排放标准》（GB 26451—2011）
（29）《硫酸工业污染物排放标准》（GB 26132—2010）
（30）《硝酸工业污染物排放标准》（GB 26131—2010）
（31）《镁、钛工业污染物排放标准》（GB 25468—2010）
（32）《铜、镍、钴工业污染物排放标准》（GB 25467—2010）
（33）《铅、锌工业污染物排放标准》（GB 25466—2010）
（34）《铝工业污染物排放标准》（GB 25465—2010）
（35）《陶瓷工业污染物排放标准》（GB 25464—2010）
（36）《合成革与人造革工业污染物排放标准》（GB 21902—2008）
（37）《电镀污染物排放标准》（GB 21900—2008）
（38）《煤层气（煤矿瓦斯）排放标准》（GB 21522—2008）
（39）《加油站大气污染物排放标准》（GB 20952—2007）
（40）《汽油运输大气污染物排放标准》（GB 20951—2007）
（41）《储油库大气污染物排放标准》（GB 20950—2007）
（42）《煤炭工业污染物排放标准》（GB 20426—2006）
（43）《饮食业油烟排放标准（试行）》（GB 18483—2001）
（44）《大气污染物综合排放标准》（GB 16297—1996）
（45）《工业炉窑大气污染物排放标准》（GB 9078—1996）
（46）《恶臭污染物排放标准》（GB 14554—93）

2．水污染物排放标准

（1）《船舶水污染物排放控制标准》（GB 3552—2018）
（2）《烧碱、聚氯乙烯工业污染物排放标准》（GB 15581—2016）
（3）《再生铜、铝、铅、锌工业污染物排放标准》（GB 31574—2015）
（4）《无机化学工业污染物排放标准》（GB 31573—2015）
（5）《合成树脂工业污染物排放标准》（GB 31572—2015）
（6）《石油化学工业污染物排放标准》（GB 31571—2015）
（7）《石油炼制工业污染物排放标准》（GB 31570—2015）
（8）《锡、锑、汞工业污染物排放标准》（GB 30770—2014）
（9）《电池工业污染物排放标准》（GB 30484—2013）
（10）《制革及毛皮加工工业水污染物排放标准》（GB 30486—2013）
（11）《柠檬酸工业水污染物排放标准》（GB 19430—2013）
（12）《合成氨工业水污染物排放标准》（GB 13458—2013）
（13）《纺织染整工业水污染物排放标准》（GB 4287—2012）

（14）《缫丝工业水污染物排放标准》（GB 28936—2012）
（15）《毛纺工业水污染物排放标准》（GB 28937—2012）
（16）《麻纺工业水污染物排放标准》（GB 28938—2012）
（17）《铁矿采选工业污染物排放标准》（GB 28661—2012）
（18）《铁合金工业污染物排放标准》（GB 28666—2012）
（19）《钢铁工业水污染物排放标准》（GB 13456—2012）
（20）《炼焦化学工业污染物排放标准》（GB 16171—2012）
（21）《钒工业污染物排放标准》（GB 26452—2011）
（22）《橡胶制品工业污染物排放标准》（GB 27632—2011）
（23）《磷肥工业水污染物排放标准》（GB 15580—2011）
（24）《汽车维修业水污染物排放标准》（GB 26877—2011）
（25）《发酵酒精和白酒工业水污染物排放标准》（GB 27631—2011）
（26）《弹药装药行业水污染物排放标准》（GB 14470.3—2011）
（27）《稀土工业污染物排放标准》（GB 26451—2011）
（28）《硝酸工业污染物排放标准》（GB 26131—2010）
（29）《硫酸工业污染物排放标准》（GB 26132—2010）
（30）《镁、钛工业污染物排放标准》（GB 25468—2010）
（31）《铜、镍、钴工业污染物排放标准》（GB 25467—2010）
（32）《铅、锌工业污染物排放标准》（GB 25466—2010）
（33）《铝工业污染物排放标准》（GB 25465—2010）
（34）《陶瓷工业污染物排放标准》（GB 25464—2010）
（35）《油墨工业水污染物排放标准》（GB 25463—2010）
（36）《酵母工业水污染物排放标准》（GB 25462—2010）
（37）《淀粉工业水污染物排放标准》（GB 25461—2010）
（38）《制浆造纸工业水污染物排放标准》（GB 3544—2008）
（39）《电镀污染物排放标准》（GB 21900—2008）
（40）《羽绒工业水污染物排放标准》（GB 21901—2008）
（41）《合成革与人造革工业污染物排放标准》（GB 21902—2008）
（42）《发酵类制药工业水污染物排放标准》（GB 21903—2008）
（43）《化学合成类制药工业水污染物排放标准》（GB 21904—2008）
（44）《提取类制药工业水污染物排放标准》（GB 21905—2008）
（45）《中药类制药工业水污染物排放标准》（GB 21906—2008）
（46）《生物工程类制药工业水污染物排放标准》（GB 21907—2008）
（47）《混装制剂类制药工业水污染物排放标准》（GB 21908—2008）

（48）《制糖工业水污染物排放标准》（GB 21909—2008）
（49）《杂环类农药工业水污染物排放标准》（GB 21523—2008）
（50）《皂素工业水污染物排放标准》（GB 20425—2006）
（51）《煤炭工业污染物排放标准》（GB 20426—2006）
（52）《啤酒工业污染物排放标准》（GB 19821—2005）
（53）《医疗机构水污染物排放标准》（GB 18466—2005）
（54）《味精工业污染物排放标准》（GB 19431—2004）
（55）《城镇污水处理厂污染物排放标准》（GB 18918—2002）
（56）《兵器工业水污染物排放标准　火炸药》（GB 14470.1—2002）
（57）《兵器工业水污染物排放标准　火工药剂》（GB 14470.2—2002）
（58）《畜禽养殖业污染物排放标准》（GB 18596—2001）
（59）《污水海洋处置工程污染控制标准》（GB 18486—2001）
（60）《污水综合排放标准》（GB 8978—1996）
（61）《航天推进剂水污染物排放标准》（GB 14374—93）
（62）《肉类加工工业水污染物排放标准》（GB 13457—92）
（63）《海洋石油开发工业含油污水排放标准》（GB 4914—85）
（64）《船舶工业污染物排放标准》（GB 4286—84）

3．环境噪声排放标准

（1）《建筑施工场界环境噪声排放标准》（GB 12523—2011）
（2）《工业企业厂界环境噪声排放标准》（GB 12348—2008）
（3）《社会生活环境噪声排放标准》（GB 22337—2008）
（4）《铁路边界噪声限值及其测量方法》（GB 12525—90）及修改方案（环境保护部公告 2008 年第 38 号）

4．固体废物污染控制标准

（1）《固体废物鉴别标准　通则》（GB 34330—2017）
（2）《含多氯联苯废物污染控制标准》（GB 13015—2017）
（3）《水泥窑协同处置固体废物污染控制标准》（GB 30485—2013）
（4）《生活垃圾焚烧污染控制标准》（GB 18485—2014）
（5）《生活垃圾填埋场污染控制标准》（GB 16889—2008）
（6）《医疗废物焚烧炉技术要求（试行）》（GB 19218—2003）
（7）《危险废物焚烧污染控制标准》（GB 18484—2001）
（8）《危险废物贮存污染控制标准》（GB 18597—2001）
（9）《危险废物填埋污染控制标准》（GB 18598—2019）
（10）《一般工业固体废物贮存、处置场污染控制标准》（GB 18599—2001）

（11）《农用污泥中污染物控制标准》（GB 4284—2018）

三、环境影响评价标准

（1）《环境影响评价技术导则　土壤环境（试行）》（HJ 964—2018）
（2）《建设项目环境风险评价技术导则》（HJ 169—2018）
（3）《环境影响评价技术导则　地表水环境》（HJ 2.3—2018）
（4）《环境影响评价技术导则　城市轨道交通》（HJ 453—2018）
（5）《环境影响评价技术导则　大气环境》（HJ 2.2—2018）
（6）《建设项目环境影响评价技术导则　总纲》（HJ 2.1—2016）
（7）《环境影响评价技术导则　地下水环境》（HJ 610—2016）
（8）《尾矿库环境风险评估技术导则（试行）》（HJ 740—2015）
（9）《环境影响评价技术导则　钢铁建设项目》（HJ 708—2014）
（10）《环境影响评价技术导则　输变电工程》（HJ 24—2014）
（11）《规划环境影响评价技术导则　总纲》（HJ 130—2019）
（12）《环境影响评价技术导则　生态影响》（HJ 19—2011）
（13）《环境影响评价技术导则　煤炭采选工程》（HJ 619—2011）
（14）《环境影响评价技术导则　制药建设项目》（HJ 611—2011）
（15）《建设项目环境影响技术评估导则》（HJ 616—2011）
（16）《环境影响评价技术导则　农药建设项目》（HJ 582—2010）
（17）《环境影响评价技术导则　声环境》（HJ 2.4—2009）
（18）《规划环境影响评价技术导则　煤炭工业矿区总体规划》（HJ 463—2009）
（19）《环境影响评价技术导则　陆地石油天然气开发建设项目》（HJ/T 349—2007）
（20）《开发区区域环境影响评价技术导则》（HJ/T 131—2003）
（21）《环境影响评价技术导则　水利水电工程》（HJ/T 88—2003）
（22）《环境影响评价技术导则　石油化工建设项目》（HJ/T 89—2003）
（23）《环境影响评价技术导则　民用机场建设工程》（HJ/T 87—2002）
（24）《500 kV 超高压送变电工程电磁辐射环境影响评价技术规范》（HJ/T 24—1998）
（25）《辐射环境保护管理导则　电磁辐射环境影响评价方法与标准》（HJ/T 10.3—1996）

四、建设项目竣工环境保护验收技术规范

（1）《建设项目竣工环境保护验收技术指南　污染影响类》（生态环境部公告 2018 年 第 9 号）

（2）《建设项目竣工环境保护验收技术规范　医疗机构》（HJ 794—2016）
（3）《建设项目竣工环境保护验收技术规范　制药》（HJ 792—2016）
（4）《建设项目竣工环境保护验收技术规范　涤纶》（HJ 790—2016）
（5）《建设项目竣工环境保护验收技术规范　粘胶纤维》（HJ 791—2016）
（6）《建设项目竣工环境保护验收技术规范　纺织染整》（HJ 709—2014）
（7）《建设项目竣工环境保护验收技术规范　输变电工程》（HJ 705—2014）
（8）《建设项目竣工环境保护验收技术规范　煤炭采选》（HJ 672—2013）
（9）《建设项目竣工环境保护验收技术规范　石油天然气开采》（HJ 612—2011）
（10）《建设项目竣工环境保护验收技术规范　公路》（HJ 552—2010）
（11）《建设项目竣工环境保护验收技术规范　水利水电》（HJ 464—2009）
（12）《建设项目竣工环境保护验收技术规范　港口》（HJ 436—2008）
（13）《储油库、加油站大气污染治理项目验收检测技术规范》（HJ/T 431—2008）
（14）《建设项目竣工环境保护验收技术规范　造纸工业》（HJ/T 408—2007）
（15）《建设项目竣工环境保护验收技术规范　汽车制造》（HJ/T 407—2007）
（16）《建设项目竣工环境保护验收技术规范　乙烯工程》（HJ/T 406—2007）
（17）《建设项目竣工环境保护验收技术规范　石油炼制》（HJ/T 405—2007）
（18）《建设项目竣工环境保护验收技术规范　黑色金属冶炼及压延加工》（HJ/T 404—2007）
（19）《建设项目竣工环境保护验收技术规范　城市轨道交通》（HJ/T 403—2007）
（20）《建设项目竣工环境保护验收技术规范　生态影响类》（HJ/T 394—2007）
（21）《建设项目竣工环境保护验收技术规范　水泥制造》（HJ/T 256—2006）
（22）《建设项目竣工环境保护验收技术规范　火力发电厂》（HJ/T 255—2006）
（23）《建设项目竣工环境保护验收技术规范　电解铝》（HJ/T 254—2006）

第二章　建设项目环境影响评价技术导则　总纲

环境影响评价本身是一种科学方法和技术手段，并通过理论研究和实践检验不断改进、拓展和完善，同时环境影响评价又是必须履行的法律义务，是需要由生态环境主管部门审批的一项法律制度。因此，为了规范环境影响评价技术和指导开展环境影响评价工作，国家制定环境影响评价技术导则成为最为直接和有效的管理措施。从 1993 年起陆续发布《环境影响评价技术导则　大气环境》《环境影响评价技术导则　地面水环境》之后，随着环境技术的不断发展，多项环境影响评价的相关技术导则相继出台。规定这些技术导则的一般原则、技术方法、评价内容和相关评价要求，是《建设项目环境影响评价技术导则　总纲》制定的目的和任务。

一、概述

《建设项目环境影响评价技术导则　总纲》（HJ 2.1—2016）规定了建设项目环境影响评价的一般性原则、通用规定、工作程序、工作内容及相关要求，适用于需编制环境影响报告书和环境影响报告表的建设项目环境影响评价。该导则是对《环境影响评价技术导则　总纲》（HJ 2.1—2011）的修订，首版为《环境影响评价技术导则　总纲》（HJ/T 2.1—93）。

该导则于 2016 年 12 月 8 日发布，2017 年 1 月 1 日起实施。自实施之日起，《环境影响评价技术导则　总纲》（HJ/T 2.1—2011）废止。

二、术语和定义

1．环境要素

指构成环境整体的各个独立的、性质各异而又服从总体演化规律的基本物质组成，也叫环境基质，通常是指大气、水、声、振动、生物、土壤、放射性、电磁等。

2．累积影响

指当一种活动的影响与过去、现在及将来可预见活动的影响叠加时，造成环境影响的后果。

3．环境保护目标

指环境影响评价范围内的环境敏感区及需要特殊保护的对象。

4. 污染源

指造成环境污染的污染物发生源，通常指向环境排放有害物质或对环境产生有害影响的场所、设备或装置等。

5. 污染源源强核算

指选用可行的方法确定建设项目单位时间内污染物的产生量或排放量。

三、总则

（一）环境影响评价原则

突出环境影响评价的源头预防作用，坚持保护和改善环境质量。

1. 依法评价

贯彻执行我国环境保护相关法律法规、标准、政策和规划等，优化项目建设，服务环境管理。

2. 科学评价

规范环境影响评价方法，科学分析项目建设对环境质量的影响。

3. 突出重点

根据建设项目的工程内容及其特点，明确与环境要素间的作用效应关系，根据规划环境影响评价结论和审查意见，充分利用符合时效的数据资料及成果，对建设项目主要环境影响予以重点分析和评价。

（二）建设项目环境影响评价技术导则体系构成

由总纲、污染源源强核算技术指南、环境要素环境影响评价技术导则、专题环境影响评价技术导则和行业建设项目环境影响评价技术导则等构成。

污染源源强核算技术指南和其他环境影响评价技术导则遵循总纲确定的原则和相关要求。

污染源源强核算技术指南包括污染源源强核算准则和火电、造纸、水泥、钢铁等行业污染源源强核算技术指南；环境要素环境影响评价技术导则指大气、地表水、地下水、声环境、生态、土壤等环境影响评价技术导则；专题环境影响评价技术导则指环境风险评价、人群健康风险评价、环境影响经济损益分析、固体废物等环境影响评价技术导则；行业建设项目环境影响评价技术导则指水利水电、采掘、交通、海洋工程等建设项目环境影响评价技术导则。

（三）环境影响评价工作程序

分析判定建设项目选址选线、规模、性质和工艺路线等与国家和地方有关环境保护法律法规、标准、政策、规范、相关规划、规划环境影响评价结论及审查意见的符合性，并与生态保护红线、环境质量底线、资源利用上线和环境准入负面清单进行对照，作为开展环境影响评价工作的前提和基础。

环境影响评价工作一般分为三个阶段，即调查分析和工作方案制定阶段，分析论证和预测评价阶段，环境影响报告书（表）编制阶段。具体流程见图 2-1。

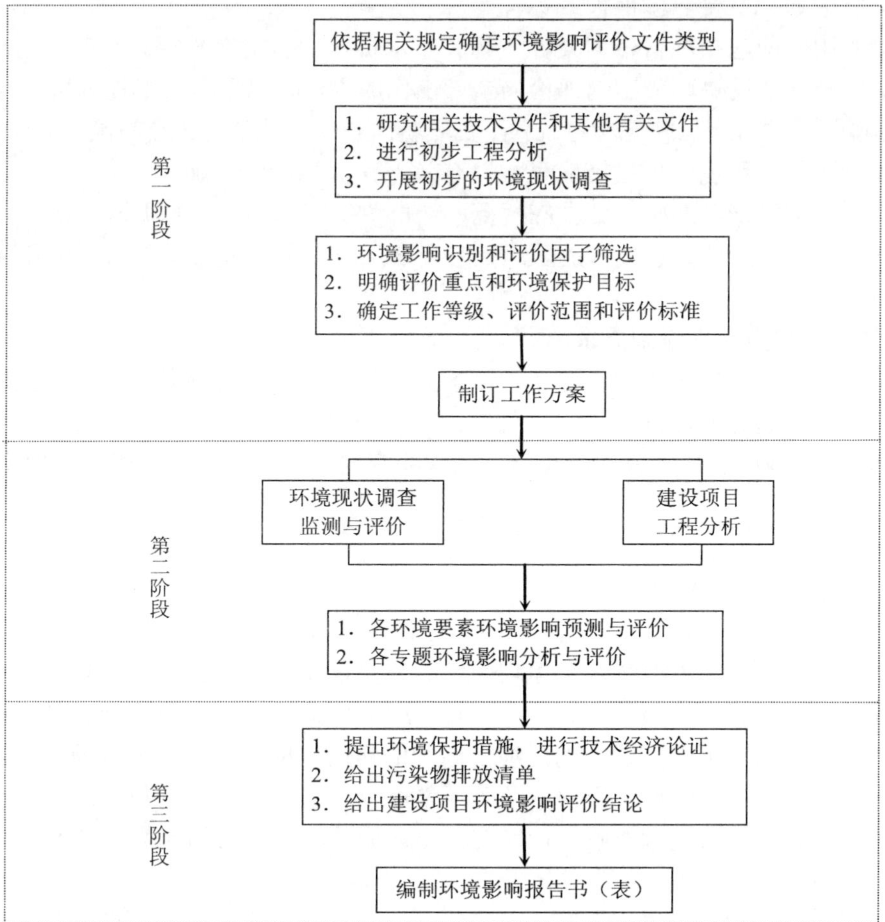

图 2-1　建设项目环境影响评价工作程序

（四）环境影响报告书（表）编制要求

1．环境影响报告书编制要求

（1）一般包括概述、总则、建设项目工程分析、环境现状调查与评价、环境影响预测与评价、环境保护措施及其可行性论证、环境影响经济损益分析、环境管理与监测计划、环境影响评价结论和附录附件等内容。

概述可简要说明建设项目的特点、环境影响评价的工作过程、分析判定相关情况、关注的主要环境问题及环境影响、环境影响评价的主要结论等。

总则应包括编制依据、评价因子与评价标准、评价工作等级和评价范围、相关规划及环境功能区划、主要环境保护目标等。

附录和附件应包括项目依据文件、相关技术资料、引用文献等。

（2）应概括地反映环境影响评价的全部工作成果，突出重点。工程分析应体现工程特点，环境现状调查应反映环境特征，主要环境问题应阐述清楚，影响预测方法应科学，预测结果应可信，环境保护措施应可行、有效，评价结论应明确。

（3）文字应简洁、准确，文本应规范，计量单位应标准化，数据应真实、可信，资料应翔实，应强化先进信息技术的应用，图表信息应满足环境质量现状评价和环境影响预测评价的要求。

2. 环境影响报告表编制要求

环境影响报告表应采用规定格式。可根据工程特点、环境特征，有针对性地突出环境要素或设置专题开展评价。

3. 环境影响报告书（表）内容涉及国家秘密的，按国家涉密管理有关规定处理

（五）环境影响识别与评价因子筛选

1. 环境影响因素识别

列出建设项目的直接和间接行为，结合建设项目所在区域发展规划、环境保护规划、环境功能区划、生态功能区划及环境现状，分析可能受上述行为影响的环境影响因素。

应明确建设项目在建设阶段、生产运行、服务期满后（可根据项目情况选择）等不同阶段的各种行为与可能受影响的环境要素间的作用效应关系、影响性质、影响范围、影响程度等，定性分析建设项目对各环境要素可能产生的污染影响与生态影响，包括有利与不利影响、长期与短期影响、可逆与不可逆影响、直接与间接影响、累积与非累积影响等。

环境影响因素识别可采用矩阵法、网络法、地理信息系统支持下的叠加图法等。

2. 评价因子筛选

根据建设项目的特点、环境影响的主要特征，结合区域环境功能要求、环境保护目标、评价标准和环境制约因素，筛选确定评价因子。

（六）环境影响评价等级的划分

按建设项目的特点、所在地区的环境特征、相关法律法规、标准及规划、环境功能区划等划分各环境要素与各专题评价工作等级。具体由环境要素或专题环境影响评价技术导则规定。

（七）环境影响评价范围的确定

指建设项目整体实施后可能对环境造成的影响范围，具体根据环境要素和专题环境影响评价技术导则的要求确定。环境影响评价技术导则中未明确具体评价范围的，根据建设项目的可能影响范围确定。

（八）环境保护目标的确定

依据环境影响因素识别结果，附图并列表说明评价范围内各环境要素涉及的环境敏感区，需要特殊保护对象的名称、功能，与建设项目的位置关系以及环境保护要求等。

（九）环境影响评价标准的确定

根据环境影响评价范围内各环境要素的环境功能区划确定各评价因子适用的环境质量标准及相应的污染物排放标准。尚未划定环境功能区的区域，由地方人民政府生态环境主管部门确认各环境要素应执行的环境质量标准和相应的污染物排放标准。

（十）环境影响评价方法的选取

环境影响评价应采用定量评价与定性评价相结合的方法，以量化评价为主。环境影响评价技术导则规定了评价方法的，应采用规定的方法。选用非环境影响评价技术导则规定方法的，应根据建设项目环境影响特征、影响性质和评价范围等分析其适用性。

（十一）建设方案的环境比选

建设项目有多个建设方案、涉及环境敏感区或环境影响显著时，应重点从环境制约因素、环境影响程度等方面进行建设方案环境比选。

四、建设项目工程分析

（一）建设项目概况

包括主体工程、辅助工程、公用工程、环保工程、储运工程及依托工程等。

以污染影响为主的建设项目应明确项目组成、建设地点、原辅料、生产工艺、主要生产设备、产品（包括主产品和副产品）方案、平面布置、建设周期、总投资及环境保护投资等。

以生态影响为主的建设项目应明确项目组成、建设地点、占地规模、总平面及现场布置、施工方式、施工时序、建设周期和运行方式、总投资及环境保护投资等。

改扩建及异地搬迁建设项目还应包括现有工程的基本情况、污染物排放及达标情况、存在的环境保护问题及拟采取的整改方案等内容。

（二）影响因素分析

1. 污染影响因素分析

遵循清洁生产的理念，从工艺的环境友好性、工艺过程的主要产污节点以及末端治理措施的协同性等方面，选择可能对环境产生较大影响的主要因素进行深入分析。

绘制包含产污环节的生产工艺流程图；按照生产、装卸、储存、运输等环节分析包括常规污染物、特征污染物在内的污染物产生、排放情况（包括正常工况和开停工及维修等非正常工况），存在具有致癌、致畸、致突变的物质，以及持久性有机污染物或重金属的，应明确其来源、转移途径和流向；给出噪声、振动、放射性及电磁辐射等污染的来源、特性及强度等；说明各种源头防控、过程控制、末端治理、回收利用等环境影响减缓措施状况。

明确项目消耗的原料、辅料、燃料、水资源等种类、构成和数量，给出主要原辅材料及其他物料的理化性质、毒理特征，产品及中间体的性质、数量等。

对建设阶段和生产运行期间，可能发生突发性事件或事故，引起有毒有害、易燃易爆等物质泄漏，对环境及人身造成影响和损害的建设项目，应开展建设和生产运行过程的风险因素识别。存在较大潜在人群健康风险的建设项目，应开展影响人群健康的潜在环境风险因素识别。

2. 生态影响因素分析

结合建设项目特点和区域环境特征，分析建设项目建设和运行过程（包括施工方式、施工时序、运行方式、调度调节方式等）对生态环境的作用因素与影响源、影响方式、影响范围和影响程度。分析重点为影响程度大、范围广、历时长或涉及环境敏感区的作用因素和影响源，关注间接性影响、区域性影响、长期性影响以及累积性影响等特有生态影响因素的分析。

（三）污染源源强核算

（1）根据污染物产生环节（包括生产、装卸、储存、运输）、产生方式和治理措施，核算建设项目有组织与无组织、正常工况与非正常工况下的污染物产生和排放强度，给出污染因子及其产生和排放的方式、浓度、数量等。

（2）对改扩建项目的污染物排放量（包括有组织与无组织、正常工况与非正常工况）的统计，应分别按现有、在建、改扩建项目实施后等几种情形汇总污染物产生量、排放量及其变化量，核算改扩建项目建成后最终的污染物排放量。

（3）污染源源强核算方法由污染源源强核算技术指南具体规定。

五、环境现状调查与评价

（一）基本要求

（1）对与建设项目有密切关系的环境要素应全面、详细调查，给出定量的数据并做出分析或评价。对于自然环境的现状调查，可根据建设项目情况进行必要说明。

（2）充分收集和利用评价范围内各例行监测点、断面或站位的近三年环境监测资料或背景值调查资料，当现有资料不能满足要求时，应进行现场调查和测试，现状监测和观测网点应根据各环境要素环境影响评价技术导则要求布设，兼顾均布性和代表性原则。符合相关规划环境影响评价结论及审查意见的建设项目，可直接引用符合时效的相关规划环境影响评价的环境调查资料及有关结论。

（二）环境现状调查的方法

环境现状调查方法由环境要素环境影响评价技术导则具体规定。

（三）环境现状调查与评价内容

根据环境影响因素识别结果，开展相应的现状调查与评价。

1．自然环境现状调查与评价

包括地形地貌、气候与气象、地质、水文、大气、地表水、地下水、声、生态、土壤、海洋、放射性及辐射（如必要）等调查内容。根据环境要素和专题设置情况选择相应内容进行详细调查。

2．环境保护目标调查

调查评价范围内的环境功能区划和主要的环境敏感区，详细了解环境保护目标的地理位置、服务功能、四至范围、保护对象和保护要求等。

3．环境质量现状调查与评价

（1）根据建设项目特点、可能产生的环境影响和当地环境特征选择环境要素进行调查与评价。

（2）评价区域环境质量现状。说明环境质量的变化趋势，分析区域存在的环境问题及产生的原因。

4．区域污染源调查

选择建设项目常规污染因子和特征污染因子、影响评价区环境质量的主要污染因子和特殊污染因子作为主要调查对象，注意不同污染源的分类调查。

六、环境影响预测与评价

（一）基本要求

（1）环境影响预测与评价的时段、内容及方法均应根据工程特点与环境特性、评价工作等级、当地的环境保护要求确定。

（2）预测和评价的因子应包括反映建设项目特点的常规污染因子、特征污染因子和生态因子，以及反映区域环境质量状况的主要污染因子、特殊污染因子和生态因子。

（3）需考虑环境质量背景与环境影响评价范围内在建项目同类污染物环境影响的叠加。

（4）对于环境质量不符合环境功能要求或环境质量改善目标的，应结合区域限期达标规划对环境质量变化进行预测。

（二）环境影响预测与评价方法

预测与评价方法主要有数学模式法、物理模型法、类比调查法等，由各环境要素或专题环境影响评价技术导则具体规定。

（三）环境影响预测与评价内容

（1）应重点预测建设项目生产运行阶段正常工况和非正常工况等情况的环境影响。

（2）当建设阶段的大气、地表水、地下水、噪声、振动、生态以及土壤等影响程度较重、影响时间较长时，应进行建设阶段的环境影响预测和评价。

（3）可根据工程特点、规模、环境敏感程度、影响特征等选择开展建设项目服务期满后的环境影响预测和评价。

（4）当建设项目排放污染物对环境存在累积影响时，应明确累积影响的影响源，分析项目实施可能发生累积影响的条件、方式和途径，预测项目实施在时间和空间上的累积环境影响。

（5）对以生态影响为主的建设项目，应预测生态系统组成和服务功能的变化趋势，重点分析项目建设和生产运行对环境保护目标的影响。

（6）对存在环境风险的建设项目，应分析环境风险源项，计算环境风险后果，开展环境风险评价。对存在较大潜在人群健康风险的建设项目，应分析人群主要暴露途径。

七、环境保护措施及其可行性论证

（1）明确提出建设项目建设阶段、生产运行阶段和服务期满后（可根据项目情况选择）拟采取的具体污染防治、生态保护、环境风险防范等环境保护措施；分析论证拟采取措施的技术可行性、经济合理性、长期稳定运行和达标排放的可靠性、满足环境质量改善和排污许可要求的可行性、生态保护和恢复效果的可达性。

各类措施的有效性判定应以同类或相同措施的实际运行效果为依据，没有实际运行经验的，可提供工程化实验数据。

（2）环境质量不达标的区域，应采取国内外先进可行的环境保护措施，结合区域限期达标规划及实施情况，分析建设项目实施对区域环境质量改善目标的贡献和影响。

（3）给出各项污染防治、生态保护等环境保护措施和环境风险防范措施的具体内容、责任主体、实施时段，估算环境保护投入，明确资金来源。

（4）环境保护投入应包括为预防和减缓建设项目不利环境影响而采取的各项环境保护措施和设施的建设费用、运行维护费用，直接为建设项目服务的环境管理与监测费用以及相关科研费用。

八、环境影响经济损益分析

用建设项目实施后的环境影响预测与环境质量现状进行比较，从环境影响的正负两方面，以定性与定量相结合的方式，对建设项目的环境影响后果（包括直接和间接影响、不利和有利影响）进行货币化经济损益核算，估算建设项目环境影响的经济价值。

九、环境管理与监测计划

（1）按建设项目建设阶段、生产运行、服务期满后（可根据项目情况选择）等不同阶段，针对不同工况、不同环境影响和环境风险特征，提出具体环境管理要求。

（2）给出污染物排放清单，明确污染物排放的管理要求。包括工程组成及原辅材料组分要求，建设项目拟采取的环境保护措施及主要运行参数，排放的污染物种类、排放浓度和总量指标，污染物排放的分时段要求，排污口信息，执行的环境标准，环境风险防范措施以及环境监测等。提出应向社会公开的信息内容。

（3）提出建立日常环境管理制度、组织机构和环境管理台账相关要求，明确各项环境保护设施和措施的建设、运行及维护费用保障计划。

（4）环境监测计划应包括污染源监测计划和环境质量监测计划，内容包括监测因子、监测网点布设、监测频次、监测数据采集与处理、采样分析方法等，明确自行监测计划内容。

① 污染源监测包括对污染源（包括废气、废水、噪声、固体废物等）以及各类污染治理设施的运转进行定期或不定期监测，明确在线监测设备的布设和监测因子。

② 根据建设项目环境影响特征、影响范围和影响程度，结合环境保护目标分布，制定环境质量定点监测或定期跟踪监测方案。

③ 对以生态影响为主的建设项目应提出生态监测方案。

④ 对存在较大潜在人群健康风险的建设项目，应提出环境跟踪监测计划。

十、环境影响评价结论

对建设项目的建设概况、环境质量现状、污染物排放情况、主要环境影响、公众意见采纳情况、环境保护措施、环境影响经济损益分析、环境管理与监测计划等内容进行概括总结，结合环境质量目标要求，明确给出建设项目的环境影响可行性结论。

对存在重大环境制约因素、环境影响不可接受或环境风险不可控、环境保护措施经济技术不满足长期稳定达标及生态保护要求、区域环境问题突出且整治计划不落实或不能满足环境质量改善目标的建设项目，应提出环境影响不可行的结论。

第三章　大气环境影响评价技术导则与相关大气环境标准

第一节　环境影响评价技术导则　大气环境

一、概述

《环境影响评价技术导则　大气环境》（HJ 2.2—2018）规定了大气环境影响评价的一般性原则、内容、工作程序、方法和要求，适用于建设项目的大气环境影响评价。规划的大气环境影响评价可参照使用。该导则是对《环境影响评价技术导则　大气环境》（HJ/T 2.2—93）的第二次修订，第一次修订版本为《环境影响评价技术导则　大气环境》（HJ 2.2—2008）。主要修订内容有：调整、补充规范了相关术语和定义，改进了评价等级判定方法，简化了环境空气质量现状监测内容，简化了三级评价项目的评价内容，增加了二次污染物的大气环境影响预测与评价方法，增加了达标区与不达标区的大气环境影响评价要求，改进了大气环境防护距离确定方法，增加了污染物排放量核算内容，增加了环境监测计划要求，补充、完善了附录。

该导则于 2018 年 7 月 30 日发布，2018 年 12 月 1 日起实施。自实施之日起，《环境影响评价技术导则　大气环境》（HJ 2.2—2008）废止。

二、术语和定义

1．环境空气保护目标

指评价范围内按 GB 3095 规定划分为一类区的自然保护区、风景名胜区和其他需要特殊保护的区域，二类区中的居住区、文化区和农村地区中人群较集中的区域。

2．大气污染物分类

大气污染源排放的污染物按存在形态分为颗粒态污染物和气态污染物。

按生成机理分为一次污染物和二次污染物。其中由人类或自然活动直接产生，由污染源直接排入环境的污染物称为一次污染物；排入环境中的一次污染物在物理、化学因素的作用下发生变化，或与环境中的其他物质发生反应所形成的新污染物称为二次污染物。

3．基本污染物

指 GB 3095 中所规定的基本项目污染物。包括二氧化硫（SO_2）、二氧化氮（NO_2）、可吸入颗粒物（PM_{10}）、细颗粒物（$PM_{2.5}$）、一氧化碳（CO）、臭氧（O_3）。

4．其他污染物

指除基本污染物以外的其他项目污染物。

5．非正常排放

指生产过程中开停车（工、炉）、设备检修、工艺设备运转异常等非正常工况下的污染物排放，以及污染物排放控制措施达不到应有效率等情况下的排放。

6．空气质量模型

指采用数值方法模拟大气中污染物的物理扩散和化学反应的数学模型，包括高斯扩散模型和区域光化学网格模型。

高斯扩散模型：也叫高斯烟团或烟流模型，简称高斯模型。采用非网格、简化的输送扩散算法，没有复杂化学机理，一般用于模拟一次污染物的输送与扩散，或通过简单的化学反应机理模拟二次污染物。

区域光化学网格模型：简称网格模型。采用包含复杂大气物理（平流、扩散、边界层、云、降水、干沉降等）和大气化学（气、液、气溶胶、非均相）算法以及网格化的输送化学转化模型，一般用于模拟城市和区域尺度的大气污染物输送与化学转化。

7．推荐模型

指生态环境主管部门按照一定的工作程序遴选，并以推荐名录的形式公开发布的环境模型。列入推荐名录的环境模型简称推荐模型。当推荐模型适用性不能满足需要时，可采用替代模型。替代模型一般需经模型领域专家评审推荐，并经生态环境主管部门同意后方可使用。导则附录 A 及导则附录 B 列出了推荐模型及使用规范。

8．短期浓度

指某污染物的评价时段小于等于 24 h 的平均质量浓度，包括 1 h 平均质量浓度、8 h 平均质量浓度以及 24 h 平均质量浓度（也称为日平均质量浓度）。

9．长期浓度

指某污染物的评价时段大于等于 1 个月的平均质量浓度，包括月平均质量浓度、季平均质量浓度和年平均质量浓度。

三、大气环境影响评价等级与评价范围

1．评价工作等级划分依据

选择项目污染源正常排放的主要污染物及排放参数，采用导则附录 A 推荐模型中估算模型分别计算项目污染源的最大环境影响，然后按评价工作分级判据进行分级。

根据项目污染源初步调查结果，分别计算项目排放主要污染物的最大地面空气质量浓度占标率 P_i（第 i 个污染物，简称“最大浓度占标率”），及第 i 个污染物的地面空气质量浓度达到标准值的10%时所对应的最远距离 $D_{10\%}$。其中 P_i 定义见公式（3-1）。

$$P_i = \frac{C_i}{C_{0i}} \times 100\% \tag{3-1}$$

式中：P_i —— 第 i 个污染物的最大地面空气质量浓度占标率，%；

C_i —— 采用估算模型计算出的第 i 个污染物的1 h最大地面空气质量浓度，μg/m³；

C_{0i} —— 第 i 个污染物的环境空气质量浓度标准，μg/m³。一般选用 GB 3095 中 1 h 平均质量浓度的二级浓度限值，如项目位于一类环境空气功能区，应选择相应的一级浓度限值；对该标准中未包含的污染物，使用已确定的各评价因子 1 h 平均质量浓度限值。对仅有 8 h 平均质量浓度限值、日平均质量浓度限值或年平均质量浓度限值的，可分别按 2 倍、3 倍、6 倍折算为 1 h 平均质量浓度限值。

对于编制环境影响报告书的项目在采用估算模型计算评价等级时，应输入地形参数。

评价等级按表 3-1 的分级判据进行划分。最大地面空气质量浓度占标率 P_i 按公式（3-1）计算，如污染物数 i 大于 1，取 P 值中最大者 P_{max}。

表 3-1 评价等级判别表

评价工作等级	评价工作分级判据
一级评价	$P_{max} \geq 10\%$
二级评价	$1\% \leq P_{max} < 10\%$
三级评价	$P_{max} < 1\%$

评价工作等级的确定还应符合以下规定：

（1）同一项目有多个污染源（两个及以上，下同）时，则按各污染源分别确定评价等级，并取评价等级最高者作为项目的评价等级。

（2）对电力、钢铁、水泥、石化、化工、平板玻璃、有色等高耗能行业的多源项目或以使用高污染燃料为主的多源项目，编制环境影响报告书的项目评价等级提高一级。

（3）对等级公路、铁路项目，分别按项目沿线主要集中式排放源（如服务区、车站大气污染源）排放的污染物计算其评价等级。

（4）对新建包含 1 km 及以上隧道工程的城市快速路、主干路等城市道路项目，按项目隧道主要通风竖井及隧道出口排放的污染物计算其评价等级。

（5）对新建、迁建及飞行区扩建的枢纽及干线机场项目，应考虑机场飞机起降及相关辅助设施排放源对周边城市的环境影响，评价等级取一级。

（6）确定评价等级同时应说明估算模型计算参数和判定依据。相关内容与格式要求见导则附录 C 中 C.1。

2．评价范围的确定

一级评价项目根据建设项目排放污染物的最远影响距离（$D_{10\%}$）确定大气环境影响评价范围。即以项目厂址为中心区域，自厂界外延 $D_{10\%}$的矩形区域作为大气环境影响评价范围。当 $D_{10\%}$超过 25 km 时，确定评价范围为边长 50 km 的矩形区域；当 $D_{10\%}$小于 2.5 km 时，评价范围边长取 5 km。

二级评价项目大气环境影响评价范围边长取 5 km。

三级评价项目不需设置大气环境影响评价范围。

对于新建、迁建及飞行区扩建的枢纽及干线机场项目，评价范围还应考虑受影响的周边城市，最大取边长 50 km。

规划的大气环境影响评价范围以规划区边界为起点，外延规划项目排放污染物的最远影响距离（$D_{10\%}$）的区域。

3．评价基准年筛选

依据评价所需环境空气质量现状、气象资料等数据的可获得性、数据质量、代表性等因素，选择近 3 年中数据相对完整的 1 个日历年作为评价基准年。

4．环境空气保护目标调查

调查项目大气环境评价范围内主要环境空气保护目标。在带有地理信息的底图中标注，并列表给出环境空气保护目标内主要保护对象的名称、保护内容、所在大气环境功能区划以及与项目厂址的相对距离、方位、坐标等信息。环境空气保护目标调查相关内容与格式要求见导则附录 C 中 C.2。

四、环境空气质量现状调查与评价

1．调查内容和目的

一级评价项目调查项目所在区域环境质量达标情况，作为项目所在区域是否为达标区的判断依据。调查评价范围内有环境质量标准的评价因子的环境质量监测数据或进行补充监测，用于评价项目所在区域污染物环境质量现状，以及计算环境空气保护目标和网格点的环境质量现状浓度。

二级评价项目调查项目所在区域环境质量达标情况。调查评价范围内有环境质量标准的评价因子的环境质量监测数据或进行补充监测，用于评价项目所在区域污染物环境质量现状。

三级评价项目只调查项目所在区域环境质量达标情况。

2．数据来源

（1）基本污染物环境质量现状数据。项目所在区域达标判定，优先采用国家或地方生态环境主管部门公开发布的评价基准年环境质量公告或环境质量报告中的数据或结论。

采用评价范围内国家或地方环境空气质量监测网中评价基准年连续 1 年的监测数据，或采用生态环境主管部门公开发布的环境空气质量现状数据。

评价范围内没有环境空气质量监测网数据或公开发布的环境空气质量现状数据的，可选择符合 HJ 664 规定，并且与评价范围地理位置邻近，地形、气候条件相近的环境空气质量城市点或区域点监测数据。

对于位于环境空气质量一类区的环境空气保护目标或网格点，各污染物环境质量现状浓度可取符合 HJ 664 规定，并且与评价范围地理位置邻近，地形、气候条件相近的环境空气质量区域点或背景点监测数据。

（2）其他污染物环境质量现状数据。优先采用评价范围内国家或地方环境空气质量监测网中评价基准年连续 1 年的监测数据。

评价范围内没有环境空气质量监测网数据或公开发布的环境空气质量现状数据的，可收集评价范围内近 3 年与项目排放的其他污染物有关的历史监测资料。

（3）在没有以上相关监测数据或监测数据不能满足后文“4．评价内容与方法”规定的评价要求时，应按以下“3．补充监测”要求进行补充监测。

3．补充监测

（1）监测时段。根据监测因子的污染特征，选择污染较重的季节进行现状监测。补充监测应至少取得 7 d 有效数据。对于部分无法进行连续监测的其他污染物，可监测其一次空气质量浓度，监测时次应满足所用评价标准的取值时间要求。

（2）监测布点。以近 20 年统计的当地主导风向为轴向，在厂址及主导风向下风向 5 km 范围内设置 1～2 个监测点。如需在一类区进行补充监测，监测点应设置在不受人为活动影响的区域。

（3）监测方法。应选择符合监测因子对应环境质量标准或参考标准所推荐的监测方法，并在评价报告中注明。

（4）监测采样。环境空气监测中的采样点、采样环境、采样高度及采样频率，按 HJ 664 及相关评价标准规定的环境监测技术规范执行。

4．评价内容与方法

（1）项目所在区域达标判断。城市环境空气质量达标情况评价指标为 SO_2、NO_2、PM_{10}、$PM_{2.5}$、CO 和 O_3，六项污染物全部达标即为城市环境空气质量达标。

根据国家或地方生态环境主管部门公开发布的城市环境空气质量达标情况，判断项目所在区域是否属于达标区。如项目评价范围涉及多个行政区（县级或以上，下同），需分别评价各行政区的达标情况，若存在不达标行政区，则判定项目所在评价区域为不达标区。

国家或地方生态环境主管部门未发布城市环境空气质量达标情况的，可按照 HJ 663 中各评价项目的年评价指标进行判定。年评价指标中的年均浓度和相应百分位数 24 h 平均或 8 h 平均质量浓度满足 GB 3095 中浓度限值要求的即为达标。

（2）各污染物的环境质量现状评价。长期监测数据的现状评价内容，按 HJ 663 中的统计方法对各污染物的年评价指标进行环境质量现状评价。对于超标的污染物，计算其超标倍数和超标率。

补充监测数据的现状评价内容，分别对各监测点位不同污染物的短期浓度进行环境质量现状评价。对于超标的污染物，计算其超标倍数和超标率。

（3）环境空气保护目标及网格点环境质量现状浓度。对采用多个长期监测点位数据进行现状评价的，取各污染物相同时刻各监测点位的浓度平均值，作为评价范围内环境空气保护目标及网格点环境质量现状浓度，计算方法见公式（3-2）。

$$C_{\text{现状}(x,y,t)}=\frac{1}{n}\sum_{j=1}^{n}C_{\text{现状}(j,t)} \tag{3-2}$$

式中：$C_{\text{现状}(x,y,t)}$—— 环境空气保护目标及网格点（x，y）在 t 时刻环境质量现状浓度，μg/m³；

$C_{\text{现状}(j,t)}$—— 第 j 个监测点位在 t 时刻环境质量现状浓度（包括短期浓度和长期浓度），μg/m³；

n —— 长期监测点位数。

对采用补充监测数据进行现状评价的，取各污染物不同评价时段监测浓度的最大值作为评价范围内环境空气保护目标及网格点环境质量现状浓度。对于有多个监测点位数据的，先计算相同时刻各监测点位平均值，再取各监测时段平均值中的最大值。计算方法见公式（3-3）。

$$C_{\text{现状}(x,y)}=\max\left[\frac{1}{n}\sum_{j=1}^{n}C_{\text{监测}(j,t)}\right] \tag{3-3}$$

式中：$C_{\text{现状}(x,y)}$—— 环境空气保护目标及网格点（x，y）环境质量现状浓度，μg/m³；

$C_{\text{监测}(j,t)}$—— 第 j 个监测点位在 t 时刻环境质量现状浓度（包括 1 h 平均、8 h 平均或日平均质量浓度），μg/m³；

n —— 现状补充监测点位数。

五、污染源调查

1．调查内容

一级评价项目调查本项目不同排放方案有组织及无组织排放源，对于改建、扩建项目还应调查本项目现有污染源。本项目污染源调查包括正常排放和非正常排放，其中非正常排放调查内容包括非正常工况、频次、持续时间和排放量。调查本项目所有拟被替代的污染源（如有），包括被替代污染源名称、位置、排放污染物及排放量、拟被替代时间等。调查评价范围内与评价项目排放污染物有关的其他在建项目、已批复环境影响评价文件的拟建项目等污染源。对于编制报告书的工业项目，分析调查受本项目物料及产品运输影响新增的交通运输移动源，包括运输方式、新增交通流量、排放污染物及排放量。

二级评价项目参照一级评价项目要求调查本项目污染源和拟被替代的污染源。

三级评价项目，只调查本项目新增污染源和拟被替代的污染源。

对于城市快速路、主干路等城市道路的新建项目，需调查道路交通流量及污染物排放量。

对于采用网格模型预测二次污染物的，需结合空气质量模型及评价要求，开展区域现状污染源排放清单调查。

污染源调查内容及格式要求分点源、面源、体源、线源、火炬源、烟塔合一源、城市道路源、机场源等分别给出。

2. 数据来源与要求

新建项目的污染源调查，依据 HJ 2.1、HJ 130、HJ 942、行业排污许可证申请与核发技术规范及各污染源源强核算技术指南，并结合工程分析从严确定污染物排放量。

评价范围内在建和拟建项目的污染源调查，可使用已批准的环境影响评价文件中的资料；改建、扩建项目现状工程的污染源和评价范围内拟被替代的污染源调查，可根据数据的可获得性，依次优先使用项目监督性监测数据、在线监测数据、年度排污许可执行报告、自主验收报告、排污许可证数据、环评数据或补充污染源监测数据等。污染源监测数据应采用满负荷工况下的监测数据或者换算至满负荷工况下的排放数据。

网格模型模拟所需的区域现状污染源排放清单调查按国家发布的清单编制相关技术规范执行。污染源排放清单数据应采用近 3 年内国家或地方生态环境主管部门发布的包含人为源和天然源在内所有区域污染源清单数据。在国家或地方生态环境主管部门未发布污染源清单之前，可参照污染源清单编制指南自行建立区域污染源清单，并对污染源清单准确性进行验证分析。

六、大气环境影响预测与评价

1. 一般性要求

一级评价项目应采用进一步预测模型开展大气环境影响预测与评价。

二级评价项目不进行进一步预测与评价，只对污染物排放量进行核算。

三级评价项目不进行进一步预测与评价。

2．预测因子

预测因子根据评价因子而定，选取有环境质量标准的评价因子作为预测因子。

3．预测范围

预测范围应覆盖评价范围，并覆盖各污染物短期浓度贡献值占标率大于 10%的区域。对于经判定需预测二次污染物的项目，预测范围应覆盖 $PM_{2.5}$ 年平均质量浓度贡献值占标率大于 1%的区域。对于评价范围内包含环境空气功能区一类区的，预测范围应覆盖项目对一类区最大环境影响。预测范围一般以项目厂址为中心，东西向为 X 坐标轴、南北向为 Y 坐标轴。

4．预测周期

选取评价基准年作为预测周期，预测时段取连续 1 年。选用网格模型模拟二次污染物的环境影响时，预测时段应至少选取评价基准年 1 月、4 月、7 月、10 月。

5．预测模型

一级评价项目应结合项目环境影响预测范围、预测因子及推荐模型的适用范围等选择空气质量模型。各推荐模型适用范围见表 3-2。

表 3-2　推荐模型适用范围

模型名称	适用污染源	适用排放形式	推荐预测范围	模拟污染物			其他特性
				一次污染物	二次 $PM_{2.5}$	O_3	
AERMOD	点源、面源、线源、体源	连续源、间断源	局地尺度（≤50 km）	模型模拟法	系数法	不支持	—
ADMS							
AUSTAL2000	烟塔合一源						
EDMS/AEDT	机场源						
CALPUFF	点源、面源、线源、体源		城市尺度（50 km 到几百 km）	模型模拟法	模型模拟法	不支持	局地尺度特殊风场，包括长期静、小风和岸边熏烟
区域光化学网格模型	网格源	连续源、间断源	区域尺度（几百 km）	模型模拟法	模型模拟法	模型模拟法	模拟复杂化学反应

模型选取的其他规定有：① 当项目评价基准年内存在风速≤0.5 m/s 的持续时间超过 72 h 或近 20 年统计的全年静风（风速≤0.2 m/s）频率超过 35%时，应采用附录 A 中的 CALPUFF 模型进行进一步模拟。② 当建设项目处于大型水体（海或湖）岸边 3 km 范围内时，应首先采用附录 A 中估算模型判定是否会发生熏烟现象。如果存在岸边熏烟，并且估算的最大 1 h 平均质量浓度超过环境质量标准，应采用导则附录 A 中的 CALPUFF

模型进行进一步模拟。③ 当推荐模型适用性不能满足需要时，可选择适用的替代模型。

采用导则附录 A 中的推荐模型时，应按导则附录 B 要求提供污染源、气象、地形、地表参数等基础数据。环境影响预测模型所需气象、地形、地表参数等基础数据应优先使用国家发布的标准化数据。采用其他数据时，应说明数据来源、有效性及数据预处理方案。

6．预测方法

采用推荐模型预测建设项目或规划项目对预测范围不同时段的大气环境影响。当建设项目或规划项目排放 SO_2、NO_x 及 VOCs 年排放量达到规定的量时，可按表 3-3 推荐的方法预测二次污染物。

表 3-3　二次污染物预测方法

污染物排放量/（t/a）		预测因子	二次污染物预测方法
建设项目	$SO_2+NO_x \geqslant 500$	$PM_{2.5}$	AERMOD/ADMS（系数法）或 CALPUFF（模型模拟法）
规划项目	$500 \leqslant SO_2+NO_x < 2\,000$	$PM_{2.5}$	AERMOD/ADMS（系数法）或 CALPUFF（模型模拟法）
	$SO_2+NO_x \geqslant 2\,000$	$PM_{2.5}$	网格模型（模型模拟法）
	$NO_x+VOC_s \geqslant 2\,000$	O_3	网格模型（模型模拟法）

采用 AERMOD、ADMS 等模型模拟 $PM_{2.5}$ 时，需将模型模拟的 $PM_{2.5}$ 一次污染物的质量浓度，同步叠加按 SO_2、NO_2 等前体物转化比率估算的二次 $PM_{2.5}$ 质量浓度，得到 $PM_{2.5}$ 的贡献浓度。前体物转化比率可引用科研成果和有关文献，并注意地域的适用性。对于无法取得 SO_2、NO_2 等前体物转化比率的，可取 φ_{SO_2} 为 0.58、φ_{NO_2} 为 0.44，按公式（3-4）计算二次 $PM_{2.5}$ 贡献浓度。

$$C_{二次PM_{2.5}} = \varphi_{SO_2} \times C_{SO_2} + \varphi_{NO_2} \times C_{NO_2} \qquad (3\text{-}4)$$

采用 CALPUFF 或网格模型预测 $PM_{2.5}$ 时，模拟输出的贡献浓度应包括一次 $PM_{2.5}$ 和二次 $PM_{2.5}$ 质量浓度的叠加结果。

对已采纳规划环评要求的规划所包含的建设项目，当工程建设内容及污染物排放总量均未发生重大变更时，建设项目环境影响预测可引用规划环评的模拟结果。

7．预测与评价内容

不同评价对象或排放方案对应的预测内容和评价要求见表 3-4。

表 3-4 预测内容和评价要求

评价对象	污染源	污染源排放形式	预测内容	评价内容
达标区评价项目	新增污染源	正常排放	短期浓度 长期浓度	最大浓度占标率
	新增污染源 — “以新带老”污染源（如有） — 区域削减污染源（如有） + 其他在建、拟建污染源（如有）	正常排放	短期浓度 长期浓度	叠加环境质量现状浓度后的保证率日平均质量浓度和年平均质量浓度的占标率，或短期浓度的达标情况
	新增污染源	非正常排放	1 h 平均质量浓度	最大浓度占标率
不达标区评价项目	新增污染源	正常排放	短期浓度 长期浓度	最大浓度占标率
	新增污染源 — “以新带老”污染源（如有） — 区域削减污染源（如有） + 其他在建、拟建的污染源（如有）	正常排放	短期浓度 长期浓度	叠加达标规划目标浓度后的保证率日平均质量浓度和年平均质量浓度的占标率，或短期浓度的达标情况；评价年平均质量浓度变化率
	新增污染源	非正常排放	1 h 平均质量浓度	最大浓度占标率
区域规划	不同规划期/ 规划方案污染源	正常排放	短期浓度 长期浓度	保证率日平均质量浓度和年平均质量浓度的占标率，年平均质量浓度变化率
大气环境防护距离	新增污染源 — “以新带老”污染源（如有） + 项目全厂现有污染源	正常排放	短期浓度	大气环境防护距离

（1）达标区的评价项目

项目正常排放条件下，预测环境空气保护目标和网格点主要污染物的短期浓度和长期浓度贡献值，评价其最大浓度占标率。

项目正常排放条件下，叠加环境空气质量现状浓度后，环境空气保护目标和网格点主要污染物的保证率日平均质量浓度和年平均质量浓度的达标情况；对于项目排放的其他污染物仅有短期浓度限值的，评价其短期浓度叠加后的达标情况。如果是改建、扩建项目，还应同步减去“以新带老”污染源的环境影响。如果有区域削减项目，应同步减去削减源的环境影响。如果评价范围内还有其他排放同类污染物的在建、拟建项目，还应叠加在建、拟建项目的环境影响。

项目非正常排放条件下，预测评价环境空气保护目标和网格点主要污染物的 1 h 最大浓度贡献值及占标率。

（2）不达标区的评价项目

项目正常排放条件下，预测环境空气保护目标和网格点主要污染物的短期浓度和长期浓度贡献值，评价其最大浓度占标率。

项目正常排放条件下，预测评价叠加大气环境质量限期达标规划（简称“达标规划”）的目标浓度后，评价环境空气保护目标和网格点主要污染物保证率日平均质量浓度和年平均质量浓度叠加后的达标情况；对于项目排放的其他污染物仅有短期浓度限值的，评价其短期浓度叠加后的达标情况。如果是改建、扩建项目，还应同步减去“以新带老”污染源的环境影响。如果有区域达标规划之外的削减项目，应同步减去削减源的环境影响。如果评价范围内还有其他排放同类污染物的在建、拟建项目，还应叠加在建、拟建项目的环境影响。

对于无法获得达标规划目标浓度场或区域污染源清单的评价项目，需评价区域环境质量的整体变化情况。

项目非正常排放条件下，预测环境空气保护目标和网格点主要污染物的 1 h 最大浓度贡献值，评价其最大浓度占标率。

（3）区域规划

预测评价区域规划方案中不同规划年叠加现状浓度后，环境空气保护目标和网格点主要污染物保证率日平均质量浓度和年平均质量浓度的达标情况；对于规划排放的其他污染物仅有短期浓度限值的，评价其叠加现状浓度后短期浓度的达标情况。

预测评价区域规划实施后的环境质量变化情况，分析区域规划方案的可行性。

（4）污染控制措施

对于达标区的建设项目，按达标区叠加分析要求预测不同方案对环境空气保护目标和网格点的环境影响及达标情况，比较分析不同污染治理设施、预防措施或排放方案的有效性。

对于不达标区的建设项目，按不达标区叠加分析要求预测不同方案对环境空气保护目标和网格点的环境影响，评价达标情况或评价区域环境质量的整体变化情况，比较分析不同污染治理设施、预防措施或排放方案的有效性。

（5）大气环境防护距离

对于项目厂界浓度满足大气污染物厂界浓度限值，但厂界外大气污染物短期贡献浓度超过环境质量浓度限值的，可以自厂界向外设置一定范围的大气环境防护区域，以确保大气环境防护区域外的污染物贡献浓度满足环境质量标准。

对于项目厂界浓度超过大气污染物厂界浓度限值的，应要求削减排放源强或调整工程布局，待满足厂界浓度限值后，再核算大气环境防护距离。

大气环境防护距离内不应有长期居住的人群。

8．评价方法

（1）环境影响叠加

达标区环境影响叠加。预测评价项目建成后各污染物对预测范围的环境影响，应用本项目的贡献浓度，叠加（减去）区域削减污染源以及其他在建、拟建项目污染源环境影响，并叠加环境质量现状浓度。计算方法见公式（3-5）。

$$C_{叠加(x,y,t)} = C_{本项目(x,y,t)} - C_{区域削减(x,y,t)} + C_{拟在建(x,y,t)} + C_{现状(x,y,t)} \tag{3-5}$$

式中：$C_{叠加(x,y,t)}$ —— 在 t 时刻，预测点（x，y）叠加各污染源及现状浓度后的环境质量浓度，$\mu g/m^3$；

$C_{本项目(x,y,t)}$ —— 在 t 时刻，本项目对预测点（x，y）的贡献浓度，$\mu g/m^3$；

$C_{区域削减(x,y,t)}$ —— 在 t 时刻，区域削减污染源对预测点（x，y）的贡献浓度，$\mu g/m^3$；

$C_{拟在建(x,y,t)}$ —— 在 t 时刻，其他在建、拟建项目污染源对预测点（x，y）的贡献浓度，$\mu g/m^3$；

$C_{现状(x,y,t)}$ —— 在 t 时刻，预测点（x，y）的环境质量现状浓度，$\mu g/m^3$，各预测点环境质量现状浓度按环境空气质量现状调查方法计算。

其中本项目预测的贡献浓度除新增污染源环境影响外，还应减去“以新带老”污染源的环境影响，计算方法见公式（3-6）。

$$C_{本项目(x,y,t)} = C_{新增(x,y,t)} - C_{以新带老(x,y,t)} \tag{3-6}$$

式中：$C_{新增(x,y,t)}$ —— 在 t 时刻，本项目新增污染源对预测点（x，y）的贡献浓度，$\mu g/m^3$；

$C_{以新带老(x,y,t)}$ —— 在 t 时刻，“以新带老”污染源对预测点（x，y）的贡献浓度，$\mu g/m^3$。

不达标区环境影响叠加。对于不达标区的环境影响评价，应在各预测点上叠加达标规划中达标年的目标浓度，分析达标规划年的保证率日平均质量浓度和年平均质量浓度的达标情况。叠加方法可以用达标规划方案中的污染源清单参与影响预测，也可直接用达标规划模拟的浓度场进行叠加计算。计算方法见公式（3-7）。

$$C_{叠加(x,y,t)} = C_{本项目(x,y,t)} - C_{区域削减(x,y,t)} + C_{拟在建(x,y,t)} + C_{规划(x,y,t)} \tag{3-7}$$

式中：$C_{规划(x,y,t)}$ —— 在 t 时刻，预测点（x，y）的达标规划年目标浓度，$\mu g/m^3$。

（2）保证率日平均质量浓度

对于保证率日平均质量浓度，首先按环境影响叠加方法计算叠加后预测点上的日平均质量浓度，然后对该预测点所有日平均质量浓度从小到大进行排序，根据各污染物日平均质量浓度的保证率（p），计算排在 p 百分位数的第 m 个序数，序数 m 对应的日平均质量浓度即为保证率日平均浓度 C_m。其中序数 m 计算方法见公式（3-8）。

$$m = 1 + (n-1) \times p \tag{3-8}$$

式中：m —— 百分位数 p 对应的序数（第 m 个），向上取整数；

n —— 1 个日历年内单个预测点上的日平均质量浓度的所有数据个数，个；

p —— 该污染物日平均质量浓度的保证率，按 HJ 663 规定的对应污染物年评价中 24 h 平均百分位数取值，%。

（3）浓度超标范围

以评价基准年为计算周期，统计各网格点的短期浓度或长期浓度的最大值，所有最大浓度超过环境质量标准的网格，即为该污染物浓度超标范围。超标网格的面积之和即为该污染物的浓度超标面积。

（4）区域环境质量变化评价

当无法获得不达标区规划达标年的区域污染源清单或预测浓度场时，也可评价区域环境质量的整体变化情况。按公式（3-9）计算实施区域削减方案后预测范围的年平均质量浓度变化率 k。当 $k \leqslant -20\%$时，可判定项目建设后区域环境质量得到整体改善。

$$k = \left[\bar{C}_{本项目(a)} - \bar{C}_{区域削减(a)}\right] / \bar{C}_{区域削减(a)} \times 100\% \tag{3-9}$$

式中：k —— 预测范围的年平均质量浓度变化率，%；

$\bar{C}_{本项目(a)}$ —— 本项目对所有网格点的年平均质量浓度贡献值的算术平均值，$\mu g/m^3$；

$\bar{C}_{区域削减(a)}$ —— 区域削减污染源对所有网格点的年平均质量浓度贡献值的算术平均值，$\mu g/m^3$。

（5）大气环境防护距离确定

采用进一步预测模型模拟评价基准年内，本项目所有污染源（改建、扩建项目应包括全厂现有污染源）对厂界外主要污染物的短期贡献浓度分布。厂界外预测网格分辨率不应超过 50 m。在底图上标注从厂界起所有超过环境质量短期浓度标准值的网格区域，以自厂界起至超标区域的最远垂直距离作为大气环境防护距离。

（6）污染控制措施有效性分析与方案比选

达标区建设项目选择大气污染治理设施、预防措施或多方案比选时，应综合考虑成本和治理效果，选择最佳可行技术方案，保证大气污染物能够达标排放，并使环境影响可以接受。

不达标区建设项目选择大气污染治理设施、预防措施或多方案比选时，应优先考虑治理效果，结合达标规划和替代源削减方案的实施情况，在只考虑环境因素的前提下选择最优技术方案，保证大气污染物达到最低排放强度和排放浓度，并使环境影响可以接受。

污染治理设施及预防措施有效性分析与方案比选内容、结果与格式要求见导则附录C中C.5.10。

（7）污染物排放量核算

污染物排放量核算包括本项目的新增污染源及改建、扩建污染源（如有）。根据最终确定的污染治理设施、预防措施及排污方案，确定本项目所有新增及改建、扩建污染源大气排污节点、排放污染物、污染治理设施与预防措施以及大气排放口基本情况。本项目各排放口排放大气污染物的核算排放浓度，应为通过环境影响评价，并且环境影响评价结论为可接受时对应的各项排放参数、排放速度及污染物年排放量。

本项目大气污染物年排放量核算按预测与评价内容的要求分达标区和不达标区对污染源进行环境影响评价，根据环境影响评价结果，核算各排放口排放浓度、排放速率及污染物年排放量。污染物排放量核算的内容与格式要求见导则附录C中C.6.1、C.6.2。

本项目大气污染物年排放量包括项目各有组织排放源和无组织排放源在正常排放条件下的预测排放量之和。污染物年排放量按公式（3-10）计算。大气污染物年排放量核算内容与格式要求见导则附录C中C.6.3。

$$E_{年排放}=\sum_{i=1}^{n}(M_{i有组织}\times H_{i有组织})/1000+\sum_{j=1}^{m}(M_{j无组织}\times H_{j无组织})/1000 \tag{3-10}$$

式中：$E_{年排放}$ —— 项目年排放量，t/a；

$M_{i有组织}$ —— 第 i 个有组织排放源排放速率，kg/h；

$H_{i有组织}$ —— 第 i 个有组织排放源年有效排放小时数，h/a；

$M_{j无组织}$ —— 第 j 个无组织排放源排放速率，kg/h；

$H_{j无组织}$ —— 第 j 个无组织排放源年有效排放小时数，h/a。

项目各排放口非正常排放量核算应结合非正常排放预测结果，首先提出相应的污染控制与减缓措施。当出现1 h平均质量浓度贡献值超过环境质量标准时，应提出减少污染排放直至停止生产的相应措施。明确列出发生非正常排放的污染源、非正常排放原因、排放污染物、非正常排放浓度与排放速率、单次持续时间、年发生频次及应对措施。相关内容与格式要求见导则附录C中C.6.4。

七、环境监测计划

1．一般性要求

一级评价项目按 HJ 819 的要求，提出项目在生产运行阶段的污染源监测计划和环境质量监测计划。

二级评价项目按 HJ 819 的要求，提出项目在生产运行阶段的污染源监测计划。

三级评价项目可参照 HJ 819 的要求，并适当简化环境监测计划。

2．污染源监测计划

按照 HJ 819、HJ 942、各行业排污单位自行监测技术指南及排污许可证申请与核发技术规范执行。污染源监测计划应明确监测点位、监测指标、监测频次、执行排放标准。相关格式要求见导则附录 C 中 C.7。

3．环境质量监测计划

筛选按估算要求计算的项目排放污染物 P_i≥1%的其他污染物作为环境质量监测因子。环境质量监测点位一般在项目厂界或大气环境防护距离（如有）外侧设置 1～2 个监测点。各监测因子的环境质量每年至少监测一次，监测时段参照补充监测要求执行。

新建 10 km 以上的城市快速路、主干路等城市道路项目，应在道路沿线设置至少 1 个路边交通自动连续监测点，监测项目包括道路交通源排放的基本污染物。

环境质量监测采样方法、监测分析方法、监测质量保证与质量控制等应符合所执行的环境质量标准、HJ 819、HJ 942 的相关要求。

环境空气质量监测计划包括监测点位、监测指标、监测频次、执行环境质量标准等。相关格式要求见导则附录 C 中 C.7。

4．信息报告和信息公开

按照 HJ 819 执行。

八、大气环境影响评价结论与建议

1．大气环境影响评价结论

（1）达标区域的建设项目环境影响评价，当同时满足以下条件时，则认为环境影响可以接受。

① 新增污染源正常排放下污染物短期浓度贡献值的最大值占标率≤100%；

② 新增污染源正常排放下污染物年均浓度贡献值的最大浓度占标率≤30%（其中一类区≤10%）；

③ 项目环境影响符合环境功能区划。叠加现状浓度、区域削减污染源以及在建、拟建项目的环境影响后，主要污染物的保证率日平均质量浓度和年平均质量浓度均符合环境质量标准；对于项目排放的其他污染物仅有短期浓度限值的，叠加后的短期浓度符合

环境质量标准。

（2）不达标区域的建设项目环境影响评价，当同时满足以下条件时，则认为环境影响可以接受。

① 达标规划未包含的新增污染源建设项目，需另有替代源的削减方案。

② 新增污染源正常排放下污染物短期浓度贡献值的最大值占标率≤100%。

③ 新增污染源正常排放下污染物年均浓度贡献值的最大浓度占标率≤30%（其中一类区≤10%）。

④ 项目环境影响符合环境功能区划或满足区域环境质量改善目标。现状浓度超标的污染物评价，叠加达标年目标浓度、区域削减污染源以及在建、拟建项目的环境影响后，污染物的保证率日平均质量浓度和年平均质量浓度均符合环境质量标准或满足达标规划确定的区域环境质量改善目标，或按区域环境质量变化评价计算的预测范围内年平均质量浓度变化率 $k \leqslant -20\%$；对于现状达标的污染物评价，叠加后污染物浓度符合环境质量标准；对于项目排放的其他污染物仅有短期浓度限值的，叠加后的短期浓度符合环境质量标准。

（3）区域规划的环境影响评价，当主要污染物的保证率日平均质量浓度和年平均质量浓度均符合环境质量标准，对于主要污染物仅有短期浓度限值的，叠加后的短期浓度符合环境质量标准，则认为区域规划环境影响可以接受。

2．污染控制措施可行性及方案比选结果

（1）大气污染治理设施与预防措施必须保证污染源排放以及控制措施均符合排放标准的有关规定，满足经济、技术可行性。

（2）从项目选址选线、污染源的排放强度与排放方式、污染控制措施技术与经济可行性等方面，结合区域环境质量现状及区域削减方案、项目正常排放及非正常排放下大气环境影响预测结果，综合评价治理设施、预防措施及排放方案的优劣，并对存在的问题（如果有）提出解决方案。经对解决方案进行进一步预测和评价比选后，给出大气污染控制措施可行性建议及最终的推荐方案。

3．大气环境防护距离

（1）根据大气环境防护距离计算结果，并结合厂区平面布置图，确定项目大气环境防护区域。若大气环境防护区域内存在长期居住的人群，应给出相应优化调整项目选址、布局或搬迁的建议。

（2）项目大气环境防护区域之外，大气环境影响评价结论应符合环境影响可接受时规定的要求。

4．污染物排放量核算结果

（1）环境影响评价结论是环境影响可接受的，则项目完成污染物排放量核算。根据环境影响评价审批内容和排污许可证申请与核发所需表格要求，明确给出污染物排放量核算结果表。

（2）评价项目完成后污染物排放总量控制指标能否满足环境管理要求，并明确总量控制指标的来源和替代源的削减方案。

5．大气环境影响评价自查表

大气环境影响评价完成后，应对大气环境影响评价主要内容与结论进行自查。建设项目大气环境影响评价自查表内容与格式见导则附录 E。

九、导则推荐模型清单

导则推荐的模型包括估算模型 AERSCREEN，进一步预测模型 AERMOD、ADMS、AUSTAL2000、EDMS/AEDT、CALPUFF，以及 CMAQ 等光化学网格模型。模型的适用情况见表 3-5。

表 3-5　推荐模型适用情况

<table>
<tr><th>模型名称</th><th>适用性</th><th>适用污染源</th><th>适用排放形式</th><th>推荐预测范围</th><th>适用污染物</th><th>输出结果</th><th>其他特性</th></tr>
<tr><td>AERSCREEN</td><td>用于评价等级及评价范围判定</td><td>点源（含火炬源）、面源（矩形或圆形）、体源</td><td>连续源</td><td rowspan="5">局地尺度（≤50 km）</td><td rowspan="5">一次污染物、二次 $PM_{2.5}$（系数法）</td><td>短期浓度最大值及对应距离</td><td>可以模拟熏烟和建筑物下洗</td></tr>
<tr><td>AERMOD</td><td rowspan="6">用于进一步预测</td><td>点源（含火炬源）、面源、线源、体源</td><td rowspan="5">连续源、间断源</td><td rowspan="6">短期和长期平均质量浓度及分布</td><td>可以模拟建筑物下洗、干湿沉降</td></tr>
<tr><td>ADMS</td><td>点源、面源、线源、体源、网格源</td><td>可以模拟建筑物下洗、干湿沉降，包含街道窄谷模型</td></tr>
<tr><td>AUSTAL2000</td><td>烟塔合一源</td><td>可以模拟建筑物下洗</td></tr>
<tr><td>EDMS/AEDT</td><td>机场源</td><td>可以模拟建筑物下洗、干湿沉降</td></tr>
<tr><td>CALPUFF</td><td>点源、面源、线源、体源</td><td>城市尺度（50 km 到几百 km）</td><td>一次污染物和二次 $PM_{2.5}$</td><td>可以用于特殊风场，包括长期静、小风和岸边熏烟</td></tr>
<tr><td>光化学网格模型（CMAQ 或类似模型）</td><td>网格源</td><td>连续源、间断源</td><td>区域尺度（几百 km）</td><td>一次污染物和二次 $PM_{2.5}$、O_3</td><td>网格化模型，可以模拟复杂化学反应及气象条件对污染物浓度的影响等</td></tr>
</table>

注：1. 生态环境部模型管理部门推荐的其他模型，按相应推荐模型适用情况进行选择。
2. 对于光化学网格模型（CMAQ 或类似的模型），在应用前应根据应用案例提供必要的验证结果。

十、报告书附图、附表要求

1．基本附图要求

评价结果表达规范的附图包括：① 基本信息底图。包含项目所在区域相关地理信息的底图，至少应包括评价范围内的环境功能区划、环境空气保护目标、项目位置、监测点位，以及图例、比例尺、基准年风频玫瑰图等要素。② 项目基本信息图。在基本信息底图上标示项目边界、总平面布置、大气排放口位置等信息。③ 网格浓度分布图。包括叠加现状浓度后主要污染物保证率日平均质量浓度分布图和年平均质量浓度分布图。如果某种污染物环境空气质量超标，还需在评价报告及浓度分布图上标示超标范围与超标面积，以及与环境空气保护目标的相对位置关系等。④ 大气环境防护区域图。在项目基本信息图上沿出现超标的厂界外延确定的大气环境防护距离所包括的范围，作为本项目的大气环境防护区域。大气环境防护区域应包含自厂界起连续的超标范围。

不同评价等级基本附图要求见表 3-6。

表 3-6 基本附图要求

序号	名称	一级评价	二级评价	三级评价
1	基本信息底图	√	√	√
2	项目基本信息图	√	√	√
3	网格浓度分布图	√		
4	大气环境防护区域图	√		

2. 基本附表要求

评价结果表达规范的附表包括：① 评价因子和评价标准表。② 估算模型参数表。③ 主要污染源估算模型计算结果表。④ 环境空气保护目标。⑤ 区域空气质量现状评价表。⑥ 基本污染物环境质量现状。⑦ 其他污染物补充监测点位基本信息。⑧ 其他污染物环境质量现状（监测结果）表。⑨ 污染源调查参数表，包括：点源参数表、面源参数表、体源参数表、线源参数表、火炬源参数表、烟塔合一源参数表、城市道路源参数表、机场跑道排放源参数表、污染源周期性排放系数等。⑩ 观测气象数据信息等。

不同评价等级基本附表要求见表 3-7。

表 3-7 基本附表要求

序号	名称	一级评价	二级评价	三级评价
1	评价因子和评价标准表	√	√	√
2	估算模型参数表	√	√	√
3	主要污染源估算模型计算结果表	√	√	√
4	环境空气保护目标	√	√	
5	区域空气质量现状评价表	√	√	√
6	基本污染物环境质量现状	√	√	
7	其他污染物补充监测点位基本信息	√	√	
8	其他污染物环境质量现状（监测结果）表	√	√	

序号	名称	一级评价	二级评价	三级评价
9	污染源调查参数表	√	√	√
10	观测气象数据信息	√		
11	模拟气象数据信息	√		
12	本项目贡献质量浓度预测结果表	√		
13	叠加后环境质量浓度预测结果表	√		
14	年平均质量浓度增量预测结果表	√		
15	区域规划环境影响预测结果表	√		
16	污染治理设施与预防措施方案比选结果表	√		
17	大气污染物有组织排放量核算表	√	√	
18	大气污染物无组织排放量核算表	√	√	
19	大气污染物年排放量核算表	√	√	
20	污染源非正常排放量核算表	√	√	
21	有组织废气监测方案	√	√	
22	无组织废气监测计划表	√	√	
23	环境质量监测计划表	√		
24	建设项目大气环境影响评价自查表	√	√	√

第二节　相关的大气环境标准

一、《环境空气质量标准》

《环境空气质量标准》首次发布于 1982 年，1996 年第一次修订，2000 年发布了《环境空气质量标准》（GB 3095—1996）修改单（第二次修订），2012 年第三次修订。GB 3095—2012 标准自 2016 年 1 月 1 日起在全国实施。2018 年发布了《环境空气质量标准》（GB 3095—2012）修改单（第四次修订），自 2018 年 9 月 1 日实施。

1．环境空气功能区分类

功能区的划分是根据不同功能对环境质量的不同要求，实现对不同保护对象进行分区保护而制定的。一类区以保护自然生态及公众福利为主要对象，二类区以保护人体健康为主要对象。GB 3095—2012 环境空气功能区分类如下：

一类区为自然保护区、风景名胜区和其他需要特殊保护的区域；

二类区为居住区、商业交通居民混合区、文化区、工业区和农村地区。

2．环境空气功能区质量要求

不同环境空气功能区适用不同级别的环境空气污染物浓度限值，它们是为不同保护对象而建立的评价和管理环境空气质量的定量目标。GB 3095—2012 中环境空气质量分为二级，一类区适用一级浓度限值，二类区适用二级浓度限值。

环境空气质量标准（GB 3095—2012）区分“基本项目”和“其他项目”，分别规定了环境空气污染物浓度限值。“基本项目”包括二氧化硫（SO_2）、二氧化氮（NO_2）、一氧化碳（CO）、臭氧（O_3）、颗粒物（PM_{10}）、颗粒物（$PM_{2.5}$），计 6 项，要求在全国范围内实施。“其他项目”包括总悬浮颗粒物（TSP）、氮氧化物（NO_x）、铅（Pb）、苯并[*a*]芘（B*a*P），计 4 项，由国务院生态环境主管部门或者省级人民政府根据实际情况，确定具体实施方式。

GB 3095—2012 中环境空气污染物基本项目的浓度限值见表 3-8。

表 3-8　环境空气污染物基本项目的浓度限值

序号	污染物项目	平均时间	浓度限值		单位
			一级	二级	
1	二氧化硫（SO_2）	年平均	20	60	$\mu g/m^3$
		24 h 平均	50	150	
		1 h 平均	150	500	
2	二氧化氮（NO_2）	年平均	40	40	
		24 h 平均	80	80	
		1 h 平均	200	200	
3	一氧化碳（CO）	24 h 平均	4	4	mg/m^3
		1 h 平均	10	10	
4	臭氧（O_3）	日最大 8 h 平均	100	160	$\mu g/m^3$
		1 h 平均	160	200	
5	颗粒物（PM_{10}）	年平均	40	70	
		24 h 平均	50	150	
6	颗粒物（$PM_{2.5}$）	年平均	15	35	
		24 h 平均	35	75	

GB 3095—2012 中环境空气污染物其他项目的浓度限值见表 3-9。

表 3-9　环境空气污染物其他项目的浓度限值

序号	污染物项目	平均时间	浓度限值		单位
			一级	二级	
1	总悬浮颗粒物（TSP）	年平均	80	200	$\mu g/m^3$
		24 h 平均	120	300	
2	氮氧化物（NO_x）（以 NO_2 计）	年平均	50	50	
		24 h 平均	100	100	
		1 h 平均	250	250	

<table>
<tr><th rowspan="2">序号</th><th rowspan="2">污染物项目</th><th rowspan="2">平均时间</th><th colspan="2">浓度限值</th><th rowspan="2">单位</th></tr>
<tr><th>一级</th><th>二级</th></tr>
<tr><td rowspan="2">3</td><td rowspan="2">铅（Pb）</td><td>年平均</td><td>0.5</td><td>0.5</td><td rowspan="4"></td></tr>
<tr><td>季平均</td><td>1.0</td><td>1.0</td></tr>
<tr><td rowspan="2">4</td><td rowspan="2">苯并[a]芘（BaP）</td><td>年平均</td><td>0.001</td><td>0.001</td></tr>
<tr><td>24 h 平均</td><td>0.002 5</td><td>0.002 5</td></tr>
</table>

3．标准分期实施的要求

GB 3095—2012 规定：本标准自 2016 年 1 月 1 日起在全国实施。在全国实施本标准之前，国务院生态环境主管部门可根据《关于推进大气污染联防联控工作改善区域空气质量的指导意见》（国办发〔2010〕33 号）等文件要求指定部分地区提前实施本标准，具体实施方案（包括地域范围、时间等）另行公告，各省级人民政府也可根据实际情况和当地环境保护的需要提前实施本标准。

环境保护部《关于实施〈环境空气质量标准〉（GB 3095—2012）的通知》（环发〔2012〕11 号）明确了标准分期实施的要求：

2012 年，京津冀、长三角、珠三角等重点区域以及直辖市和省会城市；

2013 年，113 个环境保护重点城市和国家环保模范城市；

2015 年，所有地级以上城市；

2016 年 1 月 1 日，全国实施新标准。

4．污染物监测分析方法

GB 3095—2012 中各项污染物的监测分析方法见表 3-10。

表 3-10　各项污染物的监测分析方法

<table>
<tr><th rowspan="2">序号</th><th rowspan="2">污染物项目</th><th colspan="2">手工分析方法</th><th rowspan="2">自动分析方法</th></tr>
<tr><th>分析方法</th><th>标准编号</th></tr>
<tr><td rowspan="2">1</td><td rowspan="2">二氧化硫（SO_2）</td><td>环境空气　二氧化硫的测定　甲醛吸收-副玫瑰苯胺分光光度法</td><td>HJ 482</td><td rowspan="2">紫外荧光法、差分吸收光谱分析法</td></tr>
<tr><td>环境空气　二氧化硫的测定　四氯汞盐吸收-副玫瑰苯胺分光光度法</td><td>HJ 483</td></tr>
<tr><td>2</td><td>二氧化氮（NO_2）</td><td>环境空气　氮氧化物（一氧化氮和二氧化氮）的测定　盐酸萘乙二胺分光光度法</td><td>HJ 479</td><td>化学发光法、差分吸收光谱分析法</td></tr>
<tr><td>3</td><td>一氧化碳（CO）</td><td>空气质量　一氧化碳的测定　非分散红外法</td><td>GB 9801</td><td>气体滤波相关红外吸收法、非分散红外吸收法</td></tr>
<tr><td rowspan="2">4</td><td rowspan="2">臭氧（O_3）</td><td>环境空气　臭氧的测定　靛蓝二磺酸钠分光光度法</td><td>HJ 504</td><td rowspan="2">紫外荧光法、差分吸收光谱分析法</td></tr>
<tr><td>环境空气　臭氧的测定　紫外光度法</td><td>HJ 590</td></tr>
</table>

序号	污染物项目	手工分析方法		自动分析方法
		分析方法	标准编号	
5	颗粒物（PM_{10}）	环境空气　PM_{10}和$PM_{2.5}$的测定　重量法	HJ 618	微量振荡天平法、β射线法
6	颗粒物（$PM_{2.5}$）	环境空气　PM_{10}和$PM_{2.5}$的测定　重量法	HJ 618	微量振荡天平法、β射线法
7	总悬浮颗粒物（TSP）	环境空气　总悬浮颗粒物的测定　重量法	GB/T 15432	—
8	氮氧化物（NO_x）	环境空气　氮氧化物（一氧化氮和二氧化氮）的测定　盐酸萘乙二胺分光光度法	HJ 479	化学发光法、差分吸收光谱分析法
9	铅（Pb）	环境空气　铅的测定　石墨炉原子吸收分光光度法（暂行）	HJ 539	—
		环境空气　铅的测定　火焰原子吸收分光光度法	GB/T 15264	—
10	苯并[*a*]芘（B*a*P）	空气质量　飘尘中苯并[*a*]芘的测定　乙酰化滤纸层析荧光分光光度法	GB 8971	—
		环境空气　苯并[*a*]芘的测定　高效液相色谱法	GB/T 15439	—

2018 年 8 月 13 日，由生态环境部与国家市场监督管理总局联合发布了《关于发布〈环境空气质量标准〉（GB 3095—2012）修改单的公告》，该标准修改单自 2018 年 9 月 1 日起实施。

《环境空气质量标准》（GB 3095—2012）修改单内容为：3.14“标准状态　standard state 指温度为 273 K，压力为 101.325 kPa 时的状态。本标准中的污染物浓度均为标准状态下的浓度”修改为“参比状态　reference state　指大气温度为 298.15 K，大气压力为 1 013.25 hPa 时的状态。本标准中的二氧化硫、二氧化氮、一氧化碳、臭氧、氮氧化物等气态污染物浓度为参比状态下的浓度。颗粒物（粒径≤10 μm）、细颗粒物（粒径≤2.5 μm）、总悬浮颗粒物及其组分铅、苯并[*a*]芘等浓度为监测时大气温度和压力下的浓度”。

5. 数据统计的有效性规定

应采取措施保证监测数据的准确性、连续性和完整性，确保全面、客观地反映监测结果。所有有效数据均应参加统计和评价，不得选择性地舍弃不利数据以及人为干预监测和评价结果。采用自动监测设备监测时，监测仪器应全年 365 天（闰年 366 天）连续运行。在监测仪器校准、停电和设备故障，以及其他不可抗拒的因素导致不能获得连续监测数据时，应采取有效措施及时恢复。异常值的判断和处理应符合《环境监测质量管理技术导则》（HJ 630）的规定。对于监测过程中缺失和删除的数据均应说明原因，并保留详细的原始数据记录，以备数据审核。任何情况下，有效的污染物浓度数据均应符合表中的最低要求，否则应视为无效数据。

GB 3095—2012 中对污染物浓度数据有效性的最低要求见表 3-11。

表 3-11　污染物浓度数据有效性的最低要求

污染物项目	平均时间	数据有效性规定
二氧化硫（SO_2）、二氧化氮（NO_2）、颗粒物（PM_{10}）、颗粒物（$PM_{2.5}$）、氮氧化物（NO_x）	年平均	每年至少有 324 个日平均浓度值；每月至少有 27 个日平均浓度值（二月至少有 25 个日平均浓度值）
二氧化硫（SO_2）、二氧化氮（NO_2）、一氧化碳（CO）、颗粒物（PM_{10}）、颗粒物（$PM_{2.5}$）、氮氧化物（NO_x）	24 h 平均	每日至少有 20 h 平均浓度值或采样时间
臭氧（O_3）	8 h 平均	每 8 h 至少有 6 h 平均浓度值
二氧化硫（SO_2）、二氧化氮（NO_2）、一氧化碳（CO）、臭氧（O_3）、氮氧化物（NO_x）	1 h 平均	每小时至少有 45 min 的采样时间
总悬浮颗粒物（TSP）、苯并[*a*]芘（B*a*P）、铅（Pb）	年平均	每年至少有分布均匀的 60 个日平均浓度值；每月至少有分布均匀的 5 个日平均浓度值
铅（Pb）	季平均	每季至少有分布均匀的 15 个日平均浓度值；每月至少有分布均匀的 5 个日平均浓度值
总悬浮颗粒物（TSP）、苯并[*a*]芘（B*a*P）、铅（Pb）	24 h 平均	每日应有 24 h 的采样时间

二、《大气污染物综合排放标准》

1. 术语

最高允许排放浓度：指设施处理后排气筒中污染物任何 1 h 浓度平均值不得超过的限值；或指无处理设施排气筒中污染物任何 1 h 浓度平均值不得超过的限值。

最高允许排放速率：指一定高度的排气筒任何 1 h 排放污染物的质量不得超过的限值。

无组织排放：指大气污染物不经过排气筒的无规则排放。低矮排气筒的排放属有组织排放，但在一定条件下也可造成与无组织排放相同的后果。因此，在执行“无组织排放监控浓度限值”指标时，由低矮排气筒造成的监控点污染物浓度增加不予扣除。

无组织排放监控点：依照该标准附录 C 的规定，为判别无组织排放是否超过标准而设立的监测点。

无组织排放监控浓度限值：指监控点的污染物浓度在任何 1 h 的平均值不得超过的限值。

污染源：指排放大气污染物的设施或指排放大气污染物的建筑构造（如车间等）。

单位周界：指单位与外界环境接界的边界。通常应依据法定手续确定边界；若无法定手续，则按目前的实际边界确定。

无组织排放源：指设置于露天环境中具有无组织排放的设施，或指具有无组织排放的建筑构造（如车间、工棚等）。露天煤场和干灰场也属于无组织排放源，在预测露天煤场和干灰场的扬尘时，应采用无组织排放监控浓度限值进行评价。

排气筒高度：指自排气筒（或其主体建筑构造）所在的地平面至排气筒出口处的高度。

2．适用范围

在我国现有的国家大气污染物排放标准体系中，按照综合性排放标准与行业性排放标准不交叉执行的原则，有专项排放标准的执行相应的专项排放标准，其他大气污染物排放执行本标准。例如：除有专项锅炉标准的锅炉执行《锅炉大气污染物排放标准》（GB 13271—2014），火电厂执行《火电厂大气污染物排放标准》（GB 13223 —2011），工业炉窑执行《工业炉窑大气污染物排放标准》（GB 9078—1996），炼焦炉执行《炼焦化学工业污染物排放标准》（GB 16171—2012），水泥厂执行《水泥工业大气污染物排放标准》（GB 4915—2013），恶臭物质排放执行《恶臭污染物排放标准》（GB 14554—93），各类机动车排放执行相应的标准。

再颁布的行业性国家大气污染物排放标准，按其适用范围规定的污染源不再执行《大气污染物综合排放标准》（GB 16297—1996）。

本标准适用于现有污染源大气污染物排放管理以及建设项目的环境影响评价、设计、环境保护设施竣工验收及其投产后的大气污染物排放管理。

3．指标体系

本标准规定了 33 种大气污染物的排放限值，设置了三项指标：通过排气筒排放废气的最高允许排放浓度；通过排气筒排放的废气，按排气筒高度规定的最高允许排放速率，任何一个排气筒必须同时遵守上述两项指标，超过其中任何一项均为超标排放；以无组织方式排放的废气，规定无组织排放的监控点及相应的监控浓度限值。

4．排放速率标准分级

我国污染物排放标准制定原则之一是根据环境功能区域的不同，分别制定不同级别的污染物排放限值。该标准对排放浓度未划分级别，仅对排放速率进行分级。主要考虑处于不同功能区域的污染源的污染治理要求基本相同，并避免使标准过于复杂化。该标准规定的最高允许排放速率，现有污染源分一级、二级、三级，新污染源分为二级、三级。按污染源所在的环境空气质量功能区类别，执行相应级别的排放速率标准，即位于一类区的污染源执行一级标准（一类区禁止新、扩建污染源，一类区现有污染源改建时执行现有污染源的一级标准），位于二类区的污染源执行二级标准，位于三类区的污染源执行三级标准。

5．排气筒高度及排放速率的规定

排气筒高度除须遵守表 3-12 中列出的排放速率标准值外，还应高出周围 200 m 半径范围的建筑 5 m 以上，不能达到该要求的排气筒，应按其高度对应的表列排放速率标准值严格 50%执行。

表 3-12 现有污染源大气污染物排放限值

序号	污染物	最高允许排放浓度/（mg/m^3）	最高允许排放速率/（kg/h）				无组织排放监控浓度限值	
			排气筒/m	一级	二级	三级	监控点	浓度/（mg/m^3）
1	二氧化硫	1 200（硫、二氧化硫、硫酸和其他含硫化合物生产）	15	1.6	3.0	4.1	* 无组织排放源上风向设参照点，下风向设监控点	0.50（监控点与参照点浓度差值）
			20	2.6	5.1	7.7		
			30	8.8	17	26		
			40	15	30	45		
		700（硫、二氧化硫、硫酸和其他含硫化合物使用）	50	23	45	69		
			60	33	64	98		
			70	47	91	140		
			80	63	120	190		
			90	82	160	240		
			100	100	200	310		
2	氮氧化物	1 700（硝酸、氮肥和火炸药生产）	15	0.47	0.91	1.4	无组织排放源上风向设参照点，下风向设监控点	0.15（监控点与参照点浓度差值）
			20	0.77	1.5	2.3		
			30	2.6	5.1	7.7		
		420（硝酸使用和其他）	40	4.6	8.9	14		
			50	7.0	14	21		
			60	9.9	19	29		
			70	14	27	41		
			80	19	37	56		
			90	24	47	72		
			100	31	61	92		
3	颗粒物	22（炭黑尘、染料尘）	15	禁排	0.60	0.87	**周界外浓度最高点	肉眼不可见
			20		1.0	1.5		
			30		4.0	5.9		
			40		6.8	10		
		80***（玻璃棉尘、石英粉尘、矿渣棉尘）	15	禁排	2.2	3.1	无组织排放源上风向设参照点，下风向设监控点	2.0（监控点与参照点浓度差值）
			20		3.7	5.3		
			30		14	21		
			40		25	37		

序号	污染物	最高允许排放浓度/（mg/m^3）	最高允许排放速率/（kg/h）				无组织排放监控浓度限值	
			排气筒/m	一级	二级	三级	监控点	浓度/（mg/m^3）
3	颗粒物	150（其他）	15	2.1	4.1	5.9	无组织排放源上风向设参照点，下风向设监控点	5.0（监控点与参照点浓度差值）
			20	3.5	6.9	10		
			30	14	27	40		
			40	24	46	69		
			50	36	70	110		
			60	51	100	150		

注：* 一般应于无组织排放源上风向 2～50 m 范围内设参照点，排放源下风向 2～50 m 范围内设监控点。

** 周界外浓度最高点一般应设于排放源下风向的单位周界外 10 m 范围内。如预计无组织排放的最大落地浓度点越出 10 m 范围，可将监控点移至该预计浓度最高点。

*** 均指含游离二氧化硅 10%以上的各种尘。

两个排放相同污染物（不论其是否由同一生产工艺过程产生）的排气筒，若其距离小于其几何高度之和，应合并视为一根等效排气筒。若有三根以上的近距排气筒，且排放同一种污染物时，应用前两根的等效排气筒依次与第三、四根排气筒取等效值。等效排气筒的有关参数计算方法见该标准的附录 A。

若某排气筒的高度处于本标准列出的两个值之间，其执行的最高允许排放速率以内插法计算，内插法的计算式见该标准的附录 B；当某排气筒的高度大于或小于本标准列出的最大或最小值时，以外推法计算其最高允许排放速率，外推法计算式见该标准的附录 B。

新污染源的排气筒一般不应低于 15 m。若新污染源的排气筒必须低于 15 m，其排放速率标准值应按外推计算结果再严格 50%执行。

新污染源的无组织排放应从严控制，一般情况下不应有无组织排放存在，无法避免的无组织排放应达到表 3-13 规定的标准值。

表 3-13 新污染源大气污染物排放限值

序号	污染物	最高允许排放浓度/（mg/m^3）	最高允许排放速率/（kg/h）			无组织排放监控浓度限值	
			排气筒/m	二级	三级	监控点	浓度/（mg/m^3）
1	二氧化硫	960（硫、二氧化硫、硫酸和其他含硫化合物生产）	15	2.6	3.5	*周界外浓度最高点	0.40
			20	4.3	6.6		
			30	15	22		
			40	25	38		
			50	39	58		
		550（硫、二氧化硫、硫酸和其他含硫化合物使用）	60	55	83		
			70	77	120		
			80	110	160		
			90	130	200		
			100	170	270		

序号	污染物	最高允许排放浓度/（mg/m^3）	最高允许排放速率/（kg/h）			无组织排放监控浓度限值	
			排气筒/m	二级	三级	监控点	浓度/（mg/m^3）
2	氮氧化物	1 400（硝酸、氮肥和火炸药生产）	15	0.77	1.2	周界外浓度最高点	0.12
			20	1.3	2.0		
			30	4.4	6.6		
			40	7.5	11		
		240（硝酸使用和其他）	50	12	18		
			60	16	25		
			70	23	35		
			80	31	47		
			90	40	61		
			100	52	78		
3	颗粒物	18（炭黑尘、染料尘）	15	0.51	0.74	周界外浓度最高点	肉眼不可见
			20	0.85	1.3		
			30	3.4	5.0		
			40	5.8	8.5		
		60**（玻璃棉尘、石英粉尘、矿渣棉尘）	15	1.9	2.6	周界外浓度最高点	1.0
			20	3.1	4.5		
			30	12	18		
			40	21	31		
		120（其他）	15	3.5	5.0	周界外浓度最高点	1.0
			20	5.9	8.5		
			30	23	34		
			40	39	59		
			50	60	94		
			60	85	130		

注：* 周界外浓度最高点一般应设置于无组织排放源下风向的单位周界外 10 m 范围内，若预计无组织排放的最大落地浓度点越出 10 m 范围，可将监控点移至该预计浓度最高点。

** 均指游离二氧化硅超过 10%以上的各种尘。

工业生产尾气确需燃烧排放的，其烟气黑度不得超过林格曼 1 级。

6. 监测采样的时间和频次

该标准规定的三项指标均指任何 1 h 平均值不得超过的限值，故在采样时应做到：排气筒中废气的采样，以连续 1 h 的采样获取平均值；或在 1 h 内，以等时间间隔采集 4 个样品，并计平均值。

无组织排放监控点和参照点监测的采样，一般采用连续 1 h 采样计平均值；若浓度偏低，需要时可适当延长采样时间；若分析方法灵敏度高，仅需用短时间采集样品时，应实行等时间间隔采样，采集 4 个样品计平均值。

特殊情况下的采样时间和频次：

若某排气筒的排放为间断性排放，排放时间小于 1 h，应在排放时段内实行连续采样，或在排放时段内以等时间间隔采集 2～4 个样品，并计平均值。

若某排气筒的排放为间断性排放，排放时间大于 1 h，则应在排放时段内按排气筒中废气的采样，以连续 1 h 的采样获取平均值；或在 1 h 内，以等时间间隔采集 4 个样品，并计平均值。

当进行污染事故排放监测时，应按需要设置采样时间和采样频次，不受上述要求的限制；建设项目环境保护设施竣工验收监测的采样时间和频次，按国家环境保护总局制定的《建设项目环境保护设施竣工验收监测办法（试行）》执行。

7. 常规污染物排放标准限值

该标准分为两个时间段，1997 年 1 月 1 日前设立的现有污染源（包括现有企业）执行现有污染源大气污染物排放限值，1997 年 1 月 1 日起设立（包括新建、扩建、改建项目）的污染源执行新污染源大气污染物排放限值。

一般情况下应以建设项目环境影响报告书（表）批准日期作为其设立日期。未经生态环境主管部门审批设立的污染源，应按补做的环境影响报告书（表）批准日期作为其设立日期。

三、《恶臭污染物排放标准》

《恶臭污染物排放标准》（GB 14554—93）规定了本标准的适用范围、各功能区应执行的标准的级别、恶臭污染物厂界标准限值、恶臭污染物排放标准值以及有关恶臭污染物监测技术与方法等。标准中规定了氨（NH_3）、三甲胺[$(CH_3)_3N$]、硫化氢（H_2S）、甲硫醇（CH_3SH）、甲硫醚[$(CH_3)_2S$]、二甲二硫醚、二硫化碳、苯乙烯、臭气浓度等恶臭污染物的一次最大排放限值、复合恶臭物质的臭气浓度限值及无组织排放源的厂界浓度限值。

人为活动产生的恶臭污染物主要来源于石油及天然气的精炼工厂、石油化工厂、焦化厂、牛皮纸纸浆厂、缫丝厂、金属冶炼厂、水泥厂、胶合剂厂、化肥厂、食品厂、油脂厂、皮革厂、养猪场、养鸡场、污水处理厂、粪便无害化处理厂及柴油汽车等。

1. 术语

恶臭污染物：指一切刺激嗅觉器官引起人们不愉快及损坏生活环境的气体物质。

臭气浓度：指恶臭气体（包括异味）用无臭空气进行稀释，稀释到刚好无臭时，所需的稀释倍数。

2. 适用范围

适用于所有向大气排放恶臭气体的单位及垃圾堆放场的排放管理，以及建设项目的环境影响评价、设计、环境保护设施竣工验收及其投产后的大气污染物排放管理。

3. 标准值分级

恶臭污染物厂界标准值分三级。排入《环境空气质量标准》（GB 3095—1996）中一类区的执行一级标准，一类区中不得建新的排污单位；排入 GB 3095—1996 中二类区的执行二级标准（注：国家 2012 年更新了《环境空气质量标准》，取消三类区）。

1994 年 6 月 1 日起立项的新、扩、改建项目及其建成后投产的企业执行二级、三级标准中相应的标准值。

4. 标准实施

排污单位排放（包括泄漏和无组织排放）的恶臭污染物，在排污单位边界上规定监测点（无其他干扰因素）的一次最大监测值（包括臭气浓度）都必须低于或等于恶臭污染物厂界标准值。

排污单位经烟气排气筒（高度在 15 m 以上）排放的恶臭污染物的排放量和臭气浓度都必须低于或等于恶臭污染物排放标准。

排污单位经排水排出并散发的恶臭污染物和臭气浓度必须低于或等于恶臭污染物厂界标准值。

四、《工业炉窑大气污染物排放标准》

《工业炉窑大气污染物排放标准》（GB 9078—1996）规定了本标准的适用范围、适用区域划分、分时段的 10 类 19 种工业炉窑烟（粉）尘浓度、烟气黑度、6 种有害污染物的最高允许排放浓度（或排放限值）和无组织排放烟（粉）尘的最高允许浓度、各种工业炉窑的二氧化硫、氟及其化合物、铅、汞、铍及其化合物、沥青油烟等有害污染物最高允许排放浓度以及有关烟囱高度和监测的规定等。

1. 适用范围

适用于除炼焦炉、焚烧炉、水泥工业以外使用固体、液体、气体燃料和电加热的工业炉窑的管理，以及工业炉窑建设项目的环境影响评价、设计、竣工验收及其建成后的排放管理。

2. 工业炉窑分类

工业炉窑是指在工业生产中用燃料燃烧或电能转换产生的热量，将物料或工件进行冶炼、焙烧、烧结、熔化、加热等工序的热工设备。

工业炉窑分类及所包括的炉型见表 3-14。

3. 适用区域

本标准分为一级、二级、三级标准，分别与《环境空气质量标准》（GB 3095—1996）中的环境空气质量功能区相对应：一类区执行一级标准；二类区执行二级标准（注：国家 2012 年更新了《环境空气质量标准》，取消三类区）。

在一类区内，除市政、建筑施工临时用沥青加热炉外，禁止新建各种工业炉窑，原有的工业炉窑改建时不得增加污染负荷。

表 3-14 工业炉窑分类及所包括的炉型

工业炉窑分类	炉型
熔炼炉	高炉及高炉出铁场 炼钢炉、混铁炉（车） 铁合金熔炼炉 有色金属冶炼炉
熔化炉	冲天炉、化铁炉 金属熔化炉 非金属熔化、冶炼炉
铁矿烧结炉	烧结机（机头、机尾） 球团竖炉和带式球团
加热炉	金属压延、锻造加热炉 非金属加热炉
热处理炉	金属热处理炉 非金属热处理炉
干燥炉、窑	金属、非金属加工用干燥炉、窑
非金属焙（煅）烧炉窑、耐火材料窑	非金属焙烧、煅烧，耐火材料的回转窑、竖窑
石灰窑	生产石灰的竖窑及土窑
陶瓷、搪瓷、砖瓦窑	隧道窑 其他窑：倒烟窑、轮窑等
其他炉窑	

4．时间段划分

该标准按照不同年限分别规定了工业炉窑烟尘、生产性粉尘、烟气黑度和有害污染物的最高允许排放浓度等指标。具体划分为两个时段：第一时段为 1997 年 1 月 1 日前在用的工业炉窑，还包括该标准实施日前已经通过环境影响报告书（表）批准，尚未建成或尚未投产的各种工业炉窑；第二时段为 1997 年 1 月 1 日起新建的工业炉窑，包括 1997 年 1 月 1 日起通过环境影响报告书（表）批准的新建、改建、扩建的工业炉窑。

5．烟囱高度的规定

各种工业炉窑烟囱（或排气筒）最低允许高度为 15 m。

当烟囱（或排气筒）周围半径 200 m 距离内有建筑物时，除应执行以上规定外，烟囱（或排气筒）还应高出建筑物 3 m 以上。

1997 年 1 月 1 日起新建、改建、扩建的排放烟（粉）尘和有害污染物的工业炉窑，其烟囱（或排气筒）最低允许高度为 15 m，当烟囱（或排气筒）周围半径 200 m 距离内有建筑物时，烟囱（或排气筒）还应高出建筑物 3 m 以上，并需符合批准的环境影响报告书的要求。

各种工业炉窑烟囱（或排气筒）高度如果达不到以上的任何一项规定，其烟（粉）尘或有害污染物最高允许排放浓度应按相应区域排放标准值的 50%执行。

1997 年 1 月 1 日起新建、改建、扩建的工业炉窑烟囱（或排气筒）应设置永久采样、监测孔和采样监测用平台。

五、《锅炉大气污染物排放标准》

《锅炉大气污染物排放标准》（GB 13271—2014）规定了锅炉大气污染物浓度排放限值、监测和监控要求。锅炉排放的水污染物、环境噪声适用相应的国家污染物排放标准，产生固体废物的鉴别、处理和处置适用国家固体废物污染控制标准。

该标准 1983 年首次发布，1991 年第一次修订，1999 年和 2001 年第二次修订，2014 年为第三次修订，环境保护部于 2014 年 4 月 28 日批准该标准将根据国家社会经济发展状况和环境保护要求适时修订。

此次修订的主要内容：

—— 增加了燃煤锅炉氮氧化物和汞及其化合物的排放限值；

—— 规定了大气污染物特别排放限值；

—— 取消了按功能区和锅炉容量执行不同排放限值的规定；

—— 取消了燃煤锅炉烟尘初始排放浓度限值；

—— 提高了各项污染物排放控制要求。

该标准是锅炉大气污染物排放控制的基本要求。地方省级人民政府对该标准未作规定的大气污染物项目，可以制定地方污染物排放标准；对该标准已作规定的大气污染物项目，可以制定严于该标准的地方污染物排放标准。环境影响评价文件要求严于该标准或地方标准时，按照批复的环境影响评价文件执行。

新建锅炉自 2014 年 7 月 1 日起、10 t/h 以上在用蒸汽锅炉和 7 MW 以上在用热水锅炉自 2015 年 10 月 1 日起 10 t/h 及以下在用蒸汽锅炉和 7 MW 及以下在用热水锅炉自 2016 年 7 月 1 日起执行该标准，《锅炉大气污染物排放标准》（GB 13271—2001）自 2016 年 7 月 1 日废止。各地也可根据当地环境保护的需要和经济与技术条件，由省级人民政府批准提前实施该标准。

1. 术语

锅炉：指利用燃料燃烧释放的热能或其他热能加热热水或其他工质，以生产规定参数（温度、压力）和品质的蒸汽、热水或其他工质的设备。

在用锅炉：指该标准实施之日前，已建成投产或环境影响评价文件已通过审批的锅炉。

新建锅炉：该标准实施之日起，环境影响评价文件通过审批的新建、改建和扩建的锅炉建设项目。

有机热载体锅炉：以有机质液体作为热载体工质的锅炉。

标准状态：锅炉烟气在温度为 273 K、压力为 101 325Pa 时的状态，简称“标态”。该标准规定的排放浓度均指标准状态下干烟气中的数值。

烟囱高度：指从烟囱（或锅炉房）所在的地平面至烟囱出口的高度。

氧含量：燃料燃烧后，烟气中含有的多余的自由氧，通常以干基容积百分数来表示。

重点地区：根据环境保护工作的要求，在国土开发密度较高，环境承载能力开始减弱，或大气环境容量较小、生态环境脆弱，容易发生严重大气环境污染问题而需要严格控制大气污染物排放的地区。

大气污染物特别排放限值：为防治区域性大气污染、改善环境质量、进一步降低大气污染源的排放强度、更加严格地控制排污行为而制定并实施的大气污染物排放限值，该限值的控制水平达到国际先进或领先程度，适用于重点地区。

2．适用范围

《锅炉大气污染物排放标准》（GB 13271—2014）标准规定了锅炉烟气中颗粒物、二氧化硫、氮氧化物、汞及其化合物的最高允许排放浓度限值和烟气黑度限值。

该标准适用于以燃煤、燃油和燃气为燃料的单台出力 65 t/h 及以下蒸汽锅炉、各种容量的热水锅炉及有机热载体锅炉；各种容量的层燃炉、抛煤机炉。

使用型煤、水煤浆、煤矸石、石油焦、油页岩、生物质成型燃料等的锅炉，参照该标准中燃煤锅炉排放控制要求执行。

该标准不适用于以生活垃圾、危险废物为燃料的锅炉。该标准适用于在用锅炉的大气污染物排放管理，以及锅炉建设项目环境影响评价、环境保护设施设计、竣工环境保护验收及其投产后的大气污染物排放管理。该标准适用于法律允许的污染物排放行为；新设立污染源的选址和特殊保护区域内现有污染源的管理，按照《中华人民共和国大气污染防治法》《中华人民共和国水污染防治法》《中华人民共和国海洋环境保护法》《中华人民共和国固体废物污染环境防治法》《中华人民共和国放射性污染防治法》《中华人民共和国环境影响评价法》等法律、法规、规章的相关规定执行。

3．大气污染物排放控制要求

10 t/h 以上在用蒸汽锅炉和 7 MW 以上在用热水锅炉于 2015 年 9 月 30 日前执行 GB 13271—2001 中规定的排放限值，10 t/h 及以下在用蒸汽锅炉和 7 MW 及以下在用热水锅炉于 2016 年 6 月 30 日前执行 GB 13271—2001 中规定的排放限值。

10 t/h 以上在用蒸汽锅炉和 7 MW 以上在用热水锅炉自 2015 年 10 月 1 日起执行表 3-15 规定的大气污染物排放浓度限值，10 t/h 及以下在用蒸汽锅炉和 7 MW 及以下在用热水锅炉自 2016 年 7 月 1 日起执行表 3-15 规定的大气污染物排放浓度限值。

表 3-15 在用锅炉大气污染物排放浓度限值 单位：mg/m^3

<table>
<tr><th rowspan="2">污染物项目</th><th colspan="3">限值</th><th rowspan="2">污染物排放监控位置</th></tr>
<tr><th>燃煤锅炉</th><th>燃油锅炉</th><th>燃气锅炉</th></tr>
<tr><td>颗粒物</td><td>80</td><td>60</td><td>30</td><td rowspan="4">烟囱或烟道</td></tr>
<tr><td>二氧化硫</td><td>400
550*</td><td>300</td><td>100</td></tr>
<tr><td>氮氧化物</td><td>400</td><td>400</td><td>400</td></tr>
<tr><td>汞及其化合物</td><td>0.05</td><td>—</td><td>—</td></tr>
<tr><td>烟气黑度（林格曼黑度/级）</td><td colspan="3">≤1</td><td>烟囱排放口</td></tr>
</table>

注：*位于广西壮族自治区、重庆市、四川省和贵州省的燃煤锅炉执行该限值。

自 2014 年 7 月 1 日起，新建锅炉执行表 3-16 规定的大气污染物排放限值。

表 3-16 新建锅炉大气污染物排放浓度限值 单位：mg/m^3

<table>
<tr><th rowspan="2">污染物项目</th><th colspan="3">限值</th><th rowspan="2">污染物排放监控位置</th></tr>
<tr><th>燃煤锅炉</th><th>燃油锅炉</th><th>燃气锅炉</th></tr>
<tr><td>颗粒物</td><td>50</td><td>30</td><td>20</td><td rowspan="4">烟囱或烟道</td></tr>
<tr><td>二氧化硫</td><td>300</td><td>200</td><td>50</td></tr>
<tr><td>氮氧化物</td><td>300</td><td>250</td><td>200</td></tr>
<tr><td>汞及其化合物</td><td>0.05</td><td>—</td><td>—</td></tr>
<tr><td>烟气黑度（林格曼黑度/级）</td><td colspan="3">≤1</td><td>烟囱排放口</td></tr>
</table>

重点地区锅炉执行表 3-17 规定的大气污染物特别排放限值。执行大气污染物特别排放限值的地域范围、时间，由国务院生态环境主管部门或省级人民政府规定。

表 3-17 大气污染物特别排放限值 单位：mg/m^3

<table>
<tr><th rowspan="2">污染物项目</th><th colspan="3">限值</th><th rowspan="2">污染物排放监控位置</th></tr>
<tr><th>燃煤锅炉</th><th>燃油锅炉</th><th>燃气锅炉</th></tr>
<tr><td>颗粒物</td><td>30</td><td>30</td><td>20</td><td rowspan="4">烟囱或烟道</td></tr>
<tr><td>二氧化硫</td><td>200</td><td>100</td><td>50</td></tr>
<tr><td>氮氧化物</td><td>200</td><td>200</td><td>150</td></tr>
<tr><td>汞及其化合物</td><td>0.05</td><td>—</td><td>—</td></tr>
<tr><td>烟气黑度（林格曼黑度/级）</td><td colspan="3">≤1</td><td>烟囱排放口</td></tr>
</table>

每个新建燃煤锅炉房只能设一根烟囱，烟囱高度应根据锅炉房装机总容量而定，按表 3-18 规定执行，燃油、燃气锅炉烟囱不低于 8 m，锅炉烟囱的具体高度按批复的环境影响评价文件确定。新建锅炉房的烟囱周围半径 200 m 距离内有建筑物时，其烟囱应高出最高建筑物 3 m 以上。

表 3-18 燃煤锅炉房烟囱最低允许高度

锅炉房装机总容量	MW	＜0.7	0.7～＜1.4	1.4～＜2.8	2.8～＜7	7～＜14	≥14
	t/h	＜1	1～＜2	2～＜4	4～＜10	10～＜20	≥20
烟囱最低允许高度	m	20	25	30	35	40	45

不同时段建设的锅炉，若采用混合方式排放烟气，且选择的监控位置只能监测混合烟气中的大气污染物浓度，应执行各个时段限值中最严格的排放限值。

4．大气污染物监测要求

污染物采样与监测要求：

锅炉使用企业应按照有关法律和《环境监测管理办法》等规定，建立企业监测制度，制定监测方案，对污染物排放状况及其对周边环境质量的影响开展自行监测，保存原始监测记录，并公布监测结果。

锅炉使用企业应按照环境监测管理规定和技术规范的要求，设计、建设、维护永久性采样口、采样测试平台和排污口标志。

对锅炉排放废气的采样，应根据监测污染物的种类，在规定的污染物排放监控位置进行，有废气处理设施的，应在该设施后监测。排气筒中大气污染物的监测采样按 GB 5468、GB/T 16157 或 HJ/T 397 规定执行。

20 t/h 及以上蒸汽锅炉和 14 MW 及以上热水锅炉应安装污染物排放自动监控设备，与生态环境部门的监控中心联网，并保证设备正常运行，按有关法律和《污染源自动监控管理办法》的规定执行。

对大气污染物的监测，应按照 HJ/T 373 的要求进行监测质量保证和质量控制。

对大气污染物排放浓度的测定采用表 3-19 所列的方法标准。

表 3-19 大气污染物浓度测定方法标准

序号	污染物项目	方法标准名称	标准编号
1	颗粒物	锅炉烟尘测试方法	GB 5468
		固定污染源排气中颗粒物测定与气态污染物采样方法	GB/T 16157
2	烟气黑度	固定污染源排放烟气黑度的测定 林格曼烟气黑度图法	HJ/T 398

序号	污染物项目	方法标准名称	标准编号
3	二氧化硫	固定污染源排气中二氧化硫的测定　碘量法	HJ/T 56
		固定污染源排气中二氧化硫的测定　定电位电解法	HJ/T 57
		固定污染源废气　二氧化硫的测定　非分散红外吸收法	HJ 629
4	氮氧化物	固定污染源排气中氮氧化物的测定　紫外分光光度法	HJ/T 42
		固定污染源排气中氮氧化物的测定　盐酸萘乙二胺分光光度法	HJ/T 43
		固定污染源废气　氮氧化物的测定　非分散红外吸收法	HJ 692
		固定污染源排气　氮氧化物的测定　定电位电解法	HJ 693
5	汞及其化合物	固定污染源废气　汞的测定　冷原子吸收分光光度法（暂行）	HJ 543

大气污染物基准含氧量排放浓度折算方法：

实测的锅炉颗粒物、二氧化硫、氮氧化物、汞及其化合物的排放浓度，应执行 GB 5468 或 GB/T 16157 规定，按式（3-11）折算为基准氧含量排放浓度。各类燃烧设备的基准氧含量按表 3-20 的规定执行。

表 3-20　基准氧含量

锅炉类型	基准氧含量（O_2）/%
燃煤锅炉	9
燃油、燃气锅炉	3.5

$$\rho = \rho' \times \frac{21-\varphi(O_2)}{21-\varphi'(O_2)} \tag{3-11}$$

式中：ρ —— 大气污染物基准氧含量排放浓度，mg/m^3；

ρ' —— 实测的大气污染物排放浓度，mg/m^3；

$\varphi(O_2)$ —— 基准氧含量；

$\varphi'(O_2)$ —— 实测的氧含量。

第四章　地表水环境影响评价技术导则与相关水环境标准

第一节　环境影响评价技术导则　地表水环境

一、概述

《环境影响评价技术导则　地表水环境》（HJ 2.3—2018）规定了地表水环境影响评价的一般性原则、工作程序、内容、方法及要求。适用于建设项目的地表水环境影响评价。规划环境影响评价中的地表水环境影响评价工作参照本标准执行。该导则是对《环境影响评价技术导则　地面水环境》（HJ /T 2.3—93）的第一次修订。

该导则于 2018 年 9 月 30 日发布，2019 年 3 月 1 日实施。自实施之日起，《环境影响评价技术导则　地面水环境》（HJ /T 2.3—93）废止。

二、术语和定义

1．地表水

存在于陆地表面的河流（江河、运河及渠道）、湖泊、水库等地表水体以及入海河口和近岸海域。

2．水环境保护目标

饮用水水源保护区、饮用水取水口，涉水的自然保护区、风景名胜区，重要湿地、重点保护与珍稀水生生物的栖息地、重要水生生物的自然产卵场及索饵场、越冬场和洄游通道，天然渔场等渔业水体，以及水产种质资源保护区等。

3．水污染当量

根据污染物或者污染排放活动对地表水环境的有害程度以及处理的技术经济性，衡量不同污染物对地表水环境污染的综合性指标或者计量单位。

4．控制单元

综合考虑水体、汇水范围和控制断面三要素而划定的水环境空间管控单元。

5．生态流量

满足河流、湖库生态保护要求、维持生态系统结构和功能所需要的流量（水位）与过程。

6．安全余量

考虑污染负荷和受纳水体水环境质量之间关系的不确定因素，为保障受纳水体水环境质量改善目标安全而预留的负荷量。

三、地表水环境影响评价等级与评价范围

（一）环境影响识别与评价因子筛选

地表水环境影响因素识别应按照 HJ 2.1 的要求，分析建设项目建设阶段、生产运行阶段和服务期满后（可根据项目情况选择，下同）各阶段对地表水环境质量、水文要素的影响行为。

1．水污染影响型建设项目评价因子

水污染影响型建设项目评价因子的筛选应符合以下要求：

① 按照污染源源强核算技术指南，开展建设项目污染源与水污染因子识别，结合建设项目所在水环境控制单元或区域水环境质量现状，筛选出水环境现状调查评价与影响预测评价的因子；

② 行业污染物排放标准中涉及的水污染物应作为评价因子；

③ 在车间或车间处理设施排放口排放的第一类污染物应作为评价因子；

④ 水温应作为评价因子；

⑤ 面源污染所含的主要污染物应作为评价因子；

⑥ 建设项目排放的，且为建设项目所在控制单元的水质超标因子或潜在污染因子（指近三年来水质浓度值呈上升趋势的水质因子），应作为评价因子。

2．水文要素影响型建设项目评价因子

水文要素影响型建设项目评价因子应根据建设项目对地表水体水文要素影响的特征确定。河流、湖泊及水库主要评价水面面积、水量、水温、径流过程、水位、水深、流速、水面宽、冲淤变化等因子，湖泊和水库需要重点关注湖底水域面积或蓄水量及水力停留时间等因子。感潮河段、入海河口及近岸海域主要评价流量、流向、潮区界、潮流界、纳潮量、水位、流速、水面宽、水深、冲淤变化等因子。

建设项目可能导致受纳水体富营养化的，评价因子还应包括与富营养化有关的因子（如总磷、总氮、叶绿素 a、高锰酸盐指数和透明度等。其中，叶绿素 a 为必须评价的因子）。

（二）评价工作等级划分依据

根据建设项目影响类型、排放方式、排放量或影响情况、受纳水体环境质量现状、水环境保护目标等进行地表水环境影响评价工作级别的划分。

评价工作等级分为三级，一级评价最详细，二级次之，三级较简略。

水污染影响型建设项目分级判据见表 4-1。水文要素影响型建设项目分级判据见表 4-2。

表 4-1　水污染影响型建设项目分级判据

评价等级	判定依据	
	排放方式	废水排放量 Q /（m^3/d）；水污染物当量数 W /（量纲一）
一级	直接排放	Q≥20 000 或 W≥600 000
二级	直接排放	其他
三级 A	直接排放	Q<200 且 W<6 000
三级 B	间接排放	—

注：1. 水污染物当量数等于该污染物的年排放量除以该污染物的污染当量值，计算排放污染物的污染物当量数，应区分第一类水污染物和其他类水污染物，统计第一类污染物当量数总和，然后与其他类污染物按照污染物当量数从大到小排序，取最大当量数作为建设项目评价等级确定的依据。

2. 废水排放量按行业排放标准中规定的废水种类统计，没有相关行业排放标准要求的通过工程分析合理确定，应统计含热量大的冷却水的排放量，可不统计间接冷却水、循环水以及其他含污染物极少的清净下水的排放量。

3. 厂区存在堆积物（露天堆放的原料、燃料、废渣等以及垃圾堆放场）、降尘污染的，应将初期雨污水纳入废水排放量，相应的主要污染物纳入水污染当量计算。

4. 建设项目直接排放第一类污染物的，其评价等级为一级；建设项目直接排放的污染物为受纳水体超标因子的，评价等级不低于二级。

5. 直接排放受纳水体影响范围涉及饮用水水源保护区、饮用水取水口、重点保护与珍稀水生生物的栖息地、重要水生生物的自然产卵场等保护目标时，评价等级不低于二级。

6. 建设项目向河流、湖库排放温排水引起受纳水体水温变化超过水环境质量标准要求，且评价范围有水温敏感目标时，评价等级为一级。

7. 建设项目利用海水作为调节温度介质，排水量≥500 万 m^3/d，评价等级为一级；排水量<500 万 m^3/d，评价等级为二级。

8. 仅涉及清净下水排放的，如其排放水质满足受纳水体水环境质量标准要求，评价等级为三级 A。

9. 依托现有排放口，且对外环境未新增排放污染物的直接排放建设项目，评价等级参照间接排放，定为三级 B。

10. 建设项目生产工艺中有废水产生，但作为回水利用，不排放到外环境的，按三级 B 评价。

表 4-2　水文要素影响型建设项目分级判据

评价等级	水温	径流		受影响地表水域		
	年径流量与总库容占比α/%	兴利库容与年径流量百分比β/%	取水量占多年平均径流量百分比γ/%	工程垂直投影面积及外扩范围A_1/ km²；工程扰动水底面积A_2/ km²；过水断面宽度占用比例或占用水域面积比例R/%		工程垂直投影面积及外扩范围A_1/km²；工程扰动水底面积A_2/km²
				河流	湖库	入海河口、近岸海域
一级	$\alpha \leqslant 10$；或稳定分层	$\beta \geqslant 20$；或完全年调节与多年调节	$\gamma \geqslant 30$	$A_1 \geqslant 0.3$；或$A_2 \geqslant 1.5$；或$R \geqslant 10$	$A_1 \geqslant 0.3$；或$A_2 \geqslant 1.5$；或$R \geqslant 20$	$A_1 \geqslant 0.5$；或$A_2 \geqslant 3$
二级	$20 > \alpha > 10$；或不稳定分层	$20 > \beta > 2$；或季调节与不完全年调节	$30 > \gamma > 10$	$0.3 > A_1 > 0.05$；或$1.5 > A_2 > 0.2$；或$10 > R > 5$	$0.3 > A_1 > 0.05$；或$1.5 > A_2 > 0.2$；或$20 > R > 5$	$0.5 > A_1 > 0.15$；或$3 > A_2 > 0.5$
三级	$\alpha \geqslant 20$；或混合型	$\beta \leqslant 2$；或无调节	$\gamma \leqslant 10$	$A_1 \leqslant 0.05$；或$A_2 \leqslant 0.2$；或$R \leqslant 5$	$A_1 \leqslant 0.05$；或$A_2 \leqslant 0.2$；或$R \leqslant 5$	$A_1 \leqslant 0.15$；或$A_2 \leqslant 0.5$

注：1. 影响范围涉及饮用水水源保护区、重点保护与珍稀水生生物的栖息地、重要水生生物的自然产卵场、自然保护区等保护目标，评价等级应不低于二级。

2. 跨流域调水、引水式电站、可能受到大型河流感潮河段影响的建设项目，评价等级不低于二级。

3. 造成入海河口（湾口）宽度束窄（束窄尺度达到原宽度的5%以上），评价等级应不低于二级。

4. 对不透水的单方向建筑尺度较长的水工建筑物（如防波堤、导流堤等），其与潮流或水流主流向切线垂直方向投影长度大于 2 km 时，评价等级应不低于二级。

5. 允许在一类海域建设的项目，评价等级为一级。

6. 同时存在多个水文要素影响的建设项目，分别判定各水文要素影响评价等级，并取其中最高等级作为水文要素影响型建设项目评价等级。

（三）分级判据的基本内容

水污染物当量数等于该污染物的年排放量除以该污染物的污染当量值，计算排放污染物的污染物当量数，应区分第一类水污染物和其他类水污染物，统计第一类污染物当量数总和，然后与其他类污染物按照污染物当量数从大到小排序，取最大当量数作为建设项目评价等级确定的依据。污染物污染当量值采用《中华人民共和国环境保护税法》规定应税污染物，是指根据污染物或者污染排放活动对环境的有害程度以及处理的技术经济性，衡量不同污染物对环境污染的综合性指标或者计量单位。同一介质相同污染当量的不同污染物，其污染程度基本相当。各污染物和当量值见表 4-3～表 4-6。

表 4-3 水污染物污染当量值（第一类） 单位：kg

污染物	污染当量值	污染物	污染当量值
1. 总汞	0.000 5	6. 总铅	0.025
2. 总镉	0.005	7. 总镍	0.025
3. 总铬	0.04	8. 苯并[*a*]芘	0.000 000 3
4. 六价铬	0.02	9. 总铍	0.01
5. 总砷	0.02	10. 总银	0.02

表 4-4 水污染物污染当量值（第二类） 单位：kg

污染物	污染当量值	污染物	污染当量值
11. 悬浮物（SS）	4	37. 五氯酚及五氯酚钠（以五氯酚计）	0.25
12. 生化需氧量（BOD_5）	0.5	38. 三氯甲烷	0.04
13. 化学需氧量（COD_{Cr}）	1	39. 可吸附有机卤化物（AOX）（以 Cl 计）	0.25
14. 总有机碳（TOC）	0.49	40. 四氯化碳	0.04
15. 石油类	0.1	41. 三氯乙烯	0.04
16. 动植物油	0.16	42. 四氯乙烯	0.04
17. 挥发酚	0.08	43. 苯	0.02
18. 总氰化物	0.05	44. 甲苯	0.02
19. 硫化物	0.125	45. 乙苯	0.02
20. 氨氮	0.8	46. 邻-二甲苯	0.02
21. 氟化物	0.5	47. 对-二甲苯	0.02
22. 甲醛	0.125	48. 间-二甲苯	0.02
23. 苯胺类	0.2	49. 氯苯	0.02
24. 硝基苯类	0.2	50. 邻二氯苯	0.02
25. 阴离子表面活性剂（LAS）	0.2	51. 对二氯苯	0.02
26. 总铜	0.1	52. 对硝基氯苯	0.02
27. 总锌	0.2	53. 2,4-二硝基氯苯	0.02
28. 总锰	0.2	54. 苯酚	0.02
29. 彩色显影剂（CD-2）	0.2	55. 间-甲酚	0.02
30. 总磷	0.25	56. 2,4-二氯酚	0.02
31. 单质磷（以 P 计）	0.05	57. 2,4,6-三氯酚	0.02
32. 有机磷农药（以 P 计）	0.05	58. 邻苯二甲酸二丁酯	0.02
33. 乐果	0.05	59. 邻苯二甲酸二辛酯	0.02
34. 甲基对硫磷	0.05	60. 丙烯腈	0.125
35. 马拉硫磷	0.05	61. 总硒	0.02
36. 对硫磷	0.05		

表 4-5　水污染物污染当量值（pH、色度、大肠菌群数、余氯量）

<table>
<tr><th colspan="2">污染物</th><th>污染当量值</th><th>备注</th></tr>
<tr><td rowspan="6">1. pH</td><td>1. 0～1，13～14</td><td>0.06 t 污水</td><td rowspan="9">pH 为 5～6 是大于等于 5，小于 6；pH 为 9～10 是大于 9，小于等于 10，其余类推</td></tr>
<tr><td>2. 1～2，12～13</td><td>0.125 t 污水</td></tr>
<tr><td>3. 2～3，11～12</td><td>0.25 t 污水</td></tr>
<tr><td>4. 3～4，10～11</td><td>0.5 t 污水</td></tr>
<tr><td>5. 4～5，9～10</td><td>1 t 污水</td></tr>
<tr><td>6. 5～6</td><td>5 t 污水</td></tr>
<tr><td colspan="2">2. 色度</td><td>5 t 水・倍</td></tr>
<tr><td colspan="2">3. 大肠菌群数（超标）</td><td>3.3 t 污水</td></tr>
<tr><td colspan="2">4. 余氯量（用氯消毒的医院废水）</td><td>3.3 t 污水</td></tr>
</table>

表 4-6　水污染物污染当量值（禽畜养殖业、小型企业和第三产业）

<table>
<tr><th colspan="3">类型</th><th>污染当量值</th></tr>
<tr><td rowspan="3">禽畜养殖场</td><td colspan="2">1. 牛</td><td>0.1 头</td></tr>
<tr><td colspan="2">2. 猪</td><td>1 头</td></tr>
<tr><td colspan="2">3. 鸡、鸭等家禽</td><td>30 羽</td></tr>
<tr><td colspan="3">4. 小型企业</td><td>0.02</td></tr>
<tr><td colspan="3">5. 餐饮娱乐服务业</td><td>0.02</td></tr>
<tr><td colspan="2" rowspan="4">6. 医院</td><td rowspan="2">消毒</td><td>0.14 床</td></tr>
<tr><td>2.8 t 污水</td></tr>
<tr><td rowspan="2">不消毒</td><td>0.07 床</td></tr>
<tr><td>1.4 t 污水</td></tr>
</table>

（四）评价范围确定

建设项目地表水环境影响评价范围指建设项目整体实施后可能对地表水环境造成的影响范围。

1. 水污染影响型建设项目评价范围

根据评价等级、工程特点、影响方式及程度、地表水环境质量管理要求等确定。

一级、二级及三级 A，其评价范围应符合以下要求：

① 应根据主要污染物迁移转化状况，至少需覆盖建设项目污染影响所及水域；

② 受纳水体为河流时，应满足覆盖对照断面、控制断面与削减断面等关心断面的要求；

③ 受纳水体为湖泊、水库时，一级评价，评价范围宜不小于以入湖（库）排放口为中心、半径为 5 km 的扇形区域；二级评价，评价范围宜不小于以入湖（库）排放口为中心、半径为 3 km 的扇形区域；三级 A 评价，评价范围宜不小于以入湖（库）排放口

为中心、半径为 1 km 的扇形区域；

④ 受纳水体为入海河口和近岸海域时，评价范围按照 GB/T 19485 执行；

⑤ 影响范围涉及水环境保护目标的，评价范围至少应扩大到水环境保护目标内受到影响的水域；

⑥ 同一建设项目有两个及两个以上废水排放口，或排入不同地表水体时，按各排放口及所排入地表水体分别确定评价范围；有叠加影响的，叠加影响水域应作为重点评价范围。

三级 B，其评价范围应符合以下要求：

① 应满足其依托污水处理设施环境可行性分析的要求；

② 涉及地表水环境风险的，应覆盖环境风险影响范围所及的水环境保护目标水域。

2. 水文要素影响型建设项目评价范围

根据评价等级、水文要素影响类别、影响及恢复程度确定，评价范围应符合以下要求：

① 水文要素影响评价范围为建设项目形成水文分层水域，以及下游未恢复到天然（或建设项目建设前）水文的水域；

② 径流要素影响评价范围为水体天然性状发生变化的水域，以及下游增减水影响水域；

③ 地表水域影响评价范围为相对建设项目建设前日均或潮均流速及水深，或高（累积频率 5%）低（累积频率 90%）水位（潮位）变化幅度超过±5%的水域；

④ 建设项目影响范围涉及水环境保护目标的，评价范围至少应扩大到水环境保护目标内受影响的水域；

⑤ 存在多类水文要素影响的建设项目，应分别确定各水文要素影响评价范围，取各水文要素评价范围的外包线作为水文要素的评价范围。

评价范围应以平面图的方式表示，并明确起、止位置等控制点坐标。

（五）评价时期确定

根据受影响地表水体类型、评价等级等确定，见表 4-7。

三级 B 评价，可不考虑评价时期。

表 4-7 评价时期确定表

受影响地表水体类型	评价等级		
	一级	二级	水污染影响型（三级 A）/水文要素影响型（三级）
河流、湖库	丰水期、平水期、枯水期；至少丰水期和枯水期	丰水期和枯水期；至少枯水期	至少枯水期

<table>
<tr><th rowspan="2">受影响地表水体类型</th><th colspan="3">评价等级</th></tr>
<tr><th>一级</th><th>二级</th><th>水污染影响型（三级 A）/水文要素影响型（三级）</th></tr>
<tr><td>入海河口（感潮河段）</td><td>河流：丰水期、平水期和枯水期；
河口：春季、夏季和秋季；
至少丰水期和枯水期，春季和秋季</td><td>河流：丰水期和枯水期；
河口：春、秋 2 个季节；
至少枯水期或 1 个季节</td><td>至少枯水期或 1 个季节</td></tr>
<tr><td>近岸海域</td><td>春季、夏季和秋季；
至少春、秋 2 个季节</td><td>春季或秋季；至少 1 个季节</td><td>至少 1 次调查</td></tr>
</table>

注：1. 感潮河段、入海河口、近岸海域在丰、枯水期（或春夏秋冬四季）均应选择大潮期或小潮期中一个潮期开展评价（无特殊要求时，可不考虑一个潮期内高潮期、低潮期的差别）。选择原则为：依据调查监测海域的环境特征，以影响范围较大或影响程度较重为目标，定性判别和选择大潮期或小潮期作为调查潮期。

2. 冰封期较长且作为生活饮用水与食品加工用水的水源或有渔业用水需求的水域，应将冰封期纳入评价时期。

3. 具有季节性排水特点的建设项目，根据建设项目排水期对应的水期或季节确定评价时期。

4. 水文要素影响型建设项目对评价范围内的水生生物生长、繁殖与洄游有明显影响的时期，需将对应的时期作为评价时期。

5. 复合影响型建设项目分别确定评价时期，按照覆盖所有评价时期的原则综合确定。

（六）水环境保护目标确定

依据环境影响因素识别结果，调查评价范围内水环境保护目标，确定主要水环境保护目标。

应在地图中标注各水环境保护目标的地理位置、四至范围，并列表给出水环境保护目标内主要保护对象和保护要求，以及与建设项目占地区域的相对距离、坐标、高差，与排放口的相对距离、坐标等信息，同时说明与建设项目的水力联系。

（七）环境影响评价标准确定

建设项目地表水环境影响评价标准应根据评价范围内水环境质量管理要求和相关污染物排放标准的规定，确定各评价因子适用的水环境质量标准与相应的污染物排放标准。

根据 GB 3097、GB 3838、GB 5084、GB 11607、GB 18421、GB 18668 及相应的地方标准，结合受纳水体水环境功能区或水功能区、近岸海域环境功能区、水环境保护目标、生态流量等水环境质量管理要求，确定地表水环境质量评价标准。

根据现行国家和地方排放标准的相关规定，结合项目所属行业、地理位置，确定建设项目污染物排放评价标准。对于间接排放建设项目，若建设项目与污水处理厂在满足排放标准允许范围内签订了纳管协议和排放浓度限值，并报相关生态环境主管部门备案，可将此浓度限值作为污染物排放评价的依据。

未划定水环境功能区或水功能区、近岸海域环境功能区的水域，或未明确水环境质量标准的评价因子，由地方人民政府生态环境主管部门确认应执行的环境质量要求；在国家及地方污染物排放标准中未包括的评价因子，由地方人民政府生态环境主管部门确认应执行的污染物排放要求。

四、地表水环境现状调查与评价

（一）现状调查范围

建设项目环境现状调查范围的确定，需要遵循以下原则：

① 应覆盖评价范围，以平面图方式表示，并明确起、止断面的位置及涉及范围；

② 对于水污染影响型建设项目，除覆盖评价范围外，受纳水体为河流时，在不受回水影响的河流段，排放口上游调查范围宜不小于 500 m，受回水影响河段的上游调查范围原则上与下游调查的河段长度相等；受纳水体为湖库时，以排放口为圆心，调查半径在评价范围基础上外延 20%～50%；

③ 对于水文要素影响型建设项目，受影响水体为河流、湖库时，除覆盖评价范围外，一级、二级评价时还应包括库区及支流回水影响区、坝下至下一个梯级或河口、受水区、退水影响区；

④ 对于水污染影响型建设项目，建设项目排放污染物中包括氮、磷或有毒污染物且受纳水体为湖泊、水库时，一级评价的调查范围应包括整个湖泊、水库，二级、三级 A 评价时，调查范围应包括排放口所在水环境功能区、水功能区或湖（库）湾区；

⑤ 受纳或受影响水体为入海河口及近岸海域时，调查范围依据 GB/T 19485 要求执行。

（二）现状调查时期

现状调查时期和评价时期一致。应与水期（潮期）的划分相对应。河流、河口、湖泊与水库一般按丰水期、平水期、枯水期划分；海湾按大潮期和小潮期划分。

对于北方地区，也可以划分为冰封期和非冰封期。评价等级不同，各类水域调查时期的要求也不同。

（三）水文调查与水文测量的原则与内容

应尽量向有关的水文测量和水质监测等部门收集现有资料，当资料不足时，应进行一定的水文调查（测量）与水质调查（监测），特别需要进行与水质调查同步的水文测量。通常情况下，水文调查与水文测量在枯水期进行，必要时，其他时期（丰水期、平水期、冰封期等）可进行补充调查。

水文测量的主要内容（对象）与拟采用的环境影响预测方法密切相关。在采用数学模式时应根据所选用的预测模式及应输入的水文特征值和环境水力学参数的需要决定其内容。

与水质调查同步进行的水文测量，原则上只在一个时期内进行。它与水质调查的次数和天数不要求完全相同，在能准确求得所需水文要素及环境水力学参数的前提下，尽量精简水文测量的次数和天数。

一般应调查的河流水文特征值为：河宽、水深、流速、流量、坡度、糙率及弯曲系数；环境水力学参数主要为：迁移、扩散及混合系数等水质模式参数。

1. 河流

河流水文调查与水文测量的内容应根据评价等级、河流的规模决定，其中主要有：丰水期、平水期、枯水期的划分；河流平直及弯曲情况（如平直段长度及弯曲段的弯曲半径等）、横断面、坡度（比降）、水位；水深、河宽、流量、流速及其分布、水温、糙率及泥沙含量等，丰水期有无分流漫滩，枯水期有无浅滩、沙洲和断流，北方河流还应了解结冰、封冰、解冻等现象。

在采用河流水质数学模式预测时，其具体调查内容应根据评价等级及河流规模，按照河流常用水质数学模式涉及的环境水文特征值与环境水力学参数的需要决定。

河网地区应调查各河段流向、流速、流量关系，了解流向、流速、流量的变化特点。

2. 感潮河口

感潮河口的水文调查与水文测量的内容应根据评价等级和河流的规模决定，其中除应包括与河流相同的内容外，还应有感潮河段的范围，涨潮、落潮及平潮时的水位、水深、流向、流速及其分布，横断面形状、水面坡度以及潮间隙、潮差和历时等。

在采用水质数学模式预测时，其具体调查内容应根据评价等级、河流规模，按照河口常用水质数学模式涉及的环境水文特征值与环境水力学参数的需要决定。

3. 湖泊与水库

应根据评价等级、湖泊和水库的规模决定水文调查与水文测量的内容，其中主要有：湖泊水库的面积和形状，丰水期、平水期、枯水期的划分，流入、流出的水量，水力停留时间，水量的调度和贮量，湖泊、水库的水深，水温分层情况及水流状况（湖流的流向和流速，环流的流向、流速及稳定时间）等。

在采用数学模式预测时，其具体调查内容应根据评价的等级及湖泊、水库的规模，按照湖泊、水库水质数学模式涉及的环境水文特征值与环境水力学参数的需要决定。

4. 海湾

海湾水文调查与水文测量的内容应根据评价等级及海湾的特点选择下列全部或部分内容：海岸形状，海底地形，潮位及水深变化，潮流状况（小潮和大潮循环期间的水流变化、平行于海岸线流动的落潮和涨潮），流入的河水流量、盐度和温度造成的分层情况，水温、波浪的情况以及内海水与外海水的交换周期等。

在采用数学模式预测时，其具体调查内容应根据评价等级、海湾特点、污染物特性等，按照海湾水质数学模式涉及的环境水文特征值与环境水力学参数的需要决定。

（四）污染源调查

1. 建设项目污染源调查

（1）原则

建设项目污染源调查应在工程分析的基础上，确定水污染物的排放量及进入受纳水体的污染负荷量。根据建设项目工程分析、污染源源强核算技术指南，衔接排污许可技术规范等相关要求。

建设项目的污染物排放指标需要等量替代或减量替代时，还应对替代项目开展污染源调查。

（2）基本内容

调查建设项目所有排放口（包括涉及一类污染物的车间或车间处理设施排放口、企业总排口、雨水排放口、清净下水排放口、温排水排放口等）的污染物源强，明确排放口的相对位置并附图件、地理位置（经纬度）、排放规律等。改建、扩建项目还应调查现有企业所有废水排放口。

2. 点污染源调查

（1）原则

点污染源调查以搜集现有资料为主，只有在十分必要时才补充现场调查或测试。

点污染源调查的繁简程度可根据评价级别及其与建设项目的关系而略有不同。如评价级别较高且现有污染源与建设项目距离较近时应详细调查。

在通过收集或实测以取得污染源资料时，应注意其与受纳水域的水文、水质特点之间的关系，以便了解这些污染物在水体中的自净情况。

应详细调查与建设项目排放污染物同类的或有关联关系的已建项目、在建项目、拟建项目（已批复环境影响评价文件，下同）等污染源。

① 一级评价，以收集利用排污许可证登记数据、环评及环保验收数据及既有实测数据为主，并辅以现场调查及现场监测；

② 二级评价，主要收集利用排污许可证登记数据、环评及环保验收数据及既有实测数据，必要时补充现场监测；

③ 水污染影响型三级 A 评价与水文要素影响型三级评价，主要收集利用与建设项目排放口的空间位置和所排污染物的性质关系密切的污染源资料，可不进行现场调查及现场监测；

④ 水污染影响型三级 B 评价，可不开展区域污染源调查，主要调查依托污水处理设施的日处理能力、处理工艺、设计进水水质、处理后的废水稳定达标排放情况，同时应调查依托污水处理设施执行的排放标准是否涵盖建设项目排放的有毒有害的特征水污染物。

（2）基本内容

根据评价工作的需要选择下述全部或部分内容进行调查：

① 基本信息。主要包括污染源名称、排污许可证编号等；

② 排放特点。主要包括排放形式，分散排放或集中排放，连续排放或间歇排放；排放口的平面位置（附污染源平面位置图）及排放方向；排放口在断面上的位置；

③ 排污数据。主要包括污水排放量、排放浓度、主要污染物等数据；

④ 用排水状况。主要调查取水量、用水量、循环水量、重复利用率、排水总量等；

⑤ 污水处理状况主要调查各排污单位生产工艺流程中的产污环节、污水处理工艺、处理效率、处理水量、中水回用量、再生水量、污水处理设施的运转情况等。

3. 面污染源调查

（1）原则

面污染源调查主要采用收集利用既有数据资料的调查方法，可不进行实测。

（2）基本内容

根据评价工作的需要选择下述全部或部分内容进行调查：

面污染源调查内容，按照农村生活污染源、农田污染源、分散式畜禽养殖污染源、城镇地面径流污染源、堆积物污染源、大气沉降源等分类，采用源强系数法、面源模型法等方法，估算面源源强、流失量与入河量等。主要包括：

① 农村生活污染源：调查人口数量、人均用水量指标、供水方式、污水排放方式、去向和排污负荷量等；

② 农田污染源：调查农药和化肥的施用种类、施用量、流失量及入河系数、去向及受纳水体等情况（包括水土流失、农药和化肥流失强度、流失面积、土壤养分含量等调查分析）；

③ 畜禽养殖污染源：调查畜禽养殖的种类、数量、养殖方式、粪便污水收集与处置情况、主要污染物浓度、污水排放方式和排污负荷量、去向及受纳水体等。畜禽粪便污水作为肥水进行农田利用的，需考虑畜禽粪便污水土地承载力；

④ 城镇地面径流污染源：调查城镇土地利用类型及面积、地面径流收集方式与处理情况、主要污染物浓度、排放方式和排污负荷量、去向及受纳水体等；

⑤ 堆积物污染源：调查矿山、冶金、火电、建材、化工等单位的原料、燃料、废料、固体废物（包括生活垃圾）的堆放位置、堆放面积、堆放形式及防护情况、污水收集与处置情况、主要污染物和特征污染物浓度、污水排放方式和排污负荷量、去向及受纳水体等；

⑥ 大气沉降源：调查区域大气沉降（湿沉降、干沉降）的类型、污染物种类、污染物沉降负荷量等。

4. 内源污染调查

（1）原则

一级、二级评价，建设项目直接导致受纳水体内源污染变化，或存在与建设项目排放污染物同类的且内源污染影响受纳水体水环境质量的，应开展内源污染调查，必要时应开展底泥污染补充监测。

（2）基本内容

底泥物理指标包括力学性质、质地、含水率、粒径等；化学指标包括水域超标因子、与本建设项目排放污染物相关的因子。

（五）水质调查与水质参数选择原则

1. 水质调查原则

水质调查时应尽量使用现有数据资料，如资料不足时应实测。

应优先采用国务院生态环境主管部门统一发布的水环境状况信息。

水污染影响型建设项目一级、二级评价时，应调查受纳水体近 3 年的水环境质量数据，分析其变化趋势。

2. 水质参数选择原则

所选择的水质参数应包括两类：一类是常规水质参数，它能反映水域水质一般状况；另一类是特征水质参数，它能代表建设项目将来排放的水质。

常规水质参数以 GB 3838—2002 中提出的 pH、溶解氧、高锰酸盐指数、五日生化需氧量、凯氏氮或非离子氨、酚、氰化物、砷、汞、铬（六价）、总磷以及水温为基础，根据水域类别、评价等级、污染源状况适当删减。

特征水质参数根据建设项目特点、水域类别及评价等级选定。

（六）水资源与开发利用状况调查

1. 原则

水文要素影响型建设项目一级、二级评价时，应开展建设项目所在流域、区域的水资源与开发利用状况调查。

2. 基本内容

（1）水资源现状

调查水资源总量、水资源可利用量、水资源时空分布特征、人类活动对水资源量的影响等。主要涉水工程概况调查，包括数量、等级、位置、规模、主要开发任务、开发方式、运行调度及其对水文情势、水环境的影响。应涵盖大型、中型、小型等各类涉水工程，绘制涉水工程分布示意图。

（2）水资源利用状况

调查城市、工业、农业、渔业、水产养殖业、水域景观等各类用水现状与规划（包括用水时间、取水地点、取用水量等），各类用水的供需关系（包括水权等）、水质要求和渔业、水产养殖业等所需的水面面积。

（七）补充监测

1. 河流水质取样断面与取样点设置的原则

（1）水质取样断面设置原则

按照 HJ/T 91 的规定执行。一般情况下应布设对照、控制、削减三种类型的断面，取样断面的布设主要遵循以下原则：

① 在调查范围的两端应布设取样断面；

② 调查范围内重点保护对象附近水域应布设取样断面；

③ 水文特征突然化处（如支流汇入处等）、水质急剧变化处（如污水排入处等）、重点水工构筑物（如取水口、桥梁涵洞等）附近应布设取样断面；

④ 水文站附近等应布设采样断面，并适当考虑水质预测关心点；

⑤ 在拟建成排污口上游 500 m 处应设置一个取样断面。

（2）取样断面上水质取样垂线设置原则

每个断面处按照河宽布设水质取样垂线。

当河流断面形状为矩形或相近于矩形时，可按下列原则布设：

小河：在取样断面的主流线上设一条取样垂线。

大、中河：河宽小于 50 m 者，共设两条取样垂线，在取样断面上各距岸边 1/3 水面宽处各设一条取样垂线；河宽大于 50 m 者，共设三条取样垂线，在主流线上及距两岸不少于 0.5 m，并有明显水流的地方各设一条取样垂线。

特大河（如长江、黄河、珠江、黑龙江、淮河、松花江、海河等）：由于河流过宽，应适当增加取样垂线数，而且主流线两侧的垂线数目不必相等，拟设置排污口一侧可以多一些。

如断面形状十分不规则时，应结合主流线的位置，适当调整取样垂线的位置和数目。

（3）垂线上水质取样点设置原则

每根垂线上按照水深布设水质取样点。

在一条垂线上，水深大于 5 m 时，在水面下 0.5 m 水深处及在距河底 0.5 m 处，各取样一个；水深为 1～5 m 时，只在水面下 0.5 m 处取一个样；在水深不足 1 m 时，取样点距水面不应小于 0.3 m，距河底也不应小于 0.3 m。

对于三级评价的小河，不论河水深浅，只在一条垂线上取一个样，一般情况下取样点应在水面下 0.5 m 处，距河底不应小于 0.3 m。

（4）水样的对待

一级评价：每个取样点的水样均应分析，不取混合样。

二级、三级评价：需要预测混合过程段水质的场合，每次应将该段内各取样断面中每条垂线上的水样混合成一个水样。其他情况每个取样断面每次只取一个混合水样。

2. 湖泊、水库水质取样位置与取样点设置的原则

（1）水质取样垂线的布设

对于水污染影响型建设项目，水质取样垂线的设置可采用以排放口为中心、沿放射线布设或网格布设的方法，按照下列原则及方法设置：一级评价在评价范围内布设的水质取样垂线数宜不少于 20 条；二级评价在评价范围内布设的水质取样垂线数宜不少于 16 条。评价范围内不同水质类别区、水环境功能区或水功能区、水环境敏感区、排放口和需要进行水质预测的水域，应布设取样垂线。

对于水文要素影响型建设项目，在取水口、主要入湖（库）断面、坝前、湖（库）中心水域、不同水质类别区、水环境敏感区和需要进行水质预测的水域，应布设取样垂线。对于复合影响型建设项目，应兼顾进行取样垂线的布设。

（2）水质取样垂线上取样点的布设

按照 HJ/T 91 的规定执行。

（3）采样频次

每个水期可监测一次，每次同步连续取样 2～4 d，每个水质取样点每天至少取一组水样，但在水质变化较大时，每间隔一定时间取样一次。溶解氧和水温监测频次，每间隔 6 h 取样监测一次，在调查取样期内适当监测藻类。

（4）水样的对待

小型湖泊与水库：如水深＜10 m 时，每个取样位置取一个水样；如水深≥10 m 时，则一般只取一个混合样，在上下层水质差距较大时，可不进行混合。

大、中型湖泊与水库：各取样位置上不同深度的水样均不混合。

3. 入海河口、近岸海域监测点位设置与采样频次

（1）水质取样断面和取样垂线的设置

一级评价可布设 5～7 个取样断面；二级评价可布设 3～5 个取样断面。

（2）水质取样点的布设

根据垂向水质分布特点，参照 GB/T 12763 和 HJ 442 执行。排放口位于感潮河段内的，其上游设置的水质取样断面应根据实际情况参照河流决定，其下游断面的布设与近岸海域相同。

（3）采样频次

原则上一个水期在一个潮周期内采集水样，明确所采样品所处潮时，必要时对潮周日内的高潮和低潮采样。当上、下层水质变幅较大时，应分层取样。入海河口上游水质取样频次参照感潮河段相关要求执行，下游水质取样频次参照近岸海域相关要求执行。对于近岸海域，一个水期宜在半个太阴月内的大潮期或小潮期分别采样，明确所采样品所处潮时；对所有选取的水质监测因子，在同一潮次取样。

（4）水样的对待

每个取样位置一般只有一个水样，即在水深＞10 m 时，将两个水深所取的水样混合成一个水样，但在上下层水质差距较大时，可以不进行混合。

4. 特殊情况的要求

对设有闸坝并受人工控制的河流，其流动状况在排洪时期为河流流动；在用水时期，如用水量大则类似河流，用水量小则类似狭长形水库。这种河流的取样断面、取样位置、取样点的布设等可参考河流、水库部分的有关规定酌情处理。

我国的一些河网地区，河水流向、流量经常变化，水流状态复杂，特别是受潮汐影响的河网，情况更为复杂。遇到这类河网，应按照各河段的长度比例布设水质采样、水文测量断面。水质断面上取样垂线的布设等可参照河流、河口的有关规定。调查时应注意水质、流向、流量随时间的变化。

（八）现状评价

1. 环境现状评价内容与要求

根据建设项目水环境影响特点与水环境质量管理要求，选择以下全部或部分内容开展评价：

① 水环境功能区或水功能区、近岸海域环境功能区水质达标状况。评价建设项目评价范围内水环境功能区或水功能区、近岸海域环境功能区各评价时期的水质状况与变化特征，给出水环境功能区或水功能区、近岸海域环境功能区达标评价结论，明确水环境功能区或水功能区、近岸海域环境功能区水质超标因子、超标程度，分析超标原因；

② 水环境控制单元或断面水质达标状况。评价建设项目所在控制单元或断面各评价时期的水质现状与时空变化特征，评价控制单元或断面的水质达标状况，明确控制单元或断面的水质超标因子、超标程度，分析超标原因；

③ 水环境保护目标质量状况。评价涉及水环境保护目标水域各评价时期的水质状况

与变化特征，明确水质超标因子、超标程度，分析超标原因；

④ 对照断面、控制断面等代表性断面的水质状况。评价对照断面水质状况，分析对照断面水质水量变化特征，给出水环境影响预测的设计水文条件；评价控制断面水质现状、达标状况，分析控制断面来水水质水量状况，识别上游来水不利组合状况，分析不利条件下的水质达标问题。评价其他监测断面的水质状况，根据断面所在水域的水环境保护目标水质要求，评价水质达标状况与超标因子；

⑤ 底泥污染评价。评价底泥污染项目及污染程度，识别超标因子，结合底泥处置排放去向，评价退水水质与超标情况；

⑥ 水资源与开发利用程度及其水文情势评价。根据建设项目水文要素影响特点，评价所在流域（区域）水资源与开发利用程度、生态流量满足程度、水域岸线空间占用状况等；

⑦ 水环境质量回顾评价。结合历史监测数据与国家及地方生态环境主管部门公开发布的环境状况信息，评价建设项目所在水环境控制单元或断面、水环境功能区或水功能区、近岸海域环境功能区的水质变化趋势，评价主要超标因子变化状况，分析建设项目所在区域或水域的水质问题，从水污染、水文要素等方面，综合分析水环境质量现状问题的原因，明确与建设项目排污影响的关系；

⑧ 流域（区域）水资源（包括水能资源）与开发利用总体状况、生态流量管理要求与现状满足程度、建设项目占用水域空间的水流状况与河湖演变状况；

⑨ 依托污水处理设施稳定达标排放评价。评价建设项目依托的污水处理设施稳定达标状况，分析建设项目依托污水处理设施环境可行性。

2. 评价方法

水环境功能区或水功能区、近岸海域环境功能区及水环境控制单元或断面水质达标状况评价方法，参考国家或地方政府相关部门制定的水环境质量评价技术规范、水体达标方案编制指南、水功能区水质达标评价技术规范等。

监测断面或点位水环境质量现状评价方法，采用水质指数法评价。

一般性水质因子（随着浓度增加而水质变差的水质因子）的指数计算公式：

$$S_{i,j}=c_{i,j}/c_{s,i} \tag{4-1}$$

式中：$S_{i,j}$ —— 单项水质因子 i 在第 j 点的标准指数；

$c_{i,j}$ —— 评价因子 i 在 j 点的实测浓度值，mg/L；

$c_{s,i}$ —— 评价因子 i 的评价标准限值，mg/L。

溶解氧（DO）的标准指数为：

$$S_{DO,j}=DO_s/DO_j \qquad DO_j \leqslant DO_f \tag{4-2}$$

$$S_{DO,j}=\frac{|DO_f-DO_j|}{DO_f-DO_s}\qquad DO_j>DO_f \tag{4-3}$$

式中：$S_{DO,j}$ —— DO 的标准指数；

DO_f —— 某水温、气压条件下的饱和溶解氧浓度（mg/L），对于河流，计算公式常采用：DO_f=468/（31.6+T），T 为水温，℃；对于盐度比较高的湖泊、水库及入海河口、近岸海域，$DO_f=(491-2.65S)/(33.5+T)$；

DO_j —— 溶解氧实测值，mg/L；

DO_s —— 溶解氧的评价标准限值，mg/L；

S —— 实用盐度符号，量纲为 1；

T —— 水温，℃。

pH 的标准指数：

$$S_{pH,j}=\frac{7.0-pH_j}{7.0-pH_{sd}}\qquad pH_j\leqslant 7.0 \tag{4-4}$$

$$S_{pH,j}=\frac{pH_j-7.0}{pH_{su}-7.0}\qquad pH_j>7.0 \tag{4-5}$$

式中：$S_{pH,j}$ —— pH 的标准指数；

pH_j —— pH 的实测值；

pH_{sd} —— 评价标准中 pH 的下限值；

pH_{su} —— 评价标准中 pH 的上限值。

水质参数的标准指数＞1，表明该水质参数超过了规定的水质标准，已经不能满足使用要求。

底泥污染状况评价方法。采用单项污染指数法评价，计算公式为：

$$P_{i,j}=C_{i,j}/C_{si} \tag{4-6}$$

底泥污染评价标准值或参考值可以根据土壤环境质量标准或所在水域的背景值确定底泥污染评价标准值或参考值。

五、地表水环境影响预测

（一）预测原则

可能产生对地表水环境影响的建设项目，应预测其产生的影响；预测的范围、时段、内容和方法应根据评价工作等级、工程与环境的特性、当地的环境保护要求来确定；同时应尽量考虑预测范围内规划的建设项目可能产生的环境影响。

一级、二级、水污染影响型三级 A 与水文要素影响型三级评价应定量预测建设项目水环境影响，水污染影响型三级 B 评价可不进行水环境影响预测。

影响预测应考虑评价范围内已建、在建和拟建项目中，与建设项目排放同类（种）污染物、对相同水文要素产生的叠加影响。

建设项目分期规划实施的，应估算规划水平年进入评价范围的污染负荷，预测分析规划水平年评价范围内地表水环境质量变化趋势。

对于环境质量不符合环境功能要求或环境质量改善目标的，应结合区域限期达标规划。

预测环境影响时尽量选用通用、成熟、简便并能满足准确度要求的方法。预测方法包括数学模式法、物理模型法、类比分析法和专业判断法。

对于季节性河流，应依据当地生态环境部门所定的水体功能，结合建设项目的特性确定其预测的原则、范围、时段、内容及方法。

当水生生物保护对地表水环境要求较高时（如水生生物及鱼类保护区、经济鱼类养殖区等），应分析建设项目对水生生物的影响。分析时一般可采用类比分析法或专业判断法。

（二）预测因子

水质影响预测的因子，应根据评价因子确定，重点选择与建设项目地表水环境影响关系密切的因子。

水质预测因子选取的数目应既能说明问题又不过多，一般应少于水环境现状调查的水质因子数目。

筛选出的水质预测因子，应能反映拟建项目废水排放对地表水体的主要影响和纳污水体受到污染影响的特征。建设期、运行期、服务期满后各阶段可以根据具体情况确定各自的水质预测因子。

对于河流水体，可按下式将水质参数排序后从中选取：

$$\mathrm{ISE}=c_{\mathrm{p}i}Q_{\mathrm{p}i}/(c_{\mathrm{s}i}-c_{\mathrm{h}i})Q_{\mathrm{h}i} \tag{4-7}$$

式中：$c_{\mathrm{p}i}$ —— 水污染物 i 的排放浓度，mg/L；

$Q_{\mathrm{p}i}$ —— 含水污染物 i 的废水排放量，$\mathrm{m^3/s}$；

$c_{\mathrm{s}i}$ —— 水污染物 i 的地表水水质标准，mg/L；

$c_{\mathrm{h}i}$ —— 评价河段水污染物 i 的浓度，mg/L；

$Q_{\mathrm{h}i}$ —— 评价河段的流量，$\mathrm{m^3/s}$。

ISE 值是负值或者越大，说明拟建项目排污对该项水质因子的污染影响越大。

（三）预测时期

地表水环境预测应满足不同评价等级的评价时期要求，考虑水体自净能力不同的各个时段（水期）。通常可将其划分为自净能力最小、一般、最大三个时段（如枯水期、平水期和丰水期）。海湾的自净能力与时期（水期）的关系不明显，可以不分时段。水污染影响型建设项目，水体自净能力最不利以及水质状况相对较差的不利时期、水环境现状补充监测时期应作为重点预测时期；水文要素影响型建设项目，以水质状况相对较差或对评价范围内水生生物影响最大的不利时期为重点预测时期。

（四）预测情景

建设项目地表水环境影响预测情景原则上一般划分为建设期、运行期和服务期满后三个阶段。

所有建设项目均应预测生产运行阶段对地表水环境的影响。该阶段的地表水环境影响应按正常排放和非正常排放两种情况进行预测，如建设项目具有充足的调节容量，可只预测正常排放对水环境的影响。特殊情况还应进行建设项目风险事故状态下的地表水环境影响预测。

根据大型建设项目建设过程阶段的特点和评价等级、受纳水体特点以及当地环保要求决定是否预测建设期的地表水环境影响。

根据建设项目的特点、评价等级、地表水环境特点和当地环保要求，个别建设项目应预测服务期满后对地表水环境的影响。

应对建设项目污染控制和减缓措施方案进行水环境影响模拟预测。

对受纳水体环境质量不达标区域，应考虑区（流）域环境质量改善目标要求情景下的模拟预测。

（五）预测内容

预测分析内容根据影响类型、预测因子、预测情景、预测范围地表水体类别、所选用的预测模型及评价要求确定。

（1）水污染影响型建设项目，主要包括：

① 各关心断面（控制断面、取水口、污染源排放核算断面等）水质预测因子的浓度及变化；

② 到达水环境保护目标处的污染物浓度；

③ 各污染物最大影响范围；

④ 湖泊、水库及半封闭海湾等，还需关注富营养化状况与水华、赤潮等；

⑤ 排放口混合区范围。

（2）水文要素影响型建设项目主要包括：

① 河流、湖泊及水库的水文情势预测分析主要包括水域形态、径流条件、水力条件以及冲淤变化等内容，具体包括水面面积、水量、水温、径流过程、水位、水深、

流速、水面宽、冲淤变化等，湖泊和水库需要重点关注湖库水域面积或蓄水量及水力停留时间等因子；

② 感潮河段、入海河口及近岸海域水动力条件预测分析主要包括流量、流向、潮区界、潮流界、纳潮量、水位、流速、水面宽、水深、冲淤变化等因子。

（六）水体简化的要求

1. 河流水域概化

（1）预测河段及代表性断面的宽深比≥20 时，可视为矩形河段。

（2）河段弯曲系数＞1.3 时，可视为弯曲河段，其余可概化为平直河段。

（3）对于河流水文特征值、水质急剧变化的河段，应分段概化，并分别进行水环境影响预测；河网应分段概化，分别进行水环境影响预测。

（4）受人工控制的河流，根据涉水工程（如水利水电工程）的运行调度方案及蓄水、泄流情况，分别视其为水库或河流进行水环境影响预测。

2. 湖库水域概化

根据湖库的入流条件、水力停留时间、水质及水温分布等情况，分别概化为稳定分层型、混合型和不稳定分层型。

水深大于 10 m 且分层期较长（如大于 30 d）的湖泊、水库可视为分层湖（库）。

串联型湖泊可以分为若干区，各区分别按上述情况简化。

不存在大面积回流区和死水区且流速较快、水力停留时间较短的狭长湖泊可简化为河流。其岸边形状和水文特征值变化较大时还可以进一步分段。

不规则形状的湖泊、水库可根据流场的分布情况和几何形状分区。

自顶端入口附近排入废水的狭长湖泊或循环利用湖水的小湖，可以分别按各自的特点考虑。

3. 入海河口、近岸海域概化

河口包括河流交汇处、河流感潮段、河口外滨海段、河流与湖泊、水库的汇合部等水域。

河流感潮段是指受潮汐作用影响较明显的河段。可以将落潮时最大断面平均流速与涨潮时最小断面平均流速之差等于 0.05 m/s 的断面作为其与河流的界限。

除个别要求很高（如评价等级为一级）的情况外，河流感潮段一般可按潮周平均、高潮平均和低潮平均三种情况，简化为稳态进行预测。

河流汇合部可以分为支流、汇合前主流、汇合后主流三段分别进行环境影响预测。小河汇入大河时可以把小河看成点源。

河流与湖泊、水库汇合部可以按照河流与湖泊、水库两部分分别预测其环境影响。

河口断面沿程变化较大时，可以分段进行环境影响预测。河口外滨海段可视为海湾。

进行海湾水质影响预测时，一般只考虑潮汐作用，不考虑波浪作用。

评价等级为一级且海流（主要指风海流）作用较强时，可以考虑海流对水质的影响。潮流可以简化为平面二维非恒定流场。

三级评价时可以只考虑潮周期的平均情况。

较大的海湾交换周期很长，可视为封闭海湾。

在注入海湾的河流中，大河及评价等级为一级、二级的中河应考虑其对海湾流场和水质的影响；小河及评价等级为三级的中河可视为点源，忽略其对海湾流场的影响。

（七）污染源简化的要求

污染源简化包括排放方式的简化和排放规律的简化。

排放方式可简化为点源和面源，排放规律可简化为连续恒定排放和非连续恒定排放。在地表水环境影响预测中，通常可以把排放规律简化为连续恒定排放。

对于点源排放口位置的处理，有如下情况：

（1）排入河流的两个排放口的间距较小时，可以简化为一个排放口，其位置假设在两排放口之间，其排放量为两者之和；

（2）排入小湖（库）的所有排放口可以简化为一个排放口，其排放量为所有排放量之和；

（3）排入大湖（库）的两个排放口间距较小时，可以简化成一个排放口，其位置假设在两排放口之间，其排放量为两者之和。

一级、二级评价且排入海湾的两个排放口间距小于沿岸方向差分网格的步长时，可以简化为一个排放口，其排放量为两者之和。

三级评价时，海湾污染源的简化与大湖（库）相同。

无组织排放可以简化成面源；从多个间距很近的排放口分别排放污水时，也可以简化为面源。

（八）基础数据要求

水文气象、水下地形等基础数据原则上应与工程设计保持一致，采用其他数据时，应说明数据来源、有效性及数据预处理情况。获取的基础数据应能够支持模型参数率定、模型验证的基本需求。

1. 水文数据

水文数据应采用水文站点实测数据或根据站点实测数据进行推算，数据精度应与模拟预测结果精度要求匹配。河流、湖库建设项目水文数据时间精度应根据建设项目调控影响的时空特征，分析典型时段的水文情势与过程变化影响，涉及日调度影响的，时间精度宜不小于小时平均。感潮河段、入海河口及近岸海域建设项目应考虑盐度对污染物运移扩散的影响，一级评价时间精度不得低于 1 h。

2. 气象数据

气象数据应根据模拟范围内或附近的常规气象监测站点数据进行合理确定。气象数据应采用多年平均气象资料或典型年实测气象资料数据。气象数据指标应包括气温、相对湿度、日照时数、降雨量、云量、风向、风速等。

3. 水下地形数据

采用数值解模型时，原则上应采用最新的现有或补充测绘成果，水下地形数据精度原则上应与工程设计保持一致。建设项目实施后可能导致河道地形改变的，如疏浚及堤防建设以及水底泥沙淤积造成的库底、河底高程发生的变化，应考虑地形变化的影响。

4. 涉水工程资料

包括预测范围内的已建、在建及拟建涉水工程，其取水量或工程调度情况、运行规则应与国家或地方发布的统计数据、环评及环保验收数据保持一致。

5. 一致性及可靠性分析

对评价范围调查收集的水文资料（流速、流量、水位、蓄水量等）、水质资料、排放口资料（污水排放量与水质浓度）、支流资料（支流水量与水质浓度）、取水口资料（取水量、取水方式、水质数据）、污染源资料（排污量、排污去向与排放方式、污染物种类及排放浓度）等进行数据一致性分析。应明确模型采用基础数据的来源，保证基础数据的可靠性。

建设项目所在水环境控制单元如有国家生态环境主管部门发布的标准化土壤及土地利用数据、地形数据、环境水力学特征参数的，影响预测模拟时应优先使用标准化数据。

（九）初始条件

初始条件（水文、水质、水温等）设定应满足所选用数学模型的基本要求，需合理确定初始条件，控制预测结果不受初始条件的影响。

当初始条件对计算结果的影响在短时间内无法有效消除时，应延长模拟计算的初始时间，必要时应开展初始条件敏感性分析。

（十）边界条件

1. 设计水文条件确定要求

（1）河流、湖库设计水文条件要求

① 河流不利枯水条件宜采用 90%保证率最枯月流量或近 10 年最枯月平均流量；流向不定的河网地区和潮汐河段，宜采用 90%保证率流速为零时的低水位相应水量作为不利枯水水量；湖库不利枯水条件应采用近 10 年最低月平均水位或 90%保证率最枯月平

均水位相应的蓄水量，水库也可采用死库容相应的蓄水量。其他水期的设计水量则应根据水环境影响预测需求确定；

② 受人工调控的河段，可采用最小下泄流量或河道内生态流量作为设计流量；

③ 根据设计流量，采用水力学、水文学等方法确定水位、流速、河宽、水深等其他水力学数据。

（2）入海河口、近岸海域设计水文条件要求

① 感潮河段、入海河口的上游水文边界条件参照导则 7.10.1.1 的要求确定，下游水位边界的确定，应选择对应时段潮周期作为基本水文条件进行计算，可取用保证率为 10%、50%和 90%潮差，或上游计算流量条件下相应的实测潮位过程；

② 近岸海域的潮位边界条件界定，应选择一个潮周期作为基本水文条件，选用历史实测潮位过程或人工构造潮型作为设计水文条件。

（3）河流、湖库设计水文条件的计算可按 SL 278 的规定执行

2. 污染负荷的确定要求

根据预测情景，确定各情景下建设项目排放的污染负荷量，应包括建设项目所有排放口（涉及一类污染物的车间或车间处理设施排放口、企业总排口、雨水排放口、温排水排放口等）的污染物源强。

应覆盖预测范围内的所有与建设项目排放污染物相关的污染源或污染源负荷占预测范围总污染负荷的比例超过 95%。

3. 规划水平年污染源负荷预测要求

① 点源及面源污染源负荷预测要求。应包括已建、在建及拟建项目的污染物排放，综合考虑区域经济社会发展及水污染防治规划、区（流）域环境质量改善目标要求，按照点源、面源分别确定预测范围内的污染源的排放量与入河量。采用面源模型预测规划水平年污染负荷时，面源模型的构建、率定、验证等要求参照导则 7.11 相关规定执行。

② 内源负荷预测要求。内源负荷估算可采用释放系数法，必要时可采用释放动力学模型方法。内源释放系数可采用静水、动水试验进行测定或者参考类似工程资料确定；水环境影响敏感且资料缺乏区域需开展静水试验、动水试验确定释放系数；类比时需结合施工工艺、沉积物类型、水动力等因素进行修正。

（十一）参数确定与验证要求

水动力及水质模型参数包括水文及水力学参数、水质（包括水温及富营养化）参数等。其中水文及水力学参数包括流量、流速、坡度、糙率等；水质参数包括污染物综合衰减系数、扩散系数、耗氧系数、复氧系数、蒸发散热系数等。

模型参数确定可采用类比、经验公式、实验室测定、物理模型试验、现场实测及模型率定等，可以采用多类方法比对确定模型参数。当采用数值解模型时，宜采用模型率

定法核定模型参数。

在模型参数确定的基础上，通过模型计算结果与实测数据进行比较分析，验证模型的适用性与误差及精度。

选择模型率定法确定模型参数的，模型验证应采用与模型参数率定不同组实测资料数据进行。

应对模型参数确定与模型验证的过程和结果进行分析说明，并以河宽、水深、流速、流量以及主要预测因子的模拟结果作为分析依据，当采用二维或三维模型时，应开展流场分析。模型验证应分析模拟结果与实测结果的拟合情况，阐明模型参数率定取值的合理性。

（十二）预测点位设置及结果合理性分析要求

1. 预测点位设置要求

应将常规监测点、补充监测点、水环境保护目标、水质水量突变处及控制断面等作为预测重点。

当需要预测排放口所在水域形成的混合区范围时，应适当加密预测点位。

2. 模型结果合理性分析

模型计算成果的内容、精度和深度应满足环境影响评价要求。

采用数值解模型进行影响预测时，应说明模型时间步长、空间步长设定的合理性，在必要的情况下应对模拟结果开展质量或热量守恒分析。

应对模型计算的关键影响区域和重要影响时段的流场、流速分布、水质（水温）等模拟结果进行分析，并给出相关图件。

区域水环境影响较大的建设项目宜采用不同模型进行比对分析。

（十三）水质数学模式的类型与选用原则

水质数学模式按来水和排污随时间的变化情况划分为动态、稳态和准稳态（或准动态）模式；按水质分布状况划分为零维、一维、二维和三维模式；按模拟预测的水质组分划分为单一组分和多组分耦合模式；按水质数学模式的求解方法及方程形式划分为解析解和数值解模式。水质影响预测模式的选用主要考虑水体类型和排污状况、环境水文条件及水力学特征、污染物的性质及水质分布状态、评价等级要求等方面。水质数学模式选用的原则如下：

（1）在水质混合区进行水质影响预测时，应选用二维或三维模式；在水质分布均匀的水域进行水质影响预测时，选用零维或一维模式。

（2）对上游来水或污水排放的水质、水量随时间变化显著情况下的水质影响预测，应选用动态或准稳态模式：其他情况选用稳态模式（对上游来水或污水排放的水质、水量随时间有一定变化的情况，可先分段统计平均水质、水量状况，然后选用稳态模式进行水质影响预测）。

（3）矩形河流、水深变化不大的湖（库）及海湾，对于连续恒定点源排污的水质影响预测，二维以下一般采用解析解模式；三维或非连续恒定点源排污（瞬时排放、有限时段排放）的水质影响预测，一般采用数值解模式。

（4）稳态数值解水质模式适用于非矩形河流、水深变化较大的湖（库）和海湾水域连续恒定点源排污的水质影响预测。

（5）动态数值解水质模式适用于各类恒定水域中的非连续恒定排放或非恒定水域中的各类污染源排放。

（6）单一组分的水质模式可模拟的污染物类型包括：持久性污染物、非持久性污染物和废热（水温变化预测）；多组分耦合模式模拟的水质因子彼此间均存在一定的关联，如 S-P 模式模拟的 DO 和 BOD。

河流数学模型选择要求见表 4-8。在模拟河流顺直、水流均匀且排污稳定时可以采用解析解模型。

表 4-8　河流数学模型适用条件

模型分类	模型空间分类						模型时间分类	
	零维模型	纵向一维模型	河网模型	平面二维	立面二维	三维模型	稳态	非稳态
适用条件	水域基本均匀混合	沿程横断面均匀混合	多条河道相互连通，使得水流运动和污染物交换相互影响的河网地区	垂向均匀混合	垂向分层特征明显	垂向及平面分布差异明显	水流恒定、排污稳定	水流不恒定，或排污不稳定

湖库数学模型选择要求见表 4-9。在模拟湖库水域形态规则、水流均匀且排污稳定时可以采用解析解模型。

表 4-9　湖库数学模型适用条件

模型分类	模型空间分类						模型时间分类	
	零维模型	纵向一维模型	平面二维	垂向一维	立面二维	三维模型	稳态	非稳态
适用条件	水流交换作用较充分、污染物质分布基本均匀	污染物在断面上均匀混合的河道型水库	浅水湖库，垂向分层不明显	深水湖库，水平分布差异不明显，存在垂向分层	深水湖库，横向分布差异不明显，存在垂向分层	垂向及平面分布差异明显	流场恒定、源强稳定	流场不恒定或源强不稳定

感潮河段、入海河口数学模型。污染物在断面上均匀混合的感潮河段、入海河口，可采用纵向一维非恒定数学模型，感潮河网区宜采用一维河网数学模型。浅水感潮河段和入海河口宜采用平面二维非恒定数学模型。如感潮河段、入海河口的下边界难以确定，宜采用一、二维连接数学模型。

近岸海域数学模型。近岸海域宜采用平面二维非恒定模型。如果评价海域的水流和水质分布在垂向上存在较大的差异（如排放口附近水域），宜采用三维数学模型。

（十四）常用河流水质数学模式与适用条件

1．河流完全混合模式与适用条件

$$c=(c_pQ_p+c_hQ_h)/(Q_p+Q_h) \tag{4-8}$$

式中：c —— 污染物浓度（垂向平均浓度，断面平均浓度），mg/L；

c_p —— 污染物排放浓度，mg/L；

c_h —— 河流来水污染物浓度，mg/L；

Q_p —— 废水排放量，m^3/s；

Q_h —— 河流来水流量，m^3/s。

河流完全混合模式的适用条件：

① 河流充分混合段；

② 持久性污染物；

③ 河流为恒定流动；

④ 废水连续稳定排放。

2．河流一维稳态模式与适用条件

$$c=c_0\exp\left[-(K_1+K_3)\frac{x}{86\ 400u}\right] \tag{4-9}$$

式中：c —— 计算断面的污染物浓度，mg/L；

c_0 —— 计算初始点污染物浓度，mg/L；

K_1 —— 耗氧系数，1/d；

K_3 —— 污染物的沉降系数，1/d；

u —— 河流流速，m/s；

x —— 从计算初始点到下游计算断面的距离，m。

适用条件：

① 河流充分混合段；

② 非持久性污染物；

③ 河流为恒定流动；

④ 废水连续稳定排放。

对于持久性污染物，在沉降作用明显的河流中，可以采用综合削减系数 K 替代上式中的（K_1+K_3）来预测污染物浓度沿程变化。

3．河流二维稳态混合模式与适用条件

岸边排放：

$$c(x,y)=c_{\mathrm{h}}+\frac{c_{\mathrm{p}}Q_{\mathrm{p}}}{H\sqrt{\pi M_y xu}}\left\{\exp\left(-\frac{uy^2}{4M_y x}\right)+\exp\left[-\frac{u(2B-y)^2}{4M_y x}\right]\right\} \tag{4-10}$$

非岸边排放：

$$c(x,y)=c_{\mathrm{h}}+\frac{c_{\mathrm{p}}Q_{\mathrm{p}}}{2H\sqrt{\pi M_y xu}}\left\{\exp\left(-\frac{uy^2}{4M_y x}\right)+\exp\left[-\frac{u(2a+y)^2}{4M_y x}\right]+\exp\left[-\frac{u(2B-2a-y)^2}{4M_y x}\right]\right\} \tag{4-11}$$

式中：c（x，y）——（x，y）点污染物垂向平均浓度，mg/L；

H —— 平均水深，m；

B —— 河流宽度，m；

a —— 排放口与岸边的距离，m；

M_y —— 横向混合系数，m^2/s；

x，y —— 笛卡尔坐标系的坐标，m。

适用条件：

① 平直、断面形状规则河流混合过程段；

② 持久性污染物；

③ 河流为恒定流动；

④ 连续稳定排放；

⑤ 对于非持久性污染物，需采用相应的衰减模式。

4．河流二维稳态混合累积流量模式与适用条件

岸边排放：

$$c(x,q)=c_{\mathrm{h}}+\frac{c_{\mathrm{p}}Q_{\mathrm{p}}}{\sqrt{\pi M_{\mathrm{q}}x}}\left\{\exp\left(-\frac{q^2}{4M_{\mathrm{q}}x}\right)+\exp\left[-\frac{(2Q_{\mathrm{h}}-q)^2}{4M_{\mathrm{q}}x}\right]\right\} \tag{4-12}$$

$$q=Huy \tag{4-13}$$

$$M_q = H^2 u M_y \tag{4-14}$$

式中：$c(x, q)$ —— (x, q) 处污染物垂向平均浓度，mg/L；

M_q —— 累积流量坐标系下的横向混合系数，m^2/s；

x，q —— 累积流量坐标系的坐标，m；

其他符号含义同前。

适用条件：

① 弯曲河流、断面形状不规则河流混合过程段；

② 持久性污染物；

③ 河流为恒定流动；

④ 连续稳定排放；

⑤ 对于非持久性污染物，需要采用相应的衰减模式。

5．Streeter-Phelps（S-P）模式

$$c = c_0 \exp\left(-K_1 \frac{x}{86\,400u}\right) \tag{4-15}$$

$$D = \frac{K_1 c_0}{K_2 - K_1}\left[\exp\left(-K_1 \frac{x}{86\,400u}\right) - \exp\left(-K_2 \frac{x}{86\,400u}\right)\right] + D_0 \exp\left(-K_2 \frac{x}{86\,400u}\right) \tag{4-16}$$

$$x_c = \frac{86\,400u}{K_2 - K_1} \ln\left[\frac{K_2}{K_1}\left(1 - \frac{D_0}{c_0} \cdot \frac{K_2 - K_1}{K_1}\right)\right] \tag{4-17}$$

$$c_0 = (c_p Q_p + c_h Q_h) / (Q_p + Q_h) \tag{4-18}$$

$$D_0 = (D_p Q_p + D_h Q_h) / (Q_p + Q_h) \tag{4-19}$$

式中：D —— 亏氧量，即饱和溶解氧浓度与溶解氧浓度的差值，mg/L；

D_0 —— 计算初始断面亏氧量，mg/L；

K_2 —— 大气复氧系数，1/d；

x_c —— 最大氧亏点到计算初始点的距离，m；

其他符号含义同前。

适用条件：

① 河流充分混合段；

② 污染物为耗氧性有机污染物；

③ 需要预测河流溶解氧状态；

④ 河流为恒定流动；

⑤ 污染物连续稳定排放。

6．河流混合过程段与水质模式选择

预测范围内的河段可以分为充分混合段、混合过程段和排污口上游河段。

充分混合段：是指污染物浓度在断面上均匀分布的河段。当断面上任意一点的浓度与断面平均浓度之差小于平均浓度的 5%时，可以认为达到均匀分布。

混合过程段：是指排放口下游达到充分混合断面以前的河段。

混合过程段的长度可由下式估算：

$$L_m=\left\{0.11+0.7\left[0.5-\frac{a}{B}-1.1\left(0.5-\frac{a}{B}\right)^2\right]^{1/2}\right\}\frac{uB^2}{E_y} \quad (4\text{-}20)$$

式中：L_m —— 达到充分混合断面的长度，m；

B —— 河流宽度，m；

a —— 排放口到近岸水边的距离，m；

u —— 河流平均流速，m/s；

E_y —— 污染物横向扩散系数，m^2/s。

在利用数学模式预测河流水质时，充分混合段可以采用一维模式或零维模式预测断面平均水质；在混合过程段需采用二维或三维模式进行预测。

大、中型河流一级、二级评价，且排放口下游 3～5 km 以内有集中取水点或其他特别重要的用水目标时，均应采用二维及三维模式预测混合过程段水质。其他情况可根据工程特性、水环境特征、评价工作等级及当地环保要求，决定是否采用二维及三维模式。

（十五）常用河口水质模式与适用条件

1．一维动态混合模式与适用条件

常见的一维动态混合衰减模式（微分方程）为：

$$\frac{\partial c}{\partial t}+u\frac{\partial c}{\partial x}=\frac{1}{F}\frac{\partial}{\partial x}\left(FM_1\frac{\partial c}{\partial x}\right)-K_1c+S_p \quad (4\text{-}21)$$

式中：c —— 污染物浓度，mg/L；

u —— 河流流速，m/s；

F —— 过水断面面积，m^2；

M_1 —— 断面纵向混合系数，m^2/s；

K_1 —— 衰减系数，1/d；

S_p —— 污染源强，mg/L；

t —— 时间，s；

x —— 笛卡尔坐标系的坐标，m。

采用数值方法求解上述微分方程时，需要确定初值、边界条件和源强。流速和过流断面面积随时间变化，需要通过求解一维非恒定流方程来获取。

适用条件：

① 潮汐河口充分混合段；

② 非持久性污染物；

③ 污染物排放为连续稳定排放或非稳定排放；

④ 需要预测任何时刻的水质。

2．O'connor 河口模式（均匀河口）与适用条件

上溯（$x<0$，自 $x=0$ 处排入）：

$$c=\frac{c_{\mathrm{p}}Q_{\mathrm{p}}}{(Q_{\mathrm{h}}+Q_{\mathrm{p}})M}\exp\left[\frac{ux}{2M_{1}}(1+M)\right]+c_{\mathrm{h}} \tag{4-22}$$

下泄（$x>0$）：

$$c=\frac{c_{\mathrm{p}}Q_{\mathrm{p}}}{(Q_{\mathrm{h}}+Q_{\mathrm{p}})M}\exp\left[\frac{ux}{2M_{1}}(1-M)\right]+c_{\mathrm{h}} \tag{4-23}$$

$$M=(1+4K_{1}M_{1}/u^{2})^{1/2} \tag{4-24}$$

适用条件：

① 均匀的潮汐河口充分混合段；

② 非持久性污染物；

③ 污染物连续稳定排放；

④ 只要求预测潮周平均、高潮平均和低潮平均水质。

（十六）常用湖泊（水库）水质模式与适用条件

1．湖泊完全混合衰减模式与适用条件

动态模式：

$$c=\frac{W_{0}+c_{\mathrm{p}}Q_{\mathrm{p}}}{VK_{\mathrm{h}}}+\left(c_{\mathrm{h}}-\frac{W_{0}+c_{\mathrm{p}}Q_{\mathrm{p}}}{VK_{\mathrm{h}}}\right)\exp\left(-K_{\mathrm{h}}t\right) \tag{4-25}$$

平衡模式：

$$c=\frac{W_{0}+c_{\mathrm{p}}Q_{\mathrm{p}}}{VK_{\mathrm{h}}} \tag{4-26}$$

$$K_{\mathrm{h}}=\frac{Q_{\mathrm{h}}}{V}+\frac{K_1}{86\,400} \tag{4-27}$$

适用条件：

① 小湖（库）；

② 非持久性污染物；

③ 污染物连续稳定排放；

④ 预测需反映随时间的变化时采用动态模式，只需反映长期平均浓度时采用平衡模式。

2. 湖泊推流衰减模式与适用条件

湖泊推流衰减模式：

$$c_{\mathrm{r}}=c_{\mathrm{p}}\exp\left(-\frac{K_1\Phi Hr^2}{172\,800Q_{\mathrm{p}}}\right)+c_{\mathrm{h}} \tag{4-28}$$

式中：Φ —— 混合角度，可根据湖（库）岸边形状和水流状况确定，中心排放取 2π弧度，平直岸边取π弧度；K_1 的确定同小湖（库）模式。

适用条件：

① 大湖、无风条件；

② 非持久性污染物；

③ 污染物连续稳定排放。

（十七）常用海湾水质模式与适用条件

1. 持久性污染物

可采用 ADI 潮流模式计算流场，采用 ADI 水质模式预测水质；也可以采用特征理论模式计算流场，采用特征理论水质模式预测水质，其中 M_x、M_y 的确定可以采用爱—兰法。

2. 非持久性污染物

由于海湾中非持久性污染物的衰减作用远小于混合作用，所以不同评价等级时，均可近似采用持久性污染物的相应模式预测。

3. 废热（水温预测）

可以采用特征理论潮流模式计算流场，采用特征理论温度模式预测水温。其中 M_x、M_y 的确定可以采用爱—兰法；K_{TS} 的确定可参考河流水质模式参数测定的方法。

废水量较大且温度较高时，可以采用与一级相同的方法预测水温；废水量较小、温度较低时，可以采用类比调查法分析废热对海湾水温的影响。

4．海湾数学模式与适用条件

（1）特征理论潮流模式及 ADI 潮流模式

微分方程：

$$\frac{\partial z}{\partial t}+\frac{\partial}{\partial x}[(h+z)u]+\frac{\partial}{\partial y}[(h+z)v]=0 \tag{4-29}$$

$$\frac{\partial u}{\partial t}+u\frac{\partial u}{\partial x}+v\frac{\partial u}{\partial y}-fv+g\frac{\partial z}{\partial x}+g\frac{u(u^2+v^2)^{1/2}}{C_{\mathrm{z}}^2(h+z)}=0 \tag{4-30}$$

$$\frac{\partial v}{\partial t}+u\frac{\partial v}{\partial x}+v\frac{\partial v}{\partial y}-fv+g\frac{\partial z}{\partial y}+g\frac{v(u^2+v^2)^{1/2}}{C_{\mathrm{z}}^2(h+z)}=0 \tag{4-31}$$

初值：可以自零开始，也可以利用过去的计算结果或实测值直接输入计算。

边界条件：

陆边界：边界的法线方向流速为零。

水边界：可以输入据开边界上已知潮汐调和常数的水位表达式或边界点上的实测水位过程。

有水量流入的水边界：当流量较大时，边界点的连续方程应增加 $\Delta tQ_{hi}/(2\Delta x\cdot\Delta y)$ 项；当流量较小时可以忽略。

（2）特征理论混合模式

① ADI 潮混合模式。

微分方程：

$$\begin{aligned}&\frac{\partial[(h+z)c]}{\partial t}+\frac{\partial[(h+z)uc]}{\partial x}+\frac{\partial[(h+z)uc]}{\partial y}\\&=\frac{\partial}{\partial x}\left[(h+z)M_x\frac{\partial c}{\partial x}\right]+\frac{\partial}{\partial y}\left[(h+z)M_y\frac{\partial c}{\partial y}\right]+S_{\mathrm{p}}\end{aligned} \tag{4-32}$$

差分方程见导则附录 A。

初值和源强：

$$c_{i,j}^{(0)}=c_{\mathrm{h}}\qquad S_{i,j}^{(l)}=\begin{cases}\dfrac{c_{\mathrm{p}}^{(l)}Q_{\mathrm{p}}^{(l)}}{\Delta x\Delta y} & \text{排放点}\\ 0 & \text{非排放点}\end{cases} \tag{4-33}$$

边界条件：

陆边界：法线方向的一阶偏导数为零。

水边界：可以取边界内测点的值。

初值、源强和边界条件同 ADI 潮混合模式。

② 约—新模式。

$$c_{\mathrm{r}} = c_{\mathrm{h}} + (c_{\mathrm{p}} - c_{\mathrm{h}})\left[1 - \exp\left(-\frac{Q_{\mathrm{p}}}{\Phi d M_{\mathrm{v}} r}\right)\right] \tag{4-34}$$

（3）特征理论温度模式

微分方程：

$$\begin{aligned} &\frac{\partial[(h+z)T]}{\partial t} + \frac{\partial[(h+z)uT]}{\partial x} + \frac{\partial[(h+z)vT]}{\partial y} \\ &= \frac{\partial}{\partial x}\left[(h+z)M_x\frac{\partial T}{\partial x}\right] + \frac{\partial}{\partial y}\left[(h+z)M_y\frac{\partial T}{\partial y}\right] + S_{\mathrm{p}}(h+z) - \frac{K_{\mathrm{TS}}T}{c'_{\mathrm{p}}\rho} \end{aligned} \tag{4-35}$$

差分方程见导则附录 A。

初值和源强：

$$S_{\mathrm{p}i,j}^{(1)} = \begin{cases} \dfrac{(T_{\mathrm{p}}^{(1)} - T_{\mathrm{h}})Q_{\mathrm{p}}^{(1)}}{\Delta x \Delta y (h+z)_{i,j}^{(1)}} & \text{排放点} \\ 0 & \text{非排放点} \end{cases} \tag{4-36}$$

$$T_{i,j}^{(1)} = 0$$

边界条件与特征理论混合模式相同。

注：本模式中的 T 为垂向平均温度与 T_{h} 的温差。

六、地表水环境影响评价

（一）评价原则

评价建设项目的地表水环境影响是评定与估价建设项目各生产阶段对地表水的环境影响，它是环境影响预测的继续。原则上可以采用单项水质参数评价方法或多项水质参数综合评价方法。

单项水质参数评价是以国家、地方的有关法规、标准为依据，评定与评价各评价项目的单个质量参数的环境影响。预测值未包括环境质量现状值（背景值）时，评价时注意应叠加环境质量现状值。

地表水环境影响的评价范围与其影响预测范围相同。

所有预测点和所有预测的水质参数均应进行各生产阶段不同情况的环境影响评价，但应有重点。空间方面，水文要素和水质急剧变化处、水域功能改变处、取水口附近等应作为重点；水质方面，影响较重的水质参数应作为重点。

多项水质参数综合评价的评价方法和评价的水质参数应与环境现状综合评价相同。

（二）评价内容

一级、二级、水污染影响型三级 A 及水文要素影响型三级评价。主要评价内容包括：① 水污染控制和水环境影响减缓措施有效性评价；② 水环境影响评价。

水污染影响型三级 B 评价。主要评价内容包括：① 水污染控制和水环境影响减缓措施有效性评价；② 依托污水处理设施的环境可行性评价。

（三）评价要求

水污染控制和水环境影响减缓措施有效性评价应满足以下要求：

（1）污染控制措施及各类排放口排放浓度限值等应满足国家和地方相关排放标准及符合有关标准规定的排水协议关于水污染物排放的条款要求。

（2）水动力影响、生态流量、水温影响减缓措施应满足水环境保护目标的要求。

（3）涉及面源污染的，应满足国家和地方有关面源污染控制治理要求。

（4）受纳水体环境质量达标区的建设项目选择废水处理措施或多方案比选时，应满足行业污染防治可行技术指南要求，确保废水稳定达标排放且环境影响可以接受。

（5）受纳水体环境质量不达标区的建设项目选择废水处理措施或多方案比选时，应满足区（流）域水环境质量限期达标规划和替代源的削减方案要求、区（流）域环境质量改善目标要求及行业污染防治可行技术指南中最佳可行技术要求，确保废水污染物达到最低排放强度和排放浓度，且环境影响可以接受。

水环境影响评价应满足以下要求：

（1）排放口所在水域形成的混合区，应限制在达标控制（考核）断面以外水域，且不得与已有排放口形成的混合区叠加，混合区外水域应满足水环境功能区或水功能区的水质目标要求。

（2）水环境功能区或水功能区、近岸海域环境功能区水质达标。说明建设项目对评价范围内的水环境功能区或水功能区、近岸海域环境功能区的水质影响特征，分析水环境功能区或水功能区、近岸海域环境功能区水质变化状况，在考虑叠加影响的情况下，评价建设项目建成以后各预测时期水环境功能区或水功能区、近岸海域环境功能区达标状况。涉及富营养化问题的，还应评价水温、水文要素、营养盐等变化特征与趋势，分析判断富营养化演变趋势。

(3) 满足水环境保护目标水域水环境质量要求。评价水环境保护目标水域各预测时期的水质（包括水温）变化特征、影响程度与达标状况。

(4) 水环境控制单元或断面水质达标。说明建设项目污染排放或水文要素变化对所在控制单元各预测时期的水质影响特征，在考虑叠加影响的情况下，分析水环境控制单元或断面的水质变化状况，评价建设项目建成以后水环境控制单元或断面在各预测时期的水质达标状况。

(5) 满足重点水污染物排放总量控制指标要求，重点行业建设项目中的主要污染物排放满足等量或减量替代要求。

(6) 满足区（流）域水环境质量改善目标要求。

(7) 水文要素影响型建设项目同时应包括水文情势变化评价、主要水文特征值影响评价、生态流量符合性评价。

(8) 对于新设或调整入河（湖库、近岸海域）排放口的建设项目，应包括排放口设置的环境合理性评价。

(9) 满足生态保护红线、水环境质量底线、资源利用上线和环境准入清单管理要求。

依托污水处理设施的环境可行性评价，主要从污水处理设施的日处理能力、处理工艺、设计进水水质、处理后的废水稳定达标排放情况及排放标准是否涵盖建设项目排放的有毒有害的特征水污染物等方面开展评价，满足依托的环境可行性要求。

七、污染源排放量核算

（一）一般要求

污染源排放量是新（改、扩）建项目申请污染物排放许可的依据。

对改建、扩建项目，除应核算新增源的污染物排放量外，还应核算项目建成后全厂的污染物排放量，污染源排放量为污染物的年排放量。

建设项目在批复的区域或水环境控制单元达标方案的许可排放量分配方案中有规定的，按规定执行。

污染源排放量核算，应在满足地表水环境影响评价要求前提下进行核算。

规划环评污染源排放量核算与分配应遵循水陆统筹、河海兼顾、满足三线一单（生态保护红线、环境质量底线、资源利用上线、生态环境准入清单）约束要求的原则，综合考虑水环境质量改善目标要求、水环境功能区或水功能区、近岸海域环境功能区管理要求、经济社会发展、行业排污绩效等因素，确保发展不超载，底线不突破。

（二）污染源排放量核算

间接排放建设项目污染源排放量核算根据依托污水处理设施的控制要求核算确定。

直接排放建设项目污染源排放量核算，根据建设项目达标排放的地表水环境影响、污染源源强核算技术指南及排污许可申请与核发技术规范进行核算，并从严要求。

直接排放建设项目污染源排放量核算应在满足地表水环境影响评价要求的基础上，遵循以下原则要求：

（1）污染源排放量的核算水体为有水环境功能要求的水体。

（2）建设项目排放的污染物属于现状水质不达标的，包括本项目在内的区（流）域污染源排放量应调减至满足区（流）域水环境质量改善目标要求。

（3）当受纳水体为河流时，在不受回水影响的河段，建设项目污染源排放量核算断面位于排放口下游，与排放口的距离应小于 2 km；在受回水影响的河段，应在排放口的上下游设置建设项目污染源排放量核算断面，与排放口的距离应小于 1 km。建设项目污染源排放量核算断面应根据区间水环境保护目标位置、水环境功能区或水功能区及控制单元断面等情况调整。当排放口污染物进入受纳水体在断面混合不均匀时，应以污染源排放量核算断面污染物最大浓度作为评价依据。

（4）当受纳水体为湖库时，建设项目污染源排放量核算点位应布置在以排放口为中心、半径不超过 50 m 的扇形水域内，且扇形面积占湖库面积比例不超过 5%，核算点位应不少于 3 个。建设项目污染源排放量核算点应根据区间水环境保护目标位置、水环境功能区或水功能区及控制单元断面等情况调整。

（5）遵循地表水环境质量底线要求，主要污染物（化学需氧量、氨氮、总磷、总氮）需预留必要的安全余量。安全余量可按地表水环境质量标准、受纳水体环境敏感性等确定：受纳水体为 GB 3838 Ⅲ类水域，以及涉及水环境保护目标的水域，安全余量按照不低于建设项目污染源排放量核算断面（点位）处环境质量标准的 10%确定（安全余量≥环境质量标准×10%）；受纳水体水环境质量标准为 GB 3838 Ⅳ、Ⅴ类水域，安全余量按照不低于建设项目污染源排放量核算断面（点位）处环境质量标准的 8%确定（安全余量≥环境质量标准×8%）；地方如有更严格的环境管理要求，按地方要求执行。

（6）当受纳水体为近岸海域时，参照 GB 18486 执行。

按照上述规定要求预测评价范围的水质状况，如预测的水质因子满足地表水环境质量管理及安全余量要求，污染源排放量即为水污染控制措施有效性评价确定的排污量。如果不满足地表水环境质量管理及安全余量要求，则进一步根据水质目标核算污染源排放量。

八、生态流量确定

（一）一般要求

根据河流、湖库生态环境保护目标的流量（水位）及过程需求确定生态流量（水位）。

河流应确定生态流量，湖库应确定生态水位。

根据河流、湖库的形态、水文特征及生物重要生境分布，选取代表性的控制断面综合分析、评价河流和湖库的生态环境状况、主要生态环境问题等。生态流量控制断面或点位选择应结合重要生境、重要环境保护对象等保护目标的分布、水文站网分布以及重要水利工程位置等统筹考虑。

依据评价范围内各水环境保护目标的生态环境需水确定生态流量，生态环境需水的计算方法可参考有关标准规定执行。

（二）生态流量确定

1. 河流生态环境需水

河流生态环境需水包括水生生态需水、水环境需水、湿地需水、景观需水、河口压咸需水等。应根据河流生态环境保护目标要求，选择合适方法计算河流生态环境需水及其过程，符合以下要求：

（1）水生生态需水计算中，应采用水力学法、生态水力学法、水文学法等方法计算水生生态流量。水生生态流量最少采用两种方法计算，基于不同计算方法成果对比分析，合理选择水生生态流量成果；鱼类繁殖期的水生生态需水宜采用生境分析法计算，确定繁殖期所需的水文过程，并取外包线作为计算成果，鱼类繁殖期所需水文过程应与天然水文过程相似。水生生态需水应为水生生态流量与鱼类繁殖期所需水文过程的外包线。

（2）水环境需水应根据水环境功能区或水功能区确定控制断面水质目标，结合计算范围内的河段特征和控制断面与概化后污染源的位置关系，采用导则 7.6 的数学模型方法计算水环境需水。

（3）湿地需水应综合考虑湿地水文特征和生态保护目标需水特征，综合不同方法合理确定湿地需水。河岸植被需水量采用单位面积用水量法、潜水蒸发法、间接计算法、彭曼公式法等方法计算；河道内湿地补给水量采用水量平衡法计算。保护目标在繁育生长关键期对水文过程有特殊需求时，应计算湿地关键期需水量及过程。

（4）景观需水应综合考虑水文特征和景观保护目标要求，确定景观需水。

（5）河口压咸需水应根据调查成果，确定河口类型，可采用附录 E 中的相关数学模型计算河口压咸需水。

（6）其他需水应根据评价区域实际情况进行计算，主要包括冲沙需水、河道蒸发和渗漏需水等。对于多泥沙河流，需考虑河流冲沙需水计算。

2. 湖库生态环境需水

（1）湖库生态环境需水包括维持湖库生态水位的生态环境需水及入（出）湖河流生态环境需水。湖库生态环境需水可采用最小值、年内不同时段值和全年值表示。

（2）湖库生态环境需水计算中，可采用不同频率最枯月平均值法或近 10 年最枯月平均水位法确定湖库生态环境需水最小值。年内不同时段值应根据湖库生态环境保护目标所对应的生态环境功能，分别计算各项生态环境功能敏感水期要求的需水量。维持湖库形态功能的水需量，可采用湖库形态分析法计算。维持生物栖息地功能的需水量，可采用生物空间法计算。

（3）入（出）湖库河流的生态环境需水应根据导则 8.4.2.1 计算确定，计算成果应与湖库生态水位计算成果相协调。

3. 河流、湖库生态流量综合分析与确定

河流应根据水生生态需水、水环境需水、湿地需水、景观需水、河口压咸需水和其他需水等计算成果，考虑各项需水的外包关系和叠加关系，综合分析需水目标要求，确定生态流量。湖库应根据湖库生态环境需水确定最低生态水位及不同时段内的水位。

应根据国家或地方政府批复的综合规划、水资源规划、水环境保护规划等成果中相关的生态流量控制等要求，综合分析生态流量成果的合理性。

第二节　相关的水环境标准

一、《地表水环境质量标准》

（一）主要内容与适用范围

1. 主要内容

《地表水环境质量标准》（GB 3838—2002）将标准项目分为：地表水环境质量标准基本项目、集中式生活饮用水地表水源地补充项目和集中式生活饮用水地表水源地特定项目。按照地表水环境功能分类和保护目标，规定了水环境质量应控制的项目、限值以及水质评价、水质项目的分析方法和标准的实施与监督。

该标准项目共计 109 项，其中地表水环境质量标准基本项目 24 项，集中式生活饮用水地表水源地补充项目 5 项，集中式生活饮用水地表水源地特定项目 80 项。

2. 适用范围

该标准适用于中华人民共和国领域内江河、湖泊、运河、渠道、水库等具有使用功能的地表水水域。具有特定功能的水域执行相应的专业用水水质标准。

地表水环境质量标准基本项目适用于全国江河、湖泊、运河、渠道、水库等具有使用功能的地表水水域。

集中式生活饮用水地表水源地补充项目和特定项目适用于集中式生活饮用水地表水源地一级保护区和二级保护区。

与近海水域相连的地表水河口水域根据水环境功能按该标准相应类别标准值进行

管理，近海水功能区水域根据使用功能按《海水水质标准》（GB 3097—1997）相应类别标准值进行管理。

批准划定的单一渔业水域按《渔业水质标准》（GB 11607—89）进行管理；处理后的城市污水及与城市污水水质相近的工业废水用于农田灌溉用水的水质按《农田灌溉水质标准》（GB 5084—2005）进行管理。

（二）水域环境功能和标准分类

水域环境功能：依据地表水水域环境功能和保护目标，按功能高低依次划分为五类：

Ⅰ类	主要适用于源头水、国家自然保护区
Ⅱ类	主要适用于集中式生活饮用水地表水源地一级保护区、珍稀水生生物栖息地、鱼虾类产卵场、仔稚幼鱼的索饵场等
Ⅲ类	主要适用于集中式生活饮用水地表水源地二级保护区、鱼虾类越冬场、洄游通道、水产养殖区等渔业水域及游泳区
Ⅳ类	主要适用于一般工业用水区及人体非直接接触的娱乐用水区
Ⅴ类	主要适用于农业用水区及一般景观要求水域

水域环境功能与水质标准：对应地表水上述五类水域功能，将地表水环境质量标准基本项目标准值分为五类，不同功能类别分别执行相应类别的标准值。水域功能类别高的标准值严于水域功能类别低的标准值。同一水域兼有多类使用功能的，执行最高功能类别对应的标准值。实现水域功能与达功能类别标准为同一含义。

（三）基本项目中的常用项目标准限值

基本项目中的常用项目标准限值见表 4-10。

表 4-10　地表水环境质量标准基本项目标准限值　　单位：mg/L

序号	项目＼标准值	分类 Ⅰ	Ⅱ	Ⅲ	Ⅳ	Ⅴ
1	水温		人为造成的环境水温变化应限制在： 周平均最大温升≤1℃ 周平均最大温降≤2℃			
2	pH（量纲一）	6～9				
3	溶解氧　≥	饱和率 90%（或 7.5）	6	5	3	2
4	高锰酸盐指数　≤	2	4	6	10	15
5	化学需氧量（COD）　≤	15	15	20	30	40
6	五日生化需氧量（BOD_5）　≤	3	3	4	6	10

序号	标准值 项目		分类				
			I	II	III	IV	V
7	氨氮（NH_3-N）	≤	0.15	0.5	1.0	1.5	2.0
8	总磷（以P计）	≤	0.02（湖、库0.01）	0.1（湖、库0.025）	0.2（湖、库0.05）	0.3（湖、库0.1）	0.4（湖、库0.2）
9	总氮（湖、库，以N计）	≤	0.2	0.5	1.0	1.5	2.0

（四）水质监测

本标准规定的项目标准值，要求水样采集后自然沉降30 min，取上层非沉降部分按规定方法进行分析。

地表水水质监测的采样布点、监测频率应符合国家地表水环境监测技术规范的要求。

水质项目的分析方法应优先选用本标准中规定的方法，也可采用ISO方法体系等其他等效分析方法，但须进行适用性检验。

地表水环境质量标准基本项目中部分项目的分析方法见表4-11。

表4-11　地表水环境质量标准基本项目（部分）分析方法

序号	基本项目	分析方法	测定下限/（mg/L）	方法来源
1	水温	温度计法		GB 13195—91
2	pH	玻璃电极法		GB 6920—86
3	溶解氧	碘量法	0.2	GB 7489—87
		电化学探头法		HJ 506—2009
4	高锰酸盐指数		0.5	GB 11892—89
5	化学需氧量	重铬酸盐法	10	GB 11914—89
6	五日生化需氧量	稀释与接种法	2	GB 7488—87
7	氨氮	纳氏试剂比色法	0.05	GB 7479—87
		水杨酸分光光度法	0.01	GB 7481—87
8	总磷	钼酸铵分光光度法	0.01	GB 11893—89
9	总氮	过硫酸钾氧化紫外分光光度法	0.05	GB 11894—89

（五）水质评价原则

地表水环境质量评价应根据应实现的水域功能类别选取相应类别标准，进行单因子评价，评价结果应说明水质达标情况，超标的应说明超标项目和超标倍数。

丰、平、枯水期特征明显的水域，应分水期进行水质评价。

集中式生活饮用水地表水源地水质评价的项目应包括本标准中的基本项目、补充项目以及由县级以上人民政府生态环境主管部门选择确定的特定项目。

二、《海水水质标准》

（一）主要内容与适用范围

《海水水质标准》（GB 3097—1997）规定了海域各类适用功能的水质要求，包括水质分类与水质标准、水质监测方法以及混合区的规定。

本标准适用于中华人民共和国管辖的海域。

（二）水质分类

按照海域的不同适用功能和保护目标，海水水质分为四类：

第一类	适用于海洋渔业水域，海上自然保护区和珍稀濒危海洋生物保护区
第二类	适用于水产养殖区，海水浴场，人体直接接触海上运动或娱乐区，以及与人类食用直接有关的工业用水区
第三类	适用于一般工业用水区，滨海风景旅游区
第四类	适用于海洋港口水域，海洋开发作业区

（三）混合区规定

污水集中排放形成的混合区，不得影响邻近功能区的水质和鱼类洄游通道。

三、《污水综合排放标准》

（一）主要内容与适用范围

1．主要内容

《污水综合排放标准》（GB 8978—1996）按照污水排放去向，分年限规定了 69 种水污染物最高允许排放浓度和部分行业最高允许排放浓度。

2．适用范围

本标准适用于现有单位水污染物的排放管理，以及建设项目的环境影响评价、建设项目环境保护设施设计、竣工验收及其投产后的排放管理。

按照国家综合排放标准与国家行业排放标准不交叉执行的原则，下列行业执行各自的排放标准：

造纸工业，船舶，船舶工业，海洋石油开发工业，纺织染整工业，肉类加工工业，合成氨工业，钢铁工业，航天推进剂使用，兵器工业，磷肥工业，烧碱、聚氯乙烯工业。

其他水污染物排放均执行本标准。

在本标准颁布后，新增加国家行业水污染物排放标准的行业，按其适用范围执行相应的国家水污染物行业标准，不再执行本标准。

（二）标准分级

（1）排入 GB 3838—2002 Ⅲ类水域（划定的保护区和游泳区除外）和排入 GB 3097—1997 中二类海域的污水，执行一级标准。

（2）排入 GB 3838—2002 中Ⅳ、Ⅴ类水域和排入 GB 3097—1997 中三类海域的污水，执行二级标准。

（3）排入设置二级污水处理厂的城镇排水系统的污水，执行三级标准。

（4）排入未设置二级污水处理厂的城镇排水系统的污水，必须根据排水系统出水受纳水域的功能要求，分别执行“（1）”和“（2）”的规定。

（5）GB 3838—2002 中Ⅰ类、Ⅱ类水域和Ⅲ类水域中划定的保护区，GB 3097—1997 中一类海域，禁止新建排污口，现有排污口按水体功能要求，实行污染物总量控制，以保证受纳水体水质符合规定用途的水质标准。

（三）污染物分类

本标准将排放的污染物按其性质及控制方式分为两类。

第一类污染物，不分行业和污水排放方式，也不分受纳水体的功能类别，一律在车间或车间处理设施排放口采样，其最高允许排放浓度必须达到本标准要求（采矿业的尾矿坝出水口不得视为车间排放口）。

第二类污染物，在排放单位排放口采样，其最高允许排放浓度必须达到本标准要求。

本标准按年限规定了第一类污染物和第二类污染物最高允许排放浓度及部分行业最高允许排水量。

（四）执行标准

在本标准中，以 1997 年 12 月 31 日之前和 1998 年 1 月 1 日起为时限，对第二类污染物最高允许排放浓度和部分行业最高允许排水量规定了不同的限值。

对于 1997 年 12 月 31 日之前建设（包括改、扩建）的单位，水污染物的排放必须同时执行标准中规定的第一类污染物最高允许排放浓度限值、第二类污染物最高允许排放浓度（1997 年 12 月 31 日之前建设的单位）和部分行业最高允许排水量（1997 年 12 月 31 日之前建设的单位）。

1998 年 1 月 1 日起建设（包括改、扩建）的单位，水污染物的排放必须同时执行标准中规定的第一类污染物最高允许排放浓度限值、第二类污染物最高允许排放浓度（1998 年 1 月 1 日后建设的单位）和部分行业最高允许排水量（1998 年 1 月 1 日后建设的单位）。

建设（包括改、扩建）单位的建设时间以环境影响评价报告书（表）批准日期为准划分。

对于排放含有放射性物质的污水，除执行本标准外，还须符合《辐射防护规定》（GB 8703—88）。

（五）有关排放口的规定

GB 3838—2002 中Ⅰ类、Ⅱ类水域和Ⅲ类水域中划定的保护区，GB 3097—1997 中一类海域，禁止新建排污口，现有排污口按水体功能要求，实行污染物总量控制，以保证受纳水体水质符合规定用途的水质标准。

- 对于第一类污染物，一律在车间或车间处理设施排放口采样；
- 对于第二类污染物，在排放单位排放口采样；
- 同一排放口排放两种和两种以上不同类别的污水，且每种污水的排放标准又不相同时，其混合污水的排放标准按本标准附录 A 规定的方法计算；
- 工业污水污染物的最高允许排放负荷量按本标准附录 B 规定的方法计算；
- 污染物最高允许年排放量按本标准附录 C 规定的方法计算。

（六）监测频率要求

工业污水按生产周期确定监测频率。生产周期在 8 h 以内的，每 2 h 采样一次；生产周期大于 8 h 的，每 4 h 采样一次。24 h 不少于 2 次。最高允许排放浓度按日均值计算。

（七）第一类污染物最高允许浓度限值

表 4-12 列出本标准中规定的第一类污染物最高允许排放浓度限值。不论是 1997 年 12 月 1 日之前建设的单位，还是 1998 年 1 月 1 日之后建设的单位，均执行该表中的限值。

表 4-12　第一类污染物最高允许排放浓度　单位：mg/L

序号	污染物	最高允许排放浓度	序号	污染物	最高允许排放浓度
1	总汞	0.05	8	总镍	1.0
2	烷基汞	不得检出	9	苯并[a]芘	0.000 03
3	总镉	0.1	10	总铍	0.005

序号	污染物	最高允许排放浓度	序号	污染物	最高允许排放浓度
4	总铬	1.5	11	总银	0.5
5	六价铬	0.5	12	总α放射性	1 Bq/L
6	总砷	0.5	13	总β放射性	10 Bq/L
7	总铅	1.0			

（八）其他

1．附录 A

关于排放单位在同一排放口排放两种或两种以上工业污水，且每种工业污水中同一污染物的排放标准又不同时，可采用如下方法计算混合排放时该污染物的最高允许排放浓度 $c_{混合}$：

$$c_{混合}=\frac{\sum_{i=1}^{n}c_iQ_iY_i}{\sum_{i=1}^{n}Q_iY_i} \tag{4-37}$$

式中：$c_{混合}$—— 混合污水某污染物最高允许排放浓度，mg/L；

c_i—— 不同工业污水某污染物最高允许排放浓度，mg/L；

Q_i—— 不同工业的最高允许排水量，m^3/t（产品）；

Y_i—— 某种工业产品产量，t/d，以月平均计。

2．附录 B

工业污水污染物最高允许排放负荷计算：

$$L_{负}=c\times Q\times 10^{-3} \tag{4-38}$$

式中：$L_{负}$—— 工业污水污染物最高允许排放负荷，kg/t（产品）；

c —— 某污染物最高允许排放浓度，mg/L；

Q —— 某工业最高允许排水量，m^3/t（产品）。

3．附录 C

某污染物最高允许排放总量的计算：

$$L_{总}=L_{负}\times Y\times 10^{-3} \tag{4-39}$$

式中：$L_{总}$—— 某污染物最高允许排放量，kg/a；

$L_{负}$—— 某污染物最高允许排放负荷，kg/t（产品）；

Y—— 核定的产品年产量，t（产品）/a。

第五章　地下水环境影响评价技术导则与相关地下水标准

第一节　环境影响评价技术导则　地下水环境

一、概述

《环境影响评价技术导则　地下水环境》（HJ 610—2016）规定了地下水环境影响评价的一般性原则、内容、工作程序、方法和要求。本标准适用于对地下水环境可能产生影响的建设项目的环境影响评价。规划环境影响评价中的地下水环境影响评价可参照执行。该导则是对《环境影响评价技术导则　地下水环境》（HJ 610—2011）的第一次修订。

该导则于2016年1月7日发布，2016年1月7日起实施。自实施之日起，《环境影响评价技术导则　地下水环境》（HJ 610—2011）废止。

二、术语和定义

1．地下水

地面以下饱和含水层中的重力水。

2．水文地质条件

地下水埋藏和分布、含水介质和含水构造等条件的总称。

3．包气带

地面与地下水面之间与大气相通的，含有气体的地带。

4．饱水带

地下水面以下，岩层的空隙全部被水充满的地带。

5．潜水

地面以下，第一个稳定隔水层以上具有自由水面的地下水。

6．承压水

充满于上下两个相对隔水层间的具有承压性质的地下水。

7. 地下水补给区

含水层出露或接近地表接受大气降水和地表水等入渗补给的地区。

8. 地下水排泄区

含水层的地下水向外部排泄的范围。

9. 地下水径流区

含水层的地下水从补给区至排泄区的流经范围。

10. 集中式饮用水水源

进入输水管网送到用户的且具有一定供水规模（供水人口一般不小于 1 000 人）的现用、备用和规划的地下水饮用水水源。

11. 分散式饮用水水源地

供水小于一定规模（供水人口一般小于 1 000 人）的地下水饮用水水源地。

12. 地下水环境现状值

建设项目实施前的地下水环境质量监测值。

13. 地下水污染对照值

调查评价区内有历史记录的地下水水质指标统计值，或调查评价区内受人类活动影响程度较小的地下水水质指标统计值。

14. 地下水污染

人为原因直接导致地下水化学、物理、生物性质改变，使地下水水质恶化的现象。

15. 正常状况

建设项目的工艺设备和地下水环境保护措施均达到设计要求条件下的运行状况。如防渗系统的防渗能力达到了设计要求，防渗系统完好，验收合格。

16. 非正常状况

建设项目的工艺设备或地下水环境保护措施因系统老化、腐蚀等原因不能正常运行或保护效果达不到设计要求时的运行状况。

17. 地下水环境保护目标

潜水含水层和可能受建设项目影响且具有饮用水开发利用价值的含水层，集中式饮用水水源和分散式饮用水水源地，以及《建设项目环境影响评价分类管理名录》中所界定的涉及地下水的环境敏感区。

三、总则

（一）一般性原则

地下水环境影响评价应对建设项目在建设期、运营期和服务期满后对地下水水质可能造成的直接影响进行分析、预测和评估，提出预防或者减轻不良影响的对策和措施，制定地下水环境影响跟踪监测计划，为建设项目地下水环境保护提供科学依据。

根据建设项目对地下水环境影响的程度，结合《建设项目环境影响评价分类管理名录》，将建设项目分为四类，详见附录 A。Ⅰ类、Ⅱ类、Ⅲ类建设项目的地下水环境影响评价应执行本标准，Ⅳ类建设项目不开展地下水环境影响评价。

（二）评价基本任务

地下水环境影响评价应按本标准划分的评价工作等级开展相应评价工作，基本任务包括：识别地下水环境影响，确定地下水环境影响评价工作等级；开展地下水环境现状调查，完成地下水环境现状监测与评价；预测和评价建设项目对地下水水质可能造成的直接影响，提出有针对性的地下水污染防控措施与对策，制定地下水环境影响跟踪监测计划和应急预案。

（三）工作程序

地下水环境影响评价工作可划分为准备阶段、现状调查与评价阶段、影响预测与评价阶段和结论阶段。地下水环境影响评价工作程序见图 5-1。

（四）各阶段主要工作内容

1. 准备阶段

搜集和分析国家及地方有关地下水环境保护的法律、法规、政策、标准及相关规划等资料；了解建设项目工程概况，进行初步工程分析，识别建设项目对地下水环境可能造成的直接影响；开展现场踏勘工作，识别地下水环境敏感程度；确定评价工作等级、评价范围以及评价重点。

2. 现状调查与评价阶段

开展现场调查、勘探、地下水监测、取样、分析、室内外试验和室内资料分析等工作，进行现状评价。

3. 影响预测与评价阶段

进行地下水环境影响预测，依据国家、地方有关地下水环境的法规及标准，评价建设项目对地下水环境可能造成的直接影响。

4. 结论阶段

综合分析各阶段成果，提出地下水环境保护措施与防控措施，制定地下水环境影响跟踪监测计划，给出地下水环境影响评价结论。

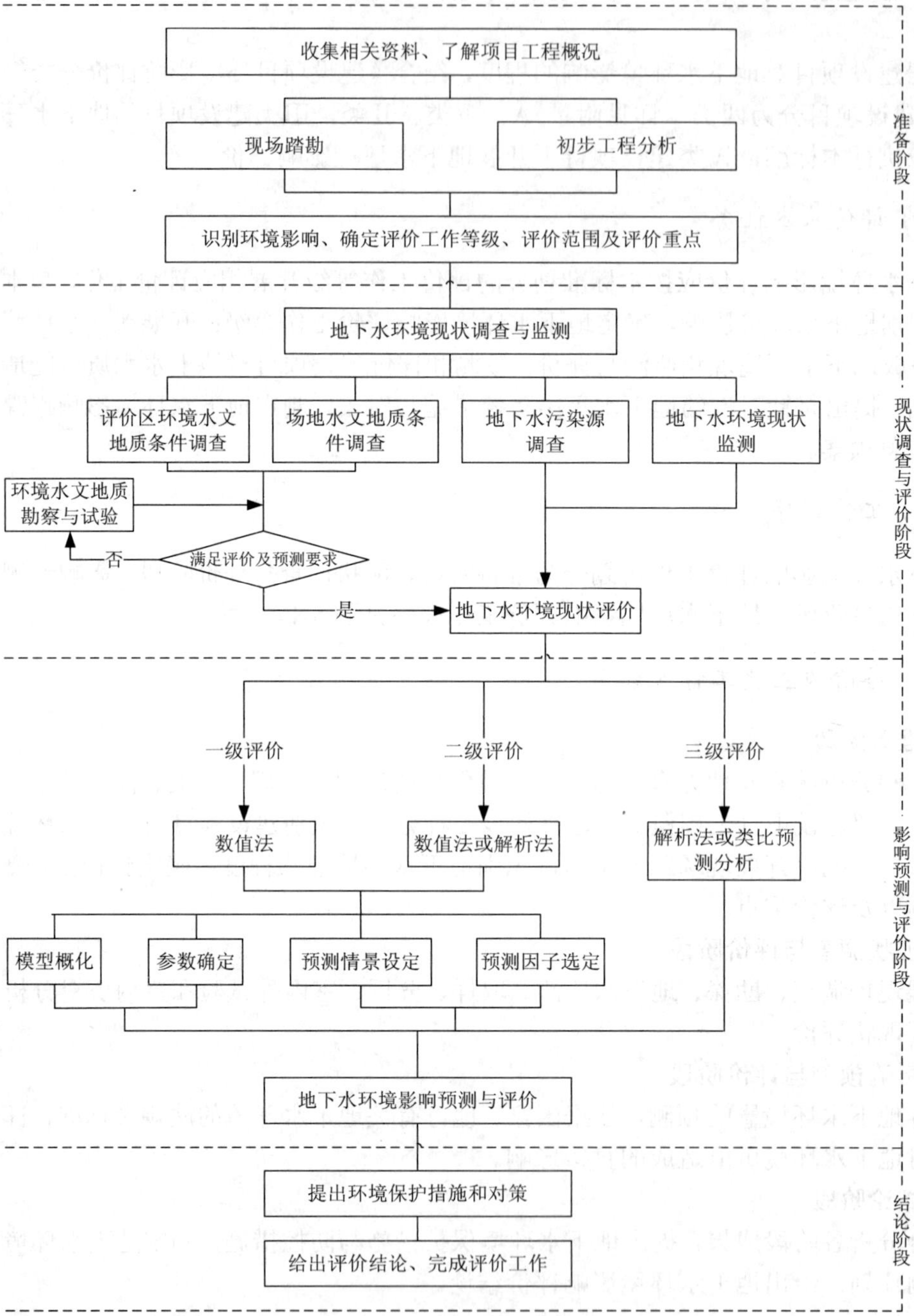

图 5-1　地下水环境影响评价工作程序

四、地下水环境影响识别

（一）基本要求

（1）地下水环境影响的识别应在初步工程分析和确定地下水环境保护目标的基础上进行，根据建设项目建设期、运营期和服务期满后三个阶段的工程特征，识别其“正常状况”和“非正常状况”下的地下水环境影响。

（2）对于随着生产运行时间推移对地下水环境影响有可能加剧的建设项目，还应按运营期的变化特征分为初期、中期和后期分别进行环境影响识别。

（二）识别方法

（1）根据附录A，识别建设项目所属的行业类别。

（2）根据建设项目的地下水环境敏感特征，识别建设项目的地下水环境敏感程度。

（三）识别内容

（1）识别可能造成地下水污染的装置和设施（位置、规模、材质等）及建设项目在建设期、运营期、服务期满后可能的地下水污染途径。

（2）识别建设项目可能导致地下水污染的特征因子。特征因子应根据建设项目污废水成分（可参照HJ 2.3）、液体物料成分、固废浸出液成分等确定。

五、地下水环境影响评价工作分级

（一）划分原则

评价工作等级的划分应依据建设项目行业分类和地下水环境敏感程度分级进行判定，可划分为一级、二级、三级。

（二）评价工作等级划分

1. 划分依据

（1）根据附录A确定建设项目所属的地下水环境影响评价项目类别。

（2）建设项目的地下水环境敏感程度可分为敏感、较敏感、不敏感三级，分级原则见表5-1。

表 5-1 地下水环境敏感程度分级表

敏感程度	地下水环境敏感特征
敏感	集中式饮用水水源（包括已建成的在用、备用、应急水源，在建和规划的饮用水水源）准保护区；除集中式饮用水水源以外的国家或地方政府设定的与地下水环境相关的其他保护区，如热水、矿泉水、温泉等特殊地下水资源保护区
较敏感	集中式饮用水水源（包括已建成的在用、备用、应急水源，在建和规划的饮用水水源）准保护区以外的补给径流区；未划定准保护区的集中式饮用水水源，其保护区以外的补给径流区；分散式饮用水水源地；特殊地下水资源（如热水、矿泉水、温泉等）保护区以外的分布区等其他未列入上述敏感分级的环境敏感区[a]
不敏感	上述地区之外的其他地区

注：a 环境敏感区是指《建设项目环境影响评价分类管理名录》中所界定的涉及地下水的环境敏感区。

2. 建设项目评价工作等级

（1）建设项目地下水环境影响评价工作等级划分见表 5-2。

表 5-2 评价工作等级分级表

环境敏感程度 \ 项目类别	Ⅰ类项目	Ⅱ类项目	Ⅲ类项目
敏感	一	一	二
较敏感	一	二	三
不敏感	二	三	三

（2）对于利用废弃盐岩矿井洞穴或人工专制盐岩洞穴、废弃矿井巷道加水幕系统、人工硬岩洞库加水幕系统、地质条件较好的含水层储油、枯竭的油气层储油等形式的地下储油库，危险废物填埋场应进行一级评价，不按表 5-2 划分评价工作等级。

（3）当同一建设项目涉及两个或两个以上场地时，各场地应分别判定评价工作等级，并按相应等级开展评价工作。

（4）线性工程应根据所涉地下水环境敏感程度和主要站场（如输油站、泵站、加油站、机务段、服务站等）位置进行分段判定评价工作等级，并按相应等级分别开展评价工作。

六、地下水环境影响评价技术要求

（一）原则性要求

地下水环境影响评价应充分利用已有资料和数据，当已有资料和数据不能满足评价工作要求时，应开展相应评价工作等级要求的补充调查，必要时进行勘察试验。

（二）一级评价要求

（1）详细掌握调查评价区环境水文地质条件，主要包括含（隔）水层结构及其分布特征、地下水补径排条件、地下水流场、地下水动态变化特征、各含水层之间以及地表水与地下水之间的水力联系等，详细掌握调查评价区内地下水开发利用现状与规划。

（2）开展地下水环境现状监测，详细掌握调查评价区地下水环境质量现状和地下水动态监测信息，进行地下水环境现状评价。

（3）基本查清场地环境水文地质条件，有针对性地开展勘察试验，确定场地包气带特征及其防污性能。

（4）采用数值法进行地下水环境影响预测，对于不宜概化为等效多孔介质的地区，可根据自身特点选择适宜的预测方法。

（5）预测评价应结合相应环保措施，针对可能的污染情景，预测污染物运移趋势，评价建设项目对地下水环境保护目标的影响。

（6）根据预测评价结果和场地包气带特征及其防污性能，提出切实可行的地下水环境保护措施与地下水环境影响跟踪监测计划，制定应急预案。

（三）二级评价要求

（1）基本掌握调查评价区的环境水文地质条件，主要包括含（隔）水层结构及其分布特征、地下水补径排条件、地下水流场等。了解调查评价区地下水开发利用现状与规划。

（2）开展地下水环境现状监测，基本掌握调查评价区地下水环境质量现状，进行地下水环境现状评价。

（3）根据场地环境水文地质条件的掌握情况，有针对性地补充必要的勘察试验。

（4）根据建设项目特征、水文地质条件及资料掌握情况，采用数值法或解析法进行影响预测，评价对地下水环境保护目标的影响。

（5）提出切实可行的环境保护措施与地下水环境影响跟踪监测计划。

（四）三级评价要求

（1）了解调查评价区和场地环境水文地质条件。

（2）基本掌握调查评价区的地下水补径排条件和地下水环境质量现状。

（3）采用解析法或类比分析法进行地下水环境影响分析与评价。

（4）提出切实可行的环境保护措施与地下水环境影响跟踪监测计划。

（五）其他技术要求

（1）一级评价要求场地环境水文地质资料的调查精度应不低于 1∶10 000 比例尺，调查评价区的环境水文地质资料的调查精度应不低于 1∶50 000 比例尺。

（2）二级评价环境水文地质资料的调查精度要求能够清晰反映建设项目与环境敏感区、地下水环境保护目标的位置关系，并根据建设项目特点和水文地质条件复杂程度确定调查精度，建议以不低于 1∶50 000 比例尺为宜。

七、地下水环境现状调查与评价

（一）调查与评价原则

（1）地下水环境现状调查与评价工作应遵循资料搜集与现场调查相结合、项目所在场地调查（勘察）与类比考察相结合、现状监测与长期动态资料分析相结合的原则。

（2）地下水环境现状调查与评价工作的深度应满足相应的工作级别要求。当现有资料不能满足要求时，应通过组织现场监测或环境水文地质勘察与试验等方法获取。

（3）对于一级、二级评价的改、扩建类建设项目，应开展现有工业场地的包气带污染现状调查。

（4）对于长输油品、化学品管线等线性工程，调查评价工作应重点针对场站、服务站等可能对地下水产生污染的地区开展。

（二）调查评价范围

1. 基本要求

地下水环境现状调查评价范围应包括与建设项目相关的地下水环境保护目标，以能说明地下水环境的现状，反映调查评价区地下水基本流场特征，满足地下水环境影响预测和评价为基本原则。

污染场地修复工程项目的地下水环境影响现状调查参照 HJ 25.1 执行。

2. 调查评价范围确定

（1）建设项目（除线性工程外）地下水环境影响现状调查评价范围可采用公式计算法、查表法和自定义法确定。

当建设项目所在地水文地质条件相对简单且所掌握的资料能够满足公式计算法的要求时，应采用公式计算法确定；当不满足公式计算法的要求时，可采用查表法确定。当计算或查表范围超出所处水文地质单元边界时，应以所处水文地质单元边界为宜。

① 公式计算法：

$$L=\alpha \times K \times I \times T/n_e \quad (5\text{-}1)$$

式中：L —— 下游迁移距离，m；

α —— 变化系数，$\alpha \geqslant 1$，一般取 2；

K —— 渗透系数，m/d，常见渗透系数见附录 B 中表 B.1；

I —— 水力坡度，量纲一；

T —— 质点迁移天数，取值不小于 5 000 d；

n_e —— 有效孔隙度，量纲一。

采用该方法时应包含重要的地下水环境保护目标，所得的调查评价范围如图 5-2 所示。

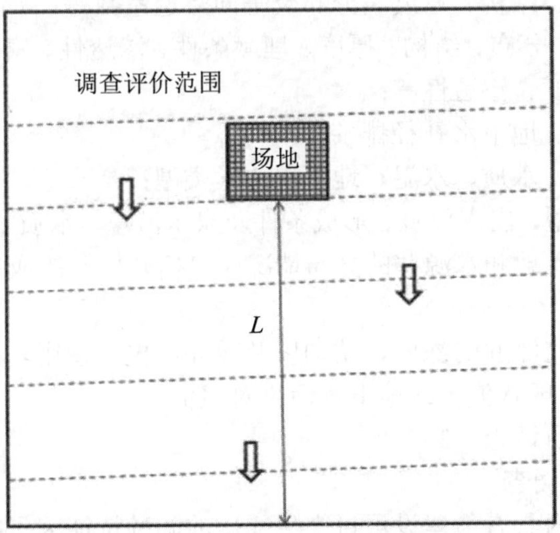

注：虚线表示等水位线；空心箭头表示地下水流向；
场地上游距离根据评价需求确定，场地两侧不小于 $L/2$。

图 5-2　调查评价范围

② 查表法：参照表 5-3。

表 5-3　地下水环境现状调查评价范围参照表

评价工作等级	调查评价面积/km^2	备注
一级	≥20	应包括重要的地下水环境保护目标，必要时适当扩大范围
二级	6～20	
三级	≤6	

③ 自定义法：可根据建设项目所在地水文地质条件自行确定，须说明理由。

（2）线性工程应以工程边界两侧分别向外延伸 200 m 作为调查评价范围；穿越饮用水水源准保护区时，调查评价范围应至少包含水源保护区；线性工程站场的调查评价范围确定参照七（二）2（1）。

（三）调查内容与要求

1. 水文地质条件调查

在充分收集资料的基础上，根据建设项目特点和水文地质条件复杂程度开展调查工作，主要内容包括：

（1）气象、水文、土壤和植被状况；

（2）地层岩性、地质构造、地貌特征与矿产资源；

（3）包气带岩性、结构、厚度、分布及垂向渗透系数等；

（4）含水层岩性、分布、结构、厚度、埋藏条件、渗透性、富水程度等；隔水层（弱透水层）的岩性、厚度、渗透性等；

（5）地下水类型、地下水补径排条件；

（6）地下水水位、水质、水温、地下水化学类型；

（7）泉的成因类型，出露位置、形成条件及泉水流量、水质、水温，开发利用情况；

（8）集中供水水源地和水源井的分布情况（包括开采层的成井密度、水井结构、深度以及开采历史）；

（9）地下水现状监测井的深度、结构以及成井历史、使用功能；

（10）地下水环境现状值（或地下水污染对照值）。

场地范围内应重点调查（3）。

2. 地下水污染源调查

（1）调查评价区内具有与建设项目产生或排放同种特征因子的地下水污染源。

（2）对于一级、二级的改、扩建项目，应在可能造成地下水污染的主要装置或设施附近开展包气带污染现状调查，对包气带进行分层取样，一般在 0～20 cm 埋深范围内取一个样品，其他取样深度应根据污染源特征和包气带岩性、结构特征等确定，并说明理由。样品进行浸溶试验，测试分析浸溶液成分。

3. 地下水环境现状监测

（1）建设项目地下水环境现状监测应通过对地下水水质、水位的监测，掌握或了解调查评价区地下水水质现状及地下水流场，为地下水环境现状评价提供基础资料。

（2）污染场地修复工程项目的地下水环境现状监测参照 HJ 25.2 执行。

（3）现状监测点的布设原则

① 地下水环境现状监测点采用控制性布点与功能性布点相结合的布设原则。监测点

应主要布设在建设项目场地、周围环境敏感点、地下水污染源以及对于确定边界条件有控制意义的地点。当现有监测点不能满足监测位置和监测深度要求时，应布设新的地下水现状监测井，现状监测井的布设应兼顾地下水环境影响跟踪监测计划；

② 监测层位应包括潜水含水层、可能受建设项目影响且具有饮用水开发利用价值的含水层；

③ 一般情况下，地下水水位监测点数以不小于相应评价级别地下水水质监测点数的2倍为宜；

④ 地下水水质监测点布设的具体要求：

a）监测点布设应尽可能靠近建设项目场地或主体工程，监测点数应根据评价工作等级和水文地质条件确定；

b）一级评价项目潜水含水层的水质监测点应不少于 7 个，可能受建设项目影响且具有饮用水开发利用价值的含水层 3～5 个。原则上建设项目场地上游和两侧的地下水水质监测点均不得少于 1 个，建设项目场地及其下游影响区的地下水水质监测点不得少于 3 个；

c）二级评价项目潜水含水层的水质监测点应不少于 5 个，可能受建设项目影响且具有饮用水开发利用价值的含水层 2～4 个。原则上建设项目场地上游和两侧的地下水水质监测点均不得少于 1 个，建设项目场地及其下游影响区的地下水水质监测点不得少于 2 个；

d）三级评价项目潜水含水层水质监测点应不少于 3 个，可能受建设项目影响且具有饮用水开发利用价值的含水层 1～2 个。原则上建设项目场地上游及下游影响区的地下水水质监测点各不得少于 1 个；

⑤ 管道型岩溶区等水文地质条件复杂的地区，地下水现状监测点应视情况确定，并说明布设理由；

⑥ 在包气带厚度超过 100 m 的地区或监测井较难布置的基岩山区，当地下水质监测点数无法满足④ 的要求时，可视情况调整数量，并说明调整理由。一般情况下，该类地区一级、二级评价项目应至少设置 3 个监测点，三级评价项目可根据需要设置一定数量的监测点。

（4）地下水水质现状监测取样要求

① 地下水水质取样应根据特征因子在地下水中的迁移特性选取适当的取样方法；

② 一般情况下，只取一个水质样品，取样点深度宜在地下水位以下 1.0 m 左右；

③ 建设项目为改、扩建项目，且特征因子为 DNAPLs（重质非水相液体）时，应至少在含水层底部取一个样品。

（5）地下水水质现状监测因子

① 检测分析地下水中 K^+、Na^+、Ca^{2+}、Mg^{2+}、CO_3^{2-}、HCO_3^-、Cl^-、SO_4^{2-}的浓度；

② 地下水水质现状监测因子原则上应包括两类：一类是基本水质因子，另一类为特征因子；

a）基本水质因子以pH、氨氮、硝酸盐、亚硝酸盐、挥发性酚类、氰化物、砷、汞、铬（六价）、总硬度、铅、氟、镉、铁、锰、溶解性总固体、高锰酸盐指数、硫酸盐、氯化物、总大肠菌群、细菌总数等以及背景值超标的水质因子为基础，可根据区域地下水水质状况、污染源状况适当调整；

b）特征因子根据四（三）2的识别结果确定，可根据区域地下水水质状况、污染源状况适当调整。

（6）地下水环境现状监测频率要求

① 水位监测频率要求。

a）评价工作等级为一级的建设项目，若掌握近3年内至少一个连续水文年的枯、平、丰水期地下水水位动态监测资料，评价期内应至少开展一期地下水水位监测；若无上述资料，应依据表5-4开展水位监测；

表5-4 地下水环境现状监测频率参照表

分布区 \ 频次 \ 评价等级	水位监测频率			水质监测频率		
	一级	二级	三级	一级	二级	三级
山前冲（洪）积	枯平丰	枯丰	一期	枯丰	枯	一期
滨海（含填海区）	二期[a]	一期	一期	一期	一期	一期
其他平原区	枯丰	一期	一期	枯	一期	一期
黄土地区	枯平丰	一期	一期	二期	一期	一期
沙漠地区	枯丰	一期	一期	一期	一期	一期
丘陵山区	枯丰	一期	一期	一期	一期	一期
岩溶裂隙	枯丰	一期	一期	枯丰	一期	一期
岩溶管道	二期	一期	一期	二期	一期	一期

注：a 二期的间隔有明显水位变化，其变化幅度接近年内变幅。

b）评价工作等级为二级的建设项目，若掌握近3年内至少一个连续水文年的枯、丰水期地下水水位动态监测资料，评价期可不再开展地下水水位现状监测；若无上述资料，应依据表5-4开展水位监测；

c）评价工作等级为三级的建设项目，若掌握近3年内至少一期的监测资料，评价期内可不再进行地下水水位现状监测；若无上述资料，应依据表5-4开展水位监测。

② 基本水质因子的水质监测频率应参照表5-4，若掌握近3年至少一期水质监测数据，基本水质因子可在评价期补充开展一期现状监测；特征因子在评价期内应至少开展一期现状监测；

③ 在包气带厚度超过 100 m 的评价区或监测井较难布置的基岩山区，若掌握近 3 年内至少一期的监测资料，评价期内可不进行地下水水位、水质现状监测；若无上述资料，至少开展一期现状水位、水质监测。

（7）地下水样品采集与现场测定

① 地下水样品应采用自动式采样泵或人工活塞闭合式与敞口式定深采样器进行采集；

② 样品采集前，应先测量井孔地下水水位（或地下水位埋深）并做好记录，然后采用潜水泵或离心泵对采样井（孔）进行全井孔清洗，抽汲的水量不得小于 3 倍的井筒水（量）体积；

③ 地下水水质样品的管理、分析化验和质量控制按照 HJ/T 164 执行。pH、Eh、DO、水温等不稳定项目应在现场测定。

4. 环境水文地质勘察与试验

（1）环境水文地质勘察与试验是在充分收集已有资料和地下水环境现状调查的基础上，为进一步查明含水层特征和获取预测评价中必要的水文地质参数而进行的工作。

（2）除一级评价应进行必要的环境水文地质勘察与试验外，对环境水文地质条件复杂且资料缺少的地区，二级、三级评价也应在区域水文地质调查的基础上对场地进行必要的水文地质勘察。

（3）环境水文地质勘察可采用钻探、物探和水土化学分析以及室内外测试、试验等手段开展，具体参见相关标准与规范。

（4）环境水文地质试验项目通常有抽水试验、注水试验、渗水试验、浸溶试验及土柱淋滤试验等，有关试验原则与方法参见附录 C。在评价工作过程中可根据评价工作等级和资料掌握情况选用。

（5）进行环境水文地质勘察时，除采用常规方法外，还可采用其他辅助方法配合勘察。

（四）地下水环境现状评价

1. 地下水水质现状评价

（1）GB/T 14848 和有关法规及当地的环保要求是地下水环境现状评价的基本依据。对属于 GB/T 14848 水质指标的评价因子，应按其规定的水质分类标准值进行评价；对于不属于 GB/T 14848 水质指标的评价因子，可参照国家（行业、地方）相关标准（如 GB 3838、GB 5749、DZ/T 0290 等）进行评价。现状监测结果应进行统计分析，给出最大值、最小值、均值、标准差、检出率和超标率等。

（2）地下水水质现状评价应采用标准指数法。标准指数＞1，表明该水质因子已超标，标准指数越大，超标越严重。标准指数计算公式分为以下两种情况：

① 对于评价标准为定值的水质因子，其标准指数计算方法见公式（5-2）：

$$P_i = \frac{C_i}{C_{si}} \tag{5-2}$$

式中：P_i —— 第 i 个水质因子的标准指数，量纲一；

C_i —— 第 i 个水质因子的监测浓度值，mg/L；

C_{si} —— 第 i 个水质因子的标准浓度值，mg/L。

② 对于评价标准为区间值的水质因子（如 pH），其标准指数计算方法见公式（5-3）、公式（5-4）：

$$P_{\mathrm{pH}} = \frac{7.0-\mathrm{pH}}{7.0-\mathrm{pH}_{\mathrm{sd}}} \qquad \mathrm{pH} \leqslant 7\ \text{时} \tag{5-3}$$

$$P_{\mathrm{pH}} = \frac{\mathrm{pH}-7.0}{\mathrm{pH}_{\mathrm{su}}-7.0} \qquad \mathrm{pH} > 7\ \text{时} \tag{5-4}$$

式中：P_{pH} —— pH 的标准指数，量纲一；

pH —— pH 的监测值；

$\mathrm{pH}_{\mathrm{su}}$ —— 标准中 pH 的上限值；

$\mathrm{pH}_{\mathrm{sd}}$ —— 标准中 pH 的下限值。

2. 包气带环境现状分析

对于污染场地修复工程项目和评价工作等级为一级、二级的改、扩建项目，应开展包气带污染现状调查，分析包气带污染状况。

八、地下水环境影响预测

（一）预测原则

（1）建设项目地下水环境影响预测应遵循 HJ 2.1 中确定的原则。考虑到地下水环境污染的复杂性、隐蔽性和难恢复性，还应遵循保护优先、预防为主的原则，预测应为评价各方案的环境安全和环境保护措施的合理性提供依据。

（2）预测的范围、时段、内容和方法均应根据评价工作等级、工程特征与环境特征，结合当地环境功能和环保要求确定，应预测建设项目对地下水水质产生的直接影响，重点预测对地下水环境保护目标的影响。

（3）在结合地下水污染防控措施的基础上，对工程设计方案或可行性研究报告推荐的选址（选线）方案可能引起的地下水环境影响进行预测。

（二）预测范围

（1）地下水环境影响预测范围一般与调查评价范围一致。

（2）预测层位应以潜水含水层或污染物直接进入的含水层为主，兼顾与其水力联系密切且具有饮用水开发利用价值的含水层。

（3）当建设项目场地天然包气带垂向渗透系数小于 1.0×10^{-6}cm/s 或厚度超过 100 m 时，预测范围应扩展至包气带。

（三）预测时段

地下水环境影响预测时段应选取可能产生地下水污染的关键时段，至少包括污染发生后 100 d、1 000 d，服务年限或能反映特征因子迁移规律的其他重要的时间节点。

（四）情景设置

（1）一般情况下，建设项目须对正常状况和非正常状况的情景分别进行预测。

（2）已依据 GB 16889、GB 18597、GB 18598、GB 18599、GB/T 50934 等规范设计地下水污染防渗措施的建设项目，可不进行正常状况情景下的预测。

（五）预测因子

预测因子应包括：

（1）根据四（三）（2）识别出的特征因子，按照重金属、持久性有机污染物和其他类别进行分类，并对每一类别中的各项因子采用标准指数法进行排序，分别取标准指数最大的因子作为预测因子；

（2）现有工程已经产生的且改、扩建后将继续产生的特征因子，改、扩建后新增加的特征因子；

（3）污染场地已查明的主要污染物，按照（1）筛选预测因子；

（4）国家或地方要求控制的污染物。

（六）预测源强

地下水环境影响预测源强的确定应充分结合工程分析。

（1）正常状况下，预测源强应结合建设项目工程分析和相关设计规范确定，如 GB 50141、GB 50268 等；

（2）非正常状况下，预测源强可根据地下水环境保护设施或工艺设备的系统老化或腐蚀程度等设定。

（七）预测方法

（1）建设项目地下水环境影响预测方法包括数学模型法和类比分析法。其中，数学模型法包括数值法、解析法等。常用的地下水预测数学模型参见附录 D。

（2）预测方法的选取应根据建设项目工程特征、水文地质条件及资料掌握程度来确定，当数值法不适用时，可用解析法或其他方法预测。一般情况下，一级评价应采用数值法，不宜概化为等效多孔介质的地区除外；二级评价中水文地质条件复杂且适宜采用数值法时，建议优先采用数值法；三级评价可采用解析法或类比分析法。

（3）采用数值法预测前，应先进行参数识别和模型验证。

（4）采用解析模型预测污染物在含水层中的扩散时，一般应满足以下条件：

① 污染物的排放对地下水流场没有明显的影响；

② 调查评价区内含水层的基本参数（如渗透系数、有效孔隙度等）不变或变化很小。

（5）采用类比分析法时，应给出类比条件。类比分析对象与拟预测对象之间应满足以下要求：

① 二者的环境水文地质条件、水动力场条件相似；

② 二者的工程类型、规模及特征因子对地下水环境的影响具有相似性。

（6）地下水环境影响预测过程中，采用非本导则推荐模式进行预测评价时，须明确所采用模式的适用条件，给出模型中的各参数的物理意义及参数取值，并尽可能地采用本导则中的相关模式进行验证。

（八）预测模型概化

1. 水文地质条件概化

根据调查评价区和场地环境水文地质条件，对边界性质、介质特征、水流特征和补径排等条件进行概化。

2. 污染源概化

污染源概化包括排放形式与排放规律的概化。根据污染源的具体情况，排放形式可以概化为点源、线源、面源；排放规律可以概化为连续恒定排放或非连续恒定排放以及瞬时排放。

3. 水文地质参数初始值的确定

包气带垂向渗透系数、含水层渗透系数、给水度等预测所需参数初始值的获取应以收集评价范围内已有水文地质资料为主，不满足预测要求时需通过现场试验获取。

（九）预测内容

（1）给出特征因子不同时段的影响范围、程度、最大迁移距离。

（2）给出预测期内建设项目场地边界或地下水环境保护目标处特征因子随时间的变化规律。

（3）当建设项目场地天然包气带垂向渗透系数小于 1.0×10^{-6}cm/s 或厚度超过 100 m 时，须考虑包气带阻滞作用，预测特征因子在包气带中的迁移规律。

（4）污染场地修复治理工程项目应给出污染物变化趋势或污染控制的范围。

九、地下水环境影响评价

（一）评价原则

（1）评价应以地下水环境现状调查和地下水环境影响预测结果为依据，对建设项目各实施阶段（建设期、运营期及服务期满后）不同环节及不同污染防控措施下的地下水环境影响进行评价。

（2）地下水环境影响预测未包括环境质量现状值时，应叠加环境质量现状值后再进行评价。

（3）应评价建设项目对地下水水质的直接影响，重点评价建设项目对地下水环境保护目标的影响。

（二）评价范围

地下水环境影响评价范围一般与调查评价范围一致。

（三）评价方法

（1）采用标准指数法对建设项目地下水水质影响进行评价，具体方法同七（四）1（2）。

（2）对属于 GB/T 14848 水质指标的评价因子，应按其规定的水质分类标准值进行评价；对于不属于 GB/T 14848 水质指标的评价因子，可参照国家（行业、地方）相关标准的水质标准值（如 GB 3838、GB 5749、DZ/T 0290 等）进行评价。

（四）评价结论

评价建设项目对地下水水质影响时，可采用以下判据评价水质能否满足标准的要求。

（1）以下情况应得出可以满足九（三）（2）要求的结论：

① 建设项目各个不同阶段，除场界内小范围以外地区，均能满足 GB/T 14848 或国家（行业、地方）相关标准要求的；

② 在建设项目实施的某个阶段，有个别评价因子出现较大范围超标，但采取环保措施后，可满足 GB/T 14848 或国家（行业、地方）相关标准要求的。

（2）以下情况应得出不能满足九（三）（2）要求的结论：

① 新建项目排放的主要污染物，改、扩建项目已经排放的及将要排放的主要污染物在评价范围内地下水中已经超标的；

② 环保措施在技术上不可行，或在经济上明显不合理的。

十、地下水环境保护措施与对策

（一）基本要求

（1）地下水环境保护措施与对策应符合《中华人民共和国水污染防治法》和《中华人民共和国环境影响评价法》的相关规定，按照“源头控制、分区防控、污染监控、应急响应”且重点突出饮用水水质安全的原则确定。

（2）根据建设项目特点、调查评价区和场地环境水文地质条件，在建设项目可行性研究提出的污染防控对策的基础上，根据环境影响预测与评价结果，提出需要增加或完善的地下水环境保护措施和对策。

（3）改、扩建项目应针对现有工程引起的地下水污染问题，提出“以新带老”措施，有效减轻污染程度或控制污染范围，防止地下水污染加剧。

（4）给出各项地下水环境保护措施与对策的实施效果，初步估算各措施的投资概算，列表给出并分析其技术、经济可行性。

（5）提出合理、可行、操作性强的地下水污染防控的环境管理体系，包括地下水环境跟踪监测方案和定期信息公开等。

（二）建设项目污染防控对策

1. 源头控制措施

主要包括提出各类废物循环利用的具体方案，减少污染物的排放量；提出工艺、管道、设备、污水储存及处理构筑物应采取的污染防控措施，将污染物“跑、冒、滴、漏”降到最低限度。

2. 分区防控措施

（1）结合地下水环境影响评价结果，对工程设计或可行性研究报告提出的地下水污染防控方案提出优化调整建议，给出不同分区的具体防渗技术要求。

一般情况下，应以水平防渗为主，防控措施应满足以下要求：

① 已颁布污染控制标准或防渗技术规范的行业，水平防渗技术要求按照相应标准或规范执行，如 GB 16889、GB 18597、GB 18598、GB 18599、GB/T 50934 等；

② 未颁布相关标准的行业，应根据预测结果和建设项目场地包气带特征及其防污性能，提出防渗技术要求；或根据建设项目场地天然包气带防污性能、污染控制难易程度和污染物特性，参照表 5-7 提出防渗技术要求。其中污染控制难易程度分级和天然包气带防污性能分级参照表 5-5 和表 5-6 进行相关等级的确定。

表 5-5　污染控制难易程度分级参照表

污染控制难易程度	主要特征
难	对地下水环境有污染的物料或污染物泄漏后，不能及时发现和处理
易	对地下水环境有污染的物料或污染物泄漏后，可及时发现和处理

表 5-6　天然包气带防污性能分级参照表

分级	包气带岩土的渗透性能
强	Mb≥1.0 m，K≤$1.0×10^{-6}$cm/s，且分布连续、稳定
中	0.5 m≤Mb<1.0 m，K≤$1.0×10^{-6}$cm/s，且分布连续、稳定 Mb≥1.0 m，$1.0×10^{-6}$cm/s<K≤$1.0×10^{-4}$cm/s，且分布连续、稳定
弱	岩（土）层不满足上述“强”和“中”条件

注：Mb 为岩土层单层厚度；K 为渗透系数。

表 5-7　地下水污染防渗分区参照表

防渗分区	天然包气带防污性能	污染控制难易程度	污染物类型	防渗技术要求
重点防渗区	弱	难	重金属、持久性有机污染物	等效黏土防渗层 Mb≥6.0 m，K≤$1.0×10^{-7}$cm/s；或参照 GB 18598 执行
	中—强	难		
	弱	易		
一般防渗区	弱	易—难	其他类型	等效黏土防渗层 Mb≥1.5 m，K≤$1.0×10^{-7}$cm/s；或参照 GB 16889 执行
	中—强	难		
	中	易	重金属、持久性有机污染物	
	强	易		
简单防渗区	中—强	易	其他类型	一般地面硬化

（2）对难以采取水平防渗的建设项目场地，可采用垂向防渗为主、局部水平防渗为辅的防控措施。

（3）根据非正常状况下的预测评价结果，在建设项目服务年限内个别评价因子超标范围超出厂界时，应提出优化总图布置的建议或地基处理方案。

（三）地下水环境监测与管理

（1）建立地下水环境监测管理体系，包括制订地下水环境影响跟踪监测计划、建立地下水环境影响跟踪监测制度、配备先进的监测仪器和设备，以便及时发现问题，采取措施。

（2）跟踪监测计划应根据环境水文地质条件和建设项目特点设置跟踪监测点，跟踪监测点应明确与建设项目的位置关系，给出点位、坐标、井深、井结构、监测层位、监测因子及监测频率等相关参数。

① 跟踪监测点数量要求：

a）一级、二级评价的建设项目，一般不少于 3 个，应至少在建设项目场地，及其上、下游各布设 1 个。一级评价的建设项目应在建设项目总图布置基础之上，结合预测评价结果和应急响应时间要求，在重点污染风险源处增设监测点；

b）三级评价的建设项目一般不少于 1 个，应至少在建设项目场地下游布置 1 个。

② 明确跟踪监测点的基本功能，如背景值监测点、地下水环境影响跟踪监测点、污染扩散监测点等，必要时，明确跟踪监测点兼具的污染控制功能。

③ 根据环境管理对监测工作的需要，提出有关监测机构、人员及装备的建议。

（3）制订地下水环境跟踪监测与信息公开计划

① 编制跟踪监测报告，明确跟踪监测报告编制的责任主体。跟踪监测报告内容一般应包括：

a）建设项目所在场地及其影响区地下水环境跟踪监测数据，排放污染物的种类、数量、浓度；

b）生产设备、管廊或管线、贮存与运输装置、污染物贮存与处理装置、事故应急装置等设施的运行状况、跑冒滴漏记录、维护记录。

② 信息公开计划应至少包括建设项目特征因子的地下水环境监测值。

（四）应急响应

制定地下水污染应急响应预案，明确污染状况下应采取的控制污染源、切断污染途径等措施。

十一、地下水环境影响评价结论

（1）环境水文地质现状

概述调查评价区及场地环境水文地质条件和地下水环境现状。

（2）地下水环境影响

根据地下水环境影响预测评价结果，给出建设项目对地下水环境和保护目标的直接影响。

（3）地下水环境污染防控措施

根据地下水环境影响评价结论，提出建设项目地下水污染防控措施的优化调整建议或方案。

（4）地下水环境影响评价结论

结合环境水文地质条件、地下水环境影响、地下水环境污染防控措施、建设项目总平面布置的合理性等方面进行综合评价，明确给出建设项目地下水环境影响是否可接受的结论。

第二节　地下水质量标准

《地下水质量标准》（GB/T 14848—2017）于 1993 年首次发布，2017 年第一次修订，自 2018 年 5 月 1 日起实施。随着经济社会的发展，一些人工合成物质进入地下水，使得地下水中各种化学组分发生了变化，为此新修订的《地下水质量标准》增加了水质指标项目，由 GB/T 14848—1993 的 39 项增加至 93 项，根据国内外最新研究成果，调整了部分指标限值，修改了地下水质量评价的有关规定。

一、适用范围

该标准规定了地下水质量分类、指标及限值、地下水质量调查与监测、地下水质量评价等内容。

标准适用于地下水质量调查、监测、评价与管理。

二、地下水质量分类及指标

1. 地下水质量分类

依据我国地下水质量状况和人体健康风险，参照生活饮用水、工业、农业等用水质量要求，依据各组分含量高低（pH 除外），分为五类：

Ⅰ类：地下水化学组分含量低，适用于各种用途；

Ⅱ类：地下水化学组分含量较低，适用于各种用途；

Ⅲ类：地下水化学组分含量中等，以《生活饮用水卫生标准》（GB 5749—2006）为依据，主要适用于集中式生活饮用水水源及工农业用水；

Ⅳ类：地下水化学组分含量较高，以农业和工业用水质量要求以及一定水平的人体健康风险为依据，适用于农业和部分工业用水，适当处理后可作生活饮用水；

Ⅴ类：地下水化学组分含量高，不宜作为生活饮用水水源，其他用水可根据使用目的选用。

2. 地下水质量指标

地下水质量指标分为常规指标和非常规指标。常规指标有 39 项，包括感官性状及一般化学指标（20 项）、微生物指标（2 项）、毒理学指标（15 项）、放射性指标（2 项）。非常规指标 54 项，全部为毒理学指标。详见表 5-8。

表 5-8 地下水质量指标

<table>
<tr><th colspan="2">常规指标</th><th colspan="2">非常规指标</th></tr>
<tr><td>感官性状及一般化学指标</td><td>色、嗅和味、浑浊度、肉眼可见物、pH、总硬度、溶解性总固体、硫酸盐、氯化物、铁、锰、铜、锌、铝、挥发性酚类、阴离子表面活性剂、耗氧量（COD_{Mn}）、氨氮、硫化物、钠</td><td rowspan="4">毒理学指标</td><td rowspan="4">铍、硼、锑、钡、镍、钴、钼、银、铊、二氯甲烷、1,2-二氯乙烷、1,1,1-三氯乙烷、1,1,2-三氯乙烷、1,2-二氯丙烷、三溴甲烷、氯乙烯、1,1-二氯乙烯、1,2-二氯乙烯、三氯乙烯、四氯乙烯、氯苯、邻二氯苯、对二氯苯、三氯苯、乙苯、二甲苯、苯乙烯、2,4-二硝基甲苯、2,6-二硝基甲苯、萘、蒽、荧蒽、苯并[b]荧蒽、苯并[a]芘、多氯联苯、邻苯二甲酸二（2-乙基己基）酯、2,4,6-三氯酚、五氯酚、六六六、γ-六六六（林丹）、滴滴涕、六氯苯、七氯、2,4-滴、克百威、涕灭威、敌敌畏、甲基对硫磷、马拉硫磷、乐果、毒死蜱、百菌清、莠去津、草甘膦</td></tr>
<tr><td>微生物指标</td><td>总大肠菌群、菌落总数</td></tr>
<tr><td>毒理学指标</td><td>亚硝酸盐、硝酸盐、氰化物、氟化物、碘化物、汞、砷、硒、镉、铬（六价）、铅、三氯甲烷、四氯化碳、苯、甲苯</td></tr>
<tr><td>放射性指标</td><td>总α放射性、总β放射性</td></tr>
</table>

三、地下水质量调查与监测

地下水质量应定期监测。潜水监测频率应不少于每年两次（丰水期和枯水期各 1 次），承压水监测频率可以根据质量变化情况确定，宜每年 1 次。

依据地下水质量的动态变化，应定期开展区域性地下水质量调查评价。

地下水质量调查与监测指标以常规指标为主，为便于水化学分析结果的审核，应补充钾、钙、镁、重碳酸根、碳酸根、游离二氧化碳指标；不同地区可在常规指标的基础上，根据当地实际情况补充选定非常规指标进行调查与监测。

地下水样品的采集、保存和送检应符合相关要求，采用适用的分析方法。

四、地下水质量评价

地下水质量评价应以地下水质量检测资料为基础。

地下水质量单指标评价，按指标值所在的限值范围确定地下水质量类别，指标限值相同时，从优不从劣。示例：挥发性酚类Ⅰ类、Ⅱ类限值均为 0.001 mg/L，若质量分析结果为 0.001 mg/L，应定为Ⅰ类，不定为Ⅱ类。

地下水质量综合评价，按单指标评价结果最差的类别确定，并指出最差类别的指标。示例：某地下水样氯化物含量 400 mg/L，四氯乙烯含量 350 μg/L，这两个指标属Ⅴ类，其余指标均低于Ⅴ类，则该地下水质量综合类别定为Ⅴ类，Ⅴ类指标为氯离子和四氯乙烯。

第六章　声环境影响评价技术导则与相关声环境标准

第一节　环境影响评价技术导则　声环境

一、概述

《环境影响评价技术导则　声环境》（HJ 2.4—2009）规定了声环境影响评价的一般性原则、方法、内容及要求，适用于建设项目声环境影响评价及规划环境影响评价中的声环境影响评价。该导则是对《环境影响评价技术导则　声环境》（HJ/T 2.4—1995）的第一次修订。主要内容包括：总则、评价工作等级、评价范围和基本要求、声环境现状调查和评价、声环境影响预测与评价、噪声防治对策、规划环境影响评价中声环境评价要求、声环境影响评价专题文件的编写要求等。在附录中还给出了倍频带声压级合成A声级计算公式和推荐的公路、城市轨道、铁路交通运输噪声、飞机噪声和工业噪声预测模式。

该导则于2009年12月23日发布，2010年4月1日起实施。自实施之日起，《环境影响评价技术导则　声环境》（HJ/T 2.4—1995）废止。

二、声环境影响评价基本任务

声环境影响评价的基本任务主要有三个方面。

1．评价建设项目引起的声环境变化和外界噪声对需要安静建设项目的影响程度

要评价建设项目建设前后声环境变化情况，就需要做好声环境现状调查监测评价工作和声环境影响预测评价工作。在分析声环境影响时，应说明建设项目对外界环境的影响，对于噪声敏感的项目（如居住小区开发项目），还应说明周边环境对项目自身敏感建筑物的声环境影响，如周边工业噪声、交通噪声等对其的影响。

2．提出合理可行的防治措施，把噪声污染降到允许水平

针对声环境评价结果，提出有针对性的具体噪声防治对策是声环境影响评价工作的重要内容。噪声防治措施应进行可行性论证，做到技术可行、经济合理与达标排放。

3．为建设项目优化选址、选线、合理布局以及城市规划提供科学依据

要结合当地城镇或地区总体规划开展声环境评价工作，为建设项目优化选址、合理布局以及城市规划提供科学依据。

在声环境影响评价及环保措施论证分析的基础上，从环境保护角度分析建设项目的可行性。

三、声环境影响评价类别和评价时段

1．评价类别

按评价对象划分，可分为建设项目声源对外环境的环境影响评价和外环境声源对需要安静建设项目的环境影响评价。

按声源种类划分，可分为固定声源和流动声源的环境影响评价。

固定声源的环境影响评价：主要指工业（工矿企业和事业单位）和交通运输（包括航空、铁路、城市轨道交通、公路、水运等）建设项目中固定声源的环境影响评价。

流动声源的环境影响评价：主要指在城市道路、公路、铁路、城市轨道交通上行驶的车辆以及从事航空和水运等运输工具，在行驶或飞行过程中所产生噪声的环境影响评价。

2．评价时段

建设项目声环境影响评价时段可分为施工期、运行期两个时段。

建设项目运行期声环境评价时段划分与声源种类有关，通常按以下情况进行划分：

固定声源：将固定声源投产运行后作为环境影响评价时段。

流动声源：将工程预测的代表性时段（一般分为运行近期、中期、远期）分别作为环境影响评价时段。

四、声环境影响评价量

1．声环境质量评价量

根据《声环境质量标准》（GB 3096），声环境功能区的环境质量评价量为昼间等效声级（L_d）、夜间等效声级（L_n），夜间突发噪声的评价量为最大 A 声级（L_{max}）。

根据《机场周围飞机噪声环境标准》（GB 9660），机场周围区域受飞机通过（起飞、降落、低空飞越）噪声环境影响的评价量为计权等效连续感觉噪声级（L_{WECPN}）。

2．声源源强表达量

A 声功率级（L_{Aw}）或中心频率为 63 Hz～8 kHz 8 个倍频带的声功率级（L_w）；距离声源 r 处的 A 声级［$L_A(r)$］或中心频率为 63 Hz～8 kHz 8 个倍频带的声压级［$Lp(r)$］；有效感觉噪声级（L_{EPN}）。

3．厂界、场界、边界噪声评价量

根据《工业企业厂界环境噪声排放标准》（GB 12348），工业企业厂界噪声评价量为昼间等效声级（L_d）、夜间等效声级（L_n）；夜间频发、偶发噪声的评价量为最大A声级（L_{max}）；固定设备通过建筑结构传播至噪声敏感建筑物室内噪声的评价量为昼间等效声级（L_d）、夜间等效声级（L_n）和31.5～500 Hz 5个倍频带声压级。

根据《社会生活环境噪声排放标准》（GB 22337），社会生活噪声排放源边界噪声评价量为昼间等效声级（L_d）、夜间等效声级（L_n）；非稳态噪声评价量为最大A声级（L_{max}）；社会生活噪声排放源通过建筑结构传播至噪声敏感建筑物室内噪声的评价量为昼间等效声级（L_d）、夜间等效声级（L_n）和31.5～500 Hz 5个倍频带声压级。

根据《建筑施工场界环境噪声排放标准》（GB 12523），建筑施工场界噪声评价量为昼间等效声级（L_d）、夜间等效声级（L_n）和夜间最大A声级（L_{max}）。

根据 GB 12525、GB 14227，铁路边界、城市轨道交通车站站台噪声评价量为昼间等效声级（L_d）、夜间等效声级（L_n）。

五、声环境影响评价工作程序

声环境影响评价工作程序见图6-1。

六、声环境影响评价工作等级划分

声环境影响评价工作等级一般分为三级，其中一级为详细评价，二级为一般评价，三级为简要评价。

1．划分依据

（1）建设项目所在区域的声环境功能区类别。

（2）建设项目建设前后所在区域的声环境质量变化程度。

（3）受建设项目影响的人口数量。

针对具体建设项目，综合分析上述声环境影响评价工作等级划分的依据，可确定建设项目声环境影响评价工作等级。

2．划分基本原则

（1）一级评价

- 评价范围内有适用于《声环境质量标准》（GB 3096）规定的0类声环境功能区域，以及对噪声有特别限制要求的保护区等敏感目标；
- 或建设项目建设前后评价范围内敏感目标噪声级增高量达5 dB（A）以上［不含5 dB（A）］；
- 或受影响人口数量显著增多时。

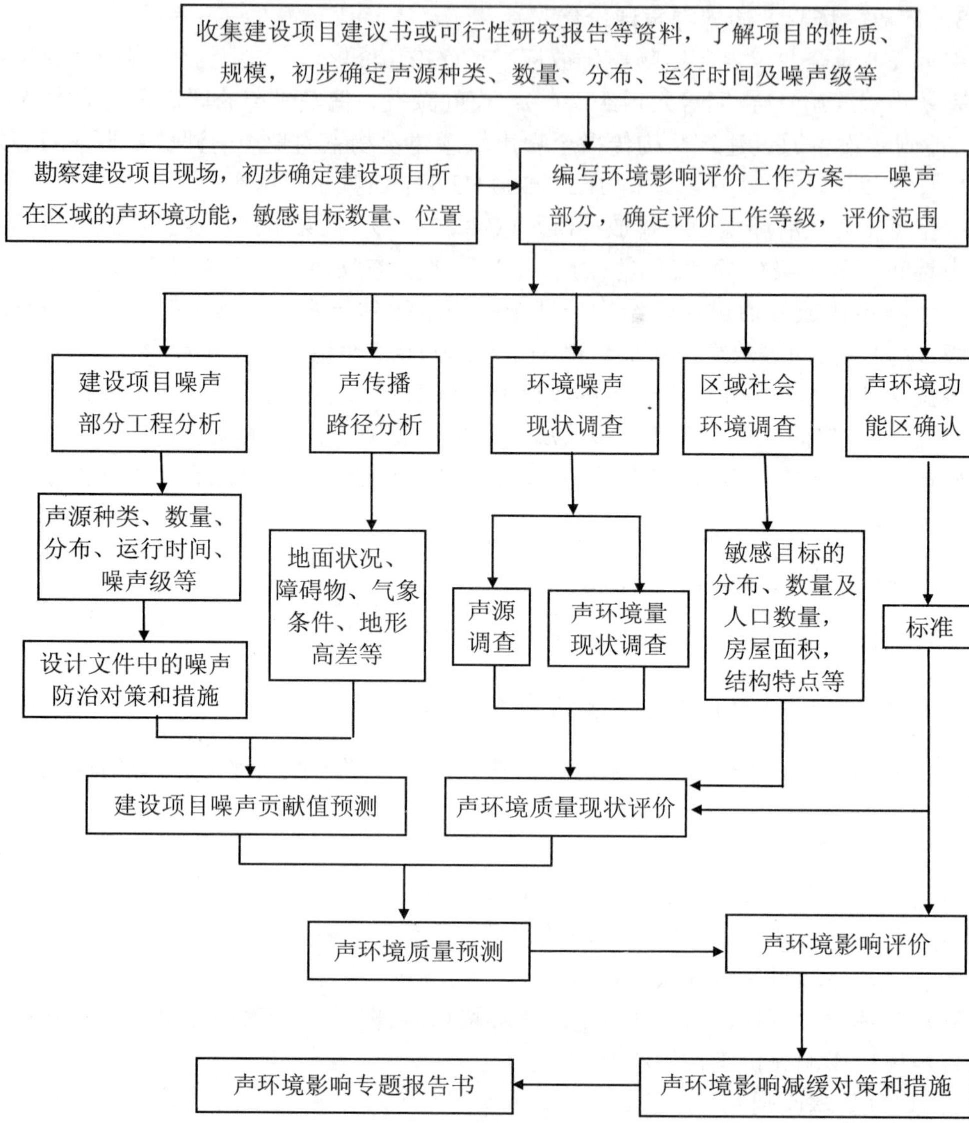

图 6-1　声环境影响评价工作程序

（2）二级评价

◆ 建设项目所处声环境功能区为 GB 3096 规定的 1 类、2 类地区；

◆ 或建设项目建设前后评价范围内敏感目标噪声级增高量达 3～5 dB（A）[含 5 dB（A）]；

◆ 或受噪声影响人口数量增加较多时。

（3）三级评价

◆ 建设项目所处声环境功能区为《声环境质量标准》（GB 3096）规定的 3 类、4 类地区；

◆ 或建设项目建设前后评价范围内敏感目标噪声级增高量在 3 dB（A）以下［不含 3 dB（A）］，且受影响人口数量变化不大时。

需要注意的是在确定评价工作等级时，如建设项目符合两个以上级别的划分原则，按较高级别的评价等级评价。

3．各等级评价工作的基本要求

（1）一级评价工作基本要求

◆ 声环境质量现状：评价范围内具有代表性的敏感目标的声环境质量现状需要实测。对实测结果进行评价，并分析现状声源的构成及其对敏感目标的影响。

◆ 工程分析：给出建设项目对环境有影响的主要声源的数量、位置和声源源强，并在标有比例尺的图中标识固定声源的具体位置或流动声源的路线、跑道等位置。在缺少声源源强的相关资料时，应通过类比测量取得，并给出类比测量的条件。

◆ 噪声预测：

① 要覆盖全部敏感目标，给出各敏感目标的预测值；

② 给出厂界（或场界、边界）噪声值；

③ 等声级线：固定声源评价、机场周围飞机噪声评价、流动声源经过城镇建成区和规划区路段的评价应绘制等声级线图，当敏感目标高于（含）三层建筑时，还应绘制垂直方向的等声级线图；

④ 环境影响：给出建设项目建成后不同类别的声环境功能区内受影响的人口分布、噪声超标的范围和程度。给出项目建成后各噪声级范围内受影响的人口分布、噪声超标的范围和程度。

◆ 预测时段：不同代表性时段噪声级可能发生变化的建设项目，应分别预测其不同时段的噪声级。

◆ 方案比选：对工程可行性研究和评价中提出的不同选址（选线）和建设布局方案，应根据噪声影响人口的数量和噪声影响的程度对不同方案进行比选，并从声环境保护角度提出最终的推荐方案。

◆ 噪声防治措施：针对建设项目的工程特点和所在区域的环境特征提出噪声防治措施，并进行经济、技术可行性论证，明确防治措施的最终降噪效果和达标分析。

（2）二级评价工作基本要求

◆ 声环境质量现状：评价范围内具有代表性的敏感目标的声环境质量现状以实测

为主，可适当利用评价范围内已有的声环境质量监测资料，并对声环境质量现状进行评价。

◆ 工程分析：给出建设项目对环境有影响的主要声源的数量、位置和声源源强，并在标有比例尺的图中标识固定声源的具体位置或流动声源的路线、跑道等位置。在缺少声源源强的相关资料时，应通过类比测量取得，并给出类比测量的条件。

◆ 噪声预测：

① 预测点应覆盖全部敏感目标，给出各敏感目标的预测值；

② 给出厂界（或场界、边界）噪声值；

③ 等声级线：根据评价需要绘制等声级线图；

④ 给出建设项目建成后不同类别的声环境功能区内受影响的人口分布、噪声超标的范围和程度。

◆ 预测时段：不同代表性时段噪声级可能发生变化的建设项目，应分别预测其不同时段的噪声级。

◆ 噪声防治措施：从声环境保护角度对工程可行性研究和评价中提出的不同选址（选线）和建设布局方案的环境合理性进行分析。针对建设项目的工程特点和所在区域的环境特征提出噪声防治措施，并进行经济、技术可行性论证，给出防治措施的最终降噪效果和达标分析。

（3）三级评价工作基本要求

◆ 重点调查评价范围内主要敏感目标的声环境质量现状，可利用评价范围内已有的声环境质量监测资料，若无现状监测资料时应进行实测，并对声环境质量现状进行评价。

◆ 在工程分析中，给出建设项目对环境有影响的主要声源的数量、位置和声源源强，并在标有比例尺的图中标识固定声源的具体位置或流动声源的路线、跑道等位置。在缺少声源源强的相关资料时，应通过类比测量取得，并给出类比测量的条件。

◆ 噪声预测应给出建设项目建成后各敏感目标的预测值及厂界（或场界、边界）噪声值，分析敏感目标受影响的范围和程度。

◆ 针对建设项目的工程特点和所在区域的环境特征提出噪声防治措施，并进行达标分析。

七、声环境影响评价范围

声环境影响评价范围依据评价工作等级确定。

（1）对于以固定声源为主的建设项目（如工厂、港口、施工工地、铁路站场等）

◆ 满足一级评价的要求，一般以建设项目边界向外 200 m 为评价范围。
◆ 二级、三级评价范围可根据建设项目所在区域和相邻区域的声环境功能区类别及敏感目标等实际情况适当缩小。
◆ 如依据建设项目声源计算得到的贡献值到200 m处仍不能满足相应功能区标准值时，应将评价范围扩大到满足标准值的距离。

（2）城市道路、公路、铁路、城市轨道交通地上线路和水运线路等建设项目

◆ 满足一级评价的要求，一般以道路中心线外两侧 200 m 以内为评价范围。
◆ 二级、三级评价范围可根据建设项目所在区域和相邻区域的声环境功能区类别及敏感目标等实际情况适当缩小。
◆ 如依据建设项目声源计算得到的贡献值到 200 m 处，仍不能满足相应功能区标准值时，应将评价范围扩大到满足标准值的距离。

（3）机场周围飞机噪声评价范围

◆ 应根据飞行量计算到 L_{WECPN} 为 70 dB 的区域。
◆ 满足一级评价的要求，一般以主要航迹离跑道两端各 6～12 km、侧向各 1～2 km 的范围为评价范围。
◆ 二级、三级评价范围可根据建设项目所处区域的声环境功能区类别及敏感目标等实际情况适当缩小。

八、环境噪声现状调查与测量

1．现状调查基本内容

（1）影响声波传播的环境要素调查

调查建设项目所在区域的主要气象特征：年平均风速和主导风向、年平均气温、年平均相对湿度等。

收集评价范围内 1∶（2 000～50 000）地理地形图，说明评价范围内声源和敏感目标之间的地貌特征、地形高差及影响声波传播的环境要素。

（2）评价范围内现有敏感目标调查

调查评价范围内的敏感目标的名称、规模、人口的分布等情况，并以图、表相结合的方式说明敏感目标与建设项目的关系（如方位、距离、高差等）。

（3）声环境功能区划和声环境质量现状调查

调查评价范围内不同区域的声环境功能区划情况，调查各声环境功能区的声环境质量现状。

（4）现状声源调查

建设项目所在区域的声环境功能区的声环境质量现状超过相应标准要求或噪声值相对较高时，需对区域内主要声源的名称、数量、位置、影响的噪声级等相关情况进行

调查。

有厂界（或场界、边界）噪声的改、扩建项目，应说明现有建设项目厂界（或场界、边界）噪声的超标、达标情况及超标原因。

2．现状调查基本方法

环境现状调查的基本方法是：收集资料法、现场调查法、现场测量法。评价时，应根据评价工作等级的要求确定需采用的具体方法。

为了提高环境现状调查的效果，在调查中可运用照相、录音、录像等能直观显示现状的手段。

3．现状测量点布置原则

（1）布点范围。布点应覆盖整个评价范围，包括厂界（或场界、边界）和敏感目标。当敏感目标高于（含）三层建筑时，还应选取有代表性的不同楼层设置测点。

（2）评价范围内没有明显的声源（如工业噪声、交通运输噪声、建设施工噪声、社会生活噪声等）且声级较低时，可选择有代表性的区域布设测点。

（3）评价范围内有明显的声源，并对敏感目标的声环境质量有影响，或建设项目为改、扩建工程，应根据声源种类采取不同的监测布点原则。

① 当声源为固定声源时，现状测点应重点布设在可能既受到现有声源影响，又受到建设项目声源影响的敏感目标处，以及有代表性的敏感目标处；为满足预测需要，也可在离现有声源不同距离处设衰减测点。

② 当声源为流动声源，且呈现线声源特点时，现状测点位置选取应兼顾敏感目标的分布状况、工程特点及线声源噪声影响随距离衰减的特点，布设在具有代表性的敏感目标处。为满足预测需要，也可选取若干线声源的垂线，在垂线上距声源不同距离处布设监测点。其余敏感目标的现状声级可通过具有代表性的敏感目标噪声的验证和计算求得。

③ 对于改、扩建机场工程，测点一般布设在主要敏感目标处，测点数量可根据机场飞行量及周围敏感目标情况确定，现有单条跑道、二条跑道或三条跑道的机场可分别布设 3～9、9～14 或 12～18 个飞机噪声测点，跑道增多可进一步增加测点。其余敏感目标的现状飞机噪声声级可通过测点飞机噪声声级的验证和计算求得。

九、环境噪声现状评价主要内容

（1）以图、表结合的方式给出评价范围内的声环境功能区及其划分情况，以及现有敏感目标的分布情况。

（2）分析评价范围内现有主要声源种类、数量及相应的噪声级、噪声特性等，明确主要声源分布。

（3）分别评价不同类别的声环境功能区内各敏感目标的超标、达标情况，说明其受到现有主要声源的影响状况。

（4）给出不同类别的声环境功能区噪声超标范围内的人口数及分布情况。

十、噪声预测

1. 预测的基础资料

建设项目噪声预测应掌握的基础资料包括建设项目的声源资料和建筑布局、室外声波传播条件、气象参数及有关资料等。

（1）建设项目的声源资料

建设项目的声源资料主要包括：声源种类、数量、空间位置、噪声级、频率特性、发声持续时间和对敏感目标的作用时间段等。

（2）影响声波传播的各种参量

影响声波传播的各类参量应通过资料收集和现场调查取得，各类参量如下：

① 建设项目所处区域的年平均风速和主导风向，年平均气温，年平均相对湿度；

② 声源和预测点间的地形、高差；

③ 声源和预测点间障碍物（如建筑物、围墙等；若声源位于室内，还包括门、窗、车间围护结构等）的位置及长、宽、高等数据；

④ 声源和预测点间树林、灌木等的分布情况，地面覆盖情况（如草地、水面、水泥地面、土质地面等）。

2. 噪声源噪声级数据的获得

噪声源噪声级数据包括：声压级（包括倍频带声压级）、A 声级（包括最大 A 声级）、A 声功率级、倍频带声功率级以及有效感觉噪声级。

获得噪声源数据有两个途径：类比测量法；引用已有的数据。

对引用已有的数据要注意：

① 引用类似的噪声源噪声级数据，必须是公开发表的、经过专家鉴定并且是按有关标准测量得到的数据；

② 报告书应当指明被引用数据的来源。

3. 预测范围和预测点的布置原则

（1）噪声预测范围一般与所确定的噪声评价等级规定的范围相同，也可稍大于评价范围。

（2）建设项目厂界（或场界、边界）和评价范围内的敏感目标应作为预测点。

4. 声源简化的条件和方法

在声环境影响评价中，需要根据靠近声源某一位置（参考位置）处的已知声级来计算距声源较远处预测点的声级。在预测前需根据声源与预测点之间空间分布形式对声源简化成三类声源：点声源、线声源和面声源。

点声源确定原则：当声波波长比声源尺寸大得多或是预测点离开声源的距离 d 比声源本身尺寸大得多（$d>2$ 倍声源最大尺寸）时，声源可作点声源处理，等效点声源位置在声源本身的几何中心。如各种机械设备、单辆汽车、单架飞机等可简化为点声源。

线声源确定原则：以柱面波形式辐射声波的声源，辐射声波的声压幅值与声波传播距离的平方根（$\sqrt{r}$）成反比。对于一长度为 l_0 的有限长的线声源，在线声源垂直平分线上距线声源的距离为 r，如 $r>l_0$，该有限长线声源可近似为点声源；如 $r<l_0/3$，该有限长线声源可近似为无限长线声源。

面声源确定原则：以平面波形式辐射声波的声源，辐射声波的声压幅值不随传播距离改变（只考虑几何发散衰减）。对一长方形的有限大面声源（长度为 b，高度为 a，并 $a<b$，在该声源中心轴线上距声源中心距离为 r：如 $r<a/\pi$ 时，该声源可近似为面声源（$A_{div}\approx 0$）；当 $a/\pi<r<b/\pi$，该声源可近似为线声源[$A_{div}\approx 10\lg(r/r_0)$]；当 $r>b/\pi$ 时，该声源可近似为点声源[$A_{div}\approx 20\lg(r/r_0)$]。

一个线声源或一个面声源也可分为若干线的分区或若干面积分区，而每一个线或面的分区可用处于中心位置的点声源表示。

5. 户外声源声波在空气中传播引起声级衰减的主要因素

户外声源声波在空气中传播引起声级衰减的主要因素有：几何发散引起的衰减（包括反射体引起的修正）、屏障引起的衰减、地面效应引起的衰减、空气吸收引起的衰减、绿化林带以及气象条件引起的附加衰减等。

6. 典型建设项目的预测内容

（1）工业噪声预测内容

① 厂界（或场界、边界）噪声预测。预测厂界噪声，给出厂界噪声的最大值及位置。

② 敏感目标噪声预测。预测敏感目标的贡献值、预测值、预测值与现状噪声值的差值（即噪声增量），敏感目标所处声环境功能区的声环境质量变化，敏感目标所受噪声影响的程度，确定噪声影响的范围，并说明受影响人口分布情况。当敏感目标高于（含）三层建筑时，还应预测有代表性的不同楼层所受的噪声影响。

③ 绘制等声级线图。绘制等声级线图，说明噪声超标的范围和程度。

④ 根据厂界（或场界、边界）和敏感目标受影响的状况，明确影响厂界（或场界、边界）和周围声环境功能区声环境质量的主要声源，分析厂界和敏感目标的超标原因。

（2）公路、铁路、轨道交通噪声预测内容

预测各预测点的贡献值、预测值、预测值与现状噪声值的差值，预测高层建筑有代表性的不同楼层所受的噪声影响。按贡献值绘制代表性路段的等声级线图，分析敏感目标所受噪声影响的程度，确定噪声影响的范围，并说明受影响人口分布情况。给出满足相应声环境功能区标准要求的距离。

依据评价工作等级要求，给出相应的预测结果。

（3）机场飞机噪声预测内容

在 1∶50 000 或 1∶10 000 地形图上给出计权等效连续感觉噪声级（L_{WECPN}）为 70 dB、75 dB、80 dB、85 dB、90 dB 的等声级线图。同时给出评价范围内敏感目标的计权等效连续感觉噪声级（L_{WECPN}）。给出不同声级范围内的面积、户数、人口。

依据评价工作等级要求，给出相应的预测结果。

十一、声环境影响评价

1. 评价的主要内容

（1）确定评价标准。根据声源的类别和建设项目所处声环境功能区等确定声环境影响评价标准，没有划分声环境功能区的区域由地方生态环境主管部门参照《声环境质量标准》（GB 3096）和《声环境功能区划分技术规范》（GB/T 15190）的规定划定声环境功能区。

（2）根据噪声预测结果和环境噪声评价标准，评述建设项目在施工、运行阶段噪声的影响程度、影响范围和超标状况（以敏感区域或敏感点为主）。

（3）分析受噪声影响的人口分布（包括受超标和不超标噪声影响的人口分布）。

（4）分析建设项目的噪声源和引起超标的主要噪声源或主要原因。

（5）分析建设项目的选址、设备布置和设备选型的合理性；分析建设项目设计中已有的噪声防治对策的适用性和防治效果。

（6）为了使建设项目的噪声达标，评价必须提出需要增加的、适用于评价工程的噪声防治对策，并分析其经济、技术的可行性。

（7）提出针对该建设项目的有关噪声污染管理、噪声监测和城市规划方面的建议。

在声环境影响评价中：第一，要讲清楚项目建设前后声环境变化，即项目建设前声环境现状，项目建设在施工、运行阶段噪声的影响程度、影响范围和超标状况。重点要评价敏感区或敏感点声环境的变化。第二，进行四方面的分析，即分析受噪声影响的人口分布，分析建设项目的噪声源和引起超标的主要噪声源或主要原因，分析建设项目选址、选线、设备布局和设备选型的合理性，分析建设项目设计中已有的噪声防治措施的适用性和防治效果。第三，提出措施和建议，即提出建设项目需要增加的噪声防治措施，并进行其经济、技术的可行性论证；在噪声污染防治管理、噪声监测和城市规划或区域规划方面提出建议。

2. 背景值、贡献值、预测值的含义及其应用

背景值：不含建设项目自身声源影响的环境噪声级。

贡献值：由建设项目自身声源在预测点产生的噪声级。

预测值：预测点的贡献值和背景值按能量叠加方法计算得到的噪声级。

边界噪声评价量：新建建设项目以工程噪声贡献值作为评价量；改、扩建建设项目

以工程噪声贡献值与受到现有工程影响的边界噪声值叠加后的预测值作为评价量。

敏感目标噪声评价量：以敏感目标所受的噪声贡献值与背景噪声值叠加后的预测值作为评价量。对于改、扩建的公路、铁路等建设项目，如预测噪声贡献值时已包括了现有声源的影响，则以预测的噪声贡献值作为评价量。

十二、噪声防治对策制定原则

（1）工业（工矿企业和事业单位）建设项目噪声防治措施应针对建设项目投产后噪声影响的最大预测值制定，以满足厂界（或场界、边界）和厂界外敏感目标（或声环境功能区）的达标要求。

（2）交通运输类建设项目（如公路、铁路、城市轨道交通、机场项目等）的噪声防治措施应针对建设项目不同代表性时段的噪声影响预测值分期制定，以满足声环境功能区及敏感目标功能要求。其中，铁路建设项目的噪声防治措施还应同时满足铁路边界噪声排放标准要求。

（3）噪声防治对策必须符合针对性、具体性、经济合理性和技术可行性原则。

第二节　相关的声环境标准

一、《声环境质量标准》

1. 适用范围

该标准规定了五类声环境功能区的环境噪声限值及测量方法。

该标准适用于声环境质量评价与管理。

机场周围区域受飞机通过（起飞、降落、低空飞越）噪声的影响，不适用于该标准。

2. 声环境功能区分类

该标准按区域的使用功能特点和环境质量要求，将声环境功能区分为以下五种类型：

0 类声环境功能区：指康复疗养区等特别需要安静的区域。

1 类声环境功能区：指以居民住宅、医疗卫生、文化教育、科研设计、行政办公为主要功能，需要保持安静的区域。

2 类声环境功能区：指以商业金融、集市贸易为主要功能，或者居住、商业、工业混杂，需要维护住宅安静的区域。

3 类声环境功能区：指以工业生产、仓储物流为主要功能，需要防止工业噪声对周围环境产生严重影响的区域。

4 类声环境功能区：指交通干线两侧一定距离之内，需要防止交通噪声对周围环境产生严重影响的区域，包括 4 a 类和 4 b 类两种类型。4 a 类为高速公路、一级公路、二级公路、城市快速路、城市主干路、城市次干路、城市轨道交通（地面段）、内河航道两侧区域；4 b 类为铁路干线两侧区域。

3．环境噪声限值

（1）各类声环境功能区适用表 6-1 规定的环境噪声限值。

表 6-1　环境噪声限值　　单位：dB（A）

声环境功能区类别		时段	
		昼间	夜间
0 类		50	40
1 类		55	45
2 类		60	50
3 类		65	55
4 类	4 a 类	70	55
	4 b 类	70	60

（2）表 6-1 中 4 b 类声环境功能区环境噪声限值，适用于 2011 年 1 月 1 日起环境影响评价文件通过审批的新建铁路（含新开廊道的增减铁路）干线建设项目两侧区域。

（3）在下列情况下，铁路干线两侧区域不通过列车时的环境背景噪声限值，按昼间 70 dB（A）、夜间 55 dB（A）执行：

① 穿越城区的既有铁路干线。

② 对穿越城区的既有铁路干线进行改、扩建的铁路建设项目。

既有铁路是指 2010 年 12 月 31 日前已建成运营的铁路或环境影响评价文件已通过审批的铁路建设项目。

（4）各类声环境功能区夜间突发噪声，其最大声级超过环境噪声限值的幅度不得高于 15 dB（A）。

4．环境噪声监测点选择条件

根据监测对象和目的，可选择以下三种测点条件（指传声器布置位置）进行环境噪声的测量。

（1）一般户外。距离任何反射物（地面除外）至少 3.5 m 外测量，距地面高度 1.2 m 以上。必要时可置于高层建筑上，以扩大监测受声范围。使用监测车辆测量，传声器应固定在车顶部 1.2 m 高度处。

（2）噪声敏感建筑物户外。距墙壁或窗户 1 m 处，距地面高度 1.2 m 以上。

（3）噪声敏感建筑物室内。距离墙面和其他反射面至少 1 m，距窗约 1.5 m 处，距地面 1.2～1.5 m 高。

5. 声环境功能区划分要求

（1）城市声环境功能区的划分

城市区域应按照（GB/T 15190）的规定划分声环境功能区，分别执行本标准规定的0、1、2、3、4类声环境功能区环境噪声限值。

（2）乡村声环境功能的确定

乡村区域一般不划分声环境功能区，根据环境管理的需要，县级以上人民政府生态环境主管部门可按以下要求确定乡村区域适用的声环境质量要求。

① 位于乡村的康复疗养区执行0类声环境功能区要求。

② 村庄原则上执行1类声环境功能区要求，工业活动较多的村庄以及有交通干线经过的村庄（指执行4类声环境功能区要求以外的地区）可局部或全部执行2类声环境功能区要求。

③ 集镇执行2类声环境功能区要求。

④ 独立于村庄、集镇之外的工业、仓储集中区执行3类声环境功能区要求。

⑤ 位于交通干线两侧一定距离（参考GB/T 15190第8.3条规定）内的噪声敏感建筑物执行4类声环境功能区要求。

二、《机场周围飞机噪声环境标准》

1. 评价量

该标准采用一昼夜的计权等效连续感觉噪声级作为评价量，用 L_{WECPN} 表示，单位为dB。

2. 标准值和适用区域

表6-2　机场周围飞机噪声环境标准值　　单位：dB

适用区域	标准值
一类区域	≤70
二类区域	≤75

注：一类区域：特殊住宅区；居住区、文教区。

二类区域：除一类区域以外的生活区。

该标准适用的区域地带范围由当地人民政府划定。

三、《城市区域环境振动标准》

1．标准值及适用地带范围

表 6-3　城市各类区域铅垂向 Z 振级标准值　单位：dB

适用地带范围	昼间	夜间
特殊住宅区	65	65
居民区、文教区	70	67
混合区、商业中心区	75	72
工业集中区	75	72
交通干线道路两侧	75	72
铁路干线两侧	80	80

注：“特殊住宅区”是指特别需要安静的住宅区。
“居民区、文教区”是指纯居民区和文教、机关区。
“混合区”是指一般商业与居民混合区；工业、商业、少量交通与居民混合区。
“商业中心区”是指商业集中的繁华地区。
“工业集中区”是指在一个城市或区域内规划明确确定的工业区。
“交通干线道路两侧”是指车流量每小时 100 辆以上的道路两侧。
“铁路干线两侧”是指距每日车流量不少于 20 列的铁道外轨 30 m 外两侧的住宅区。

2．要点

（1）该标准适用于连续发生的稳态振动、冲击振动和无规振动。

（2）每日发生几次的冲击振动，其最大值昼间不允许超过标准值 10 dB，夜间不超过 3 dB。

（3）该标准适用的地带范围，由地方人民政府划定。可参照声环境功能区划分结果来确定。昼间与夜间的时间由当地人民政府按当地习惯和季节变化划定。

四、《工业企业厂界环境噪声排放标准》

1．适用范围

该标准规定了工业企业和固定设备厂界环境噪声排放限值及其测量方法。

该标准适用于工业企业噪声排放的管理、评价及控制。机关、事业单位、团体等对外环境排放噪声的单位也按本标准执行。

2．环境噪声排放限值

（1）厂界环境噪声排放限值。工业企业厂界环境噪声不得超过表 6-4 规定的排放限值。

表 6-4 工业企业厂界环境噪声排放限值　　单位：dB（A）

厂界外声环境功能区类别 \ 时段	昼间	夜间
0	50	40
1	55	45
2	60	50
3	65	55
4	70	55

夜间频发噪声的最大声级超过限值的幅度不得高于 10 dB（A）。

夜间偶发噪声的最大声级超过限值的幅度不得高于 15 dB（A）。

工业企业若位于未划分声环境功能区的区域，当厂界外有噪声敏感建筑物时，由当地县级以上人民政府参照 GB 3096 和 GB/T 15190 的规定确定厂界外区域的声环境质量要求，并执行相应的厂界环境噪声排放限值。

当厂界与噪声敏感建筑物距离小于 1 m 时，厂界环境噪声应在噪声敏感建筑物的室内测量，并将表 6-4 中相应的限值减 10 dB（A）作为评价依据。

（2）结构传播固定设备室内噪声排放限值。当固定设备排放的噪声通过建筑物结构传播至噪声敏感建筑物室内时，噪声敏感建筑物室内等效声级不得超过表 6-5 和表 6-6 规定的限值。

表 6-5 结构传播固定设备室内噪声排放限值（等效声级）　单位：dB（A）

噪声敏感建筑物所处声环境功能区类别 \ 房间类型 / 时段	A 类房间		B 类房间	
	昼间	夜间	昼间	夜间
0	40	30	40	30
1	40	30	45	35
2、3、4	45	35	50	40

注：A 类房间——以睡眠为主要目的，需要保证夜间安静的房间，包括住宅卧室、医院病房、宾馆客房等；

B 类房间——主要在昼间使用，需要保证思考与精神集中、正常讲话不被干扰的房间，包括学校教室、会议室、办公室、住宅中卧室以外的其他房间等。

表 6-6　结构传播固定设备室内噪声排放限值（倍频带声压级）　单位：dB

噪声敏感建筑所处声环境功能区类别	时段	倍频程 中心频率/Hz 房间类型	室内噪声倍频带声压级限值				
			31.5	63	125	250	500
0	昼间	A、B 类房间	76	59	48	39	34
	夜间	A、B 类房间	69	51	39	30	24
1	昼间	A 类房间	76	59	48	39	34
		B 类房间	79	63	52	44	38
	夜间	A 类房间	69	51	39	30	24
		B 类房间	72	55	43	35	29
2、3、4	昼间	A 类房间	79	63	52	44	38
		B 类房间	82	67	56	49	43
	夜间	A 类房间	72	55	43	35	29
		B 类房间	76	59	48	39	34

3. 测量方法

（1）测量条件

气象条件：测量应在无雨雪、无雷电天气，风速为 5 m/s 以下时进行。不得不在特殊气象条件下测量时，应采取必要措施保证测量准确性，同时注明当时采取的措施及气象情况。

测量工况：测量应在被测声源正常工作时间进行，同时注明当时的工况。

（2）测点位置

① 测点布设。根据工业企业声源、周围噪声敏感建筑物的布局以及毗邻的区域类别，在工业企业厂界布设多个测点，其中包括距噪声敏感建筑物较近以及受被测声源影响大的位置。

② 测点位置一般规定。一般情况下，测点选在工业企业厂界外 1 m、高度 1.2 m 以上的位置。

③ 测点位置其他规定。当厂界有围墙且周围有受影响的噪声敏感建筑物时，测点应选在厂界外 1 m、高于围墙 0.5 m 以上的位置。

当厂界无法测量到声源的实际排放状况时（如声源位于高空、厂界设有声屏障等），应按②设置测点，同时在受影响的噪声敏感建筑物户外 1 m 处另设测点。

室内噪声测量时，室内测量点位设在距任一反射面至少 0.5 m 以上、距地面 1.2 m 高度处，在受噪声影响方向的窗户开启状态下测量。

固定设备结构传声至噪声敏感建筑物室内，在噪声敏感建筑物室内测量时，测点应距任一反射面至少 0.5 m 以上、距地面 1.2 m、距外窗 1 m 以上，窗户关闭状态下测量。

被测房间内的其他可能干扰测量的声源（如电视机、空调机、排气扇以及镇流器较响的日光灯、运转时出声的时钟等）应关闭。

（3）测量时段

分别在昼间、夜间两个时段测量。夜间有频发、偶发噪声影响时同时测量最大声级。

被测声源是稳态噪声，采用 1 min 的等效声级。

被测声源是非稳态噪声，测量被测声源有代表性时段的等效声级，必要时测量被测声源整个正常工作时段的等效声级。

（4）背景噪声测量

测量环境：不受被测声源影响且其他声环境与测量被测声源时保持一致。

测量时段：与被测声源测量的时间长度相同。

（5）测量结果修正

① 噪声测量值与背景噪声值相差大于 10 dB（A）时，噪声测量值不做修正。

② 噪声测量值与背景噪声值相差在 3～10 dB（A）时，噪声测量值与背景噪声值的差值取整后，按表 6-7 进行修正。

表 6-7 测量结果修正 单位：dB（A）

差值	3	4～5	6～10
修正值	−3	−2	−1

③ 噪声测量值与背景噪声值相差小于 3 dB（A）时，应采取措施降低背景噪声后，视情况按① 或② 执行；仍无法满足前两款要求的，应按环境噪声监测技术规范的有关规定执行。

4．测量结果评价

各个测点的测量结果应单独评价。同一测点每天的测量结果按昼间、夜间进行评价。

最大声级 L_{max} 直接评价。

五、《铁路边界噪声限值及测量方法》

1．适用范围

该标准规定了城市铁路边界处铁路噪声的限值及其测量方法。

该标准适用于对城市铁路边界噪声的评价。铁路边界是指距铁路外轨轨道中心线 30 m 处。

2．铁路边界噪声限值

（1）既有铁路边界铁路噪声按表 6-8 的规定执行。既有铁路是指 2010 年 12 月 31 日前已建成运营的铁路或环境影响评价文件已通过审批的铁路建设项目。

表 6-8　既有铁路边界铁路噪声限值　等效声级 L_{eq}

时段	噪声限值/dB（A）
昼间	70
夜间	70

（2）改、扩建既有铁路，铁路边界铁路噪声按表 6-8 的规定执行。

（3）新建铁路（含新开廊道的增建铁路）边界铁路噪声按表 6-9 的规定执行。新建铁路是指自 2011 年 1 月 1 日起环境影响评价文件通过审批的铁路建设项目(不包括改、扩建既有铁路建设项目）。

（4）昼间和夜间时段的划分按《中华人民共和国环境噪声污染防治法》的规定执行，或者按铁路所在地人民政府根据环境噪声污染防治需要所作的规定执行。

表 6-9　新建铁路边界铁路噪声限值　等效声级 L_{eq}

时段	噪声限值/dB（A）
昼间	70
夜间	60

3．其他

（1）本限值中昼间、夜间的时间由当地人民政府按当地习惯和季节变化划定。

（2）测量时间：昼间、夜间各选在接近其机车车辆运行平均密度的某一个小时，用其分别代表昼间、夜间。必要时，昼间或夜间分别进行全时段测量。

（3）背景噪声应比铁路噪声低 10 dB（A）以上，若两者声级差值小于 10 dB（A），应进行修正。

六、《建筑施工场界环境噪声排放标准》

1．适用范围

该标准规定了建筑施工场界环境噪声排放限值及测量方法。本标准适用于周围有噪声敏感建筑物的建筑施工噪声排放的管理、评价及控制。市政、通信、交通、水利等其他类型的施工噪声排放可参照本标准执行。该标准不适用于抢修、抢险施工过程中产生噪声的排放监管。

2．环境噪声排放限值

建筑施工过程中场界环境噪声不得超过表 6-10 规定的排放限值。

表 6-10 建筑施工场界环境噪声排放限值 单位：dB（A）

昼间	夜间
70	55

夜间噪声最大声级超过限值的幅度不得高于 15 dB（A）。

当场界距噪声敏感建筑物较近、其室外不满足测量条件时，可在噪声敏感建筑物室内测量，并将表 6-10 中相应的限值减 10 dB（A）作为评价依据。

3. 测量方法

（1）测量气象条件

测量应在无雨雪、无雷电天气，风速为 5 m/s 以下时进行。

（2）测点位置

① 测点布设。根据施工场地周围噪声敏感建筑物和声源位置的布局，测点应设在对噪声敏感建筑物影响较大、距离较近的位置。

② 测点位置一般规定。一般情况下，测点设在施工场界外 1 m、高度 1.2 m 以上的位置。

③ 测点位置其他规定。当场界有围墙且周围有噪声敏感建筑物时，测点应设在场界外 1 m、高于围墙 0.5 m 以上的位置，且位于施工噪声影响的声照射区域。

当场界无法测量到声源的实际排放时，如声源位于高空、场界有声屏障、噪声敏感建筑物高于场界围墙等情况，测点可设在噪声敏感建筑物户外 1 m 处。

在噪声敏感建筑物室内测量时，测点设在室内中央、距室内任一反射面 0.5 m 以上、距地面 1.2 m 高度以上，在受噪声影响方向的窗户开启状态下测量。

（3）测量时段

施工期间，测量连续 20 min 的等效声级，夜间同时测量最大声级。

（4）背景噪声测量

测量环境：不受被测声源影响且其他声环境与测量被测声源时保持一致。

测量时段：稳态噪声测量 1 min 的等效声级，非稳态噪声测量 20 min 的等效声级。

（5）测量结果修正

① 背景噪声值比噪声测量值低于 10 dB（A）时，噪声测量值不做修正。

② 噪声测量值与背景噪声值相差在 3～10 dB（A）时，噪声测量值与背景噪声值的差值修约后，按表 6-11 进行修正。

表 6-11 测量结果修正 单位：dB（A）

差值	3	4～5	6～10
修正值	−3	−2	−1

③ 噪声测量值与背景噪声值相差小于 3 dB（A）时，应采取措施降低背景噪声后，视情况按① 或② 执行；仍无法满足前两款要求的，应按环境噪声监测技术规范的有关规定执行。

4．测量结果评价

各个测点的测量结果应单独评价。

最大声级 L_{Amax} 直接评价。

七、《社会生活环境噪声排放标准》

1．适用范围

该标准规定了营业性文化娱乐场所和商业经营活动中可能产生环境噪声污染的设备、设施边界噪声排放限值和测量方法。

该标准适用于对营业性文化娱乐场所、商业经营活动中使用的向环境排放噪声的设备、设施的管理、评价与控制。

2．环境噪声排放限值

（1）边界噪声排放限值

社会生活噪声排放源边界噪声不得超过表 6-12 规定的排放限值。

在社会生活噪声排放源边界处无法进行噪声测量或测量的结果不能如实反映其对噪声敏感建筑物的影响程度的情况下，噪声测量应在可能受影响的敏感建筑物窗外 1 m 处进行。

当社会生活噪声排放源边界与噪声敏感建筑物距离小于 1 m 时，应在噪声敏感建筑物的室内测量，并将表 6-12 中相应的限值减 10 dB（A）作为评价依据。

表 6-12　社会生活噪声排放源边界噪声排放限值　　单位：dB（A）

边界外声环境功能区类别	时段	
	昼间	夜间
0	50	40
1	55	45
2	60	50
3	65	55
4	70	55

（2）结构传播固定设备室内噪声排放限值

在社会生活噪声排放源位于噪声敏感建筑物内的情况下，噪声通过建筑物结构传播至噪声敏感建筑物室内时，噪声敏感建筑物室内等效声级不得超过表 6-13 和表 6-14 规定的限值。

表 6-13　结构传播固定设备室内噪声排放限值（等效声级）　　单位：dB（A）

噪声敏感建筑物声环境所处功能区类别 \ 时段 \ 房间类型	A 类房间		B 类房间	
	昼间	夜间	昼间	夜间
0	40	30	40	30
1	40	30	45	35
2、3、4	45	35	50	40

注：A 类房间 —— 以睡眠为主要目的、需要保证夜间安静的房间，包括住宅卧室、医院病房、宾馆客房等；
B 类房间 —— 主要在昼间使用，需要保证思考与精神集中、正常讲话不被干扰的房间，包括学校教室、会议室、办公室、住宅中卧室以外的其他房间等。

表 6-14　结构传播固定设备室内噪声排放限值（倍频带声压级）　　单位：dB

噪声敏感建筑所处声环境功能区类别	时段	倍频程中心频率/Hz \ 房间类型	室内噪声倍频带声压级限值				
			31.5	63	125	250	500
0	昼间	A、B 类房间	76	59	48	39	34
	夜间	A、B 类房间	69	51	39	30	24
1	昼间	A 类房间	76	59	48	39	34
		B 类房间	79	63	52	44	38
	夜间	A 类房间	69	51	39	30	24
		B 类房间	72	55	43	35	29
2、3、4	昼间	A 类房间	79	63	52	44	38
		B 类房间	82	67	56	49	43
	夜间	A 类房间	72	55	43	35	29
		B 类房间	76	59	48	39	34

对于在噪声测量期间发生非稳态噪声（如电梯噪声等）的情况，最大声级超过限值的幅度不得高于 10 dB（A）。

3. 测量方法

（1）测量条件

气象条件：测量应在无雨雪、无雷电天气，风速为 5 m/s 以下时进行。不得不在特殊气象条件下测量时，应采取必要措施保证测量的准确性，同时注明当时所采取的措施及气象情况。

测量工况：测量应在被测声源正常工作时间进行，同时注明当时的工况。

（2）测点位置

① 测点布设。根据社会生活噪声排放源、周围噪声敏感建筑物的布局以及毗邻的区域类别，在社会生活噪声排放源边界布设多个测点，其中包括距噪声敏感建筑物较近以及受被测声源影响大的位置。

② 测点位置一般规定。一般情况下，测点选在社会生活噪声排放源边界外 1 m、高度 1.2 m 以上的位置。

③ 测点位置其他规定。当边界有围墙且周围有受影响的噪声敏感建筑物时，测点应选在边界外 1 m、高于围墙 0.5 m 以上的位置。

当边界无法测量到声源的实际排放状况时（如声源位于高空、边界设有声屏障等），应按② 设置测点，同时在受影响的噪声敏感建筑物户外 1 m 处另设测点。

室内噪声测量时，室内测量点位设在距任一反射面至少 0.5 m 以上、距地面 1.2 m 高度处，在受噪声影响方向的窗户开启状态下测量。

社会生活噪声排放源的固定设备结构传声至噪声敏感建筑物室内，在噪声敏感建筑物室内测量时，测点应距任一反射面至少 0.5 m 以上、距地面 1.2 m、距外窗 1 m 以上，窗户关闭状态下测量。被测房间内的其他可能干扰测量的声源（如电视机、空调机、排气扇以及镇流器较响的日光灯、运转时出声的时钟等）应关闭。

（3）测量时段

分别在昼间、夜间两个时段测量。夜间有频发、偶发噪声影响时同时测量最大声级。

被测声源是稳态噪声，采用 1 min 的等效声级。

被测声源是非稳态噪声，测量被测声源有代表性时段的等效声级，必要时测量被测声源整个正常工作时段的等效声级。

（4）背景噪声测量

测量环境：不受被测声源影响且其他声环境与测量被测声源时保持一致。

测量时段：与被测声源测量的时间长度相同。

（5）测量结果修正

① 噪声测量值与背景噪声值相差大于 10 dB（A）时，噪声测量值不做修正。

② 噪声测量值与背景噪声值相差在 3～10 dB（A）时，噪声测量值与背景噪声值的差值取整后，按表 6-15 进行修正。

③ 噪声测量值与背景噪声值相差小于 3 dB（A）时，应采取措施降低背景噪声后，视情况按①或②执行；仍无法满足前两款要求的，应按环境噪声监测技术规范的有关规定执行。

表 6-15 测量结果修正 单位：dB（A）

差值	3	4～5	6～10
修正值	−3	−2	−1

4．测量结果评价

各个测点的测量结果应单独评价。同一测点每天的测量结果按昼间、夜间进行评价。最大声级 L_{max} 直接评价。

第七章　土壤环境影响评价技术导则与相关土壤环境标准

第一节　环境影响评价技术导则　土壤环境

一、概述

《环境影响评价技术导则　土壤环境》（HJ 964—2018）规定了土壤环境影响评价的一般性原则、工作程序、内容、方法和要求。

该标准适用于化工、冶金、矿山采掘、农林、水利等可能对土壤环境产生影响的建设项目土壤环境影响评价。

该标准不适用于核与辐射建设项目的土壤环境影响评价。

二、术语和定义

1．土壤环境

指受自然或人为因素作用的，由矿物质、有机质、水、空气、生物有机体等组成的陆地表面疏松综合体，包括陆地表层能够生长植物的土壤层和污染物能够影响的松散层等。

2．土壤环境生态影响

指由于人为因素引起土壤环境特征变化导致其生态功能变化的过程或状态。

3．土壤环境污染影响

指因人为因素导致某种物质进入土壤环境，引起土壤物理、化学、生物等方面特性的改变，导致土壤质量恶化的过程或状态。

4．土壤环境敏感目标

指可能受人为活动影响的、与土壤环境相关的敏感区或对象。

三、总则

（一）一般性原则

土壤环境影响评价应对建设项目建设期、运营期和服务期满后（可根据项目情况选择）对土壤环境理化特性可能造成的影响进行分析、预测和评估，提出预防或者减轻不良影响的措施和对策，为建设项目土壤环境保护提供科学依据。

（二）评价基本任务

（1）按照 HJ 2.1 建设项目污染影响和生态影响的相关要求，根据建设项目对土壤环境可能产生的影响，将土壤环境影响类型划分为生态影响型与污染影响型，其中本导则土壤环境生态影响重点指土壤环境的盐化、酸化、碱化等。

（2）根据行业特征、工艺特点或规模大小等将建设项目类别分为Ⅰ类、Ⅱ类、Ⅲ类、Ⅳ类，见导则附录 A，其中Ⅳ类建设项目可不开展土壤环境影响评价；自身为敏感目标的建设项目，可根据需要仅对土壤环境现状进行调查。

（3）土壤环境影响评价应按本标准划分的评价工作等级开展工作，识别建设项目土壤环境影响类型、影响途径、影响源及影响因子，确定土壤环境影响评价工作等级；开展土壤环境现状调查，完成土壤环境现状监测与评价；预测与评价建设项目对土壤环境可能造成的影响，提出相应的防控措施与对策。

（4）涉及两个或两个以上场地或地区的建设项目应按“三（二）（3）”分别开展评价工作。

（5）涉及土壤环境生态影响型与污染影响型两种影响类型的应按“三（二）（3）”分别开展评价工作。

（三）工作程序

土壤环境影响评价工作可划分为准备阶段、现状调查与评价阶段、预测分析与评价阶段和结论阶段。土壤环境影响评价工作程序见图 7-1。

（四）各阶段主要工作内容

1. 准备阶段

收集分析国家和地方土壤环境相关的法律、法规、政策、标准及规划等资料；了解建设项目工程概况，结合工程分析，识别建设项目对土壤环境可能造成的影响类型，分析可能造成土壤环境影响的主要途径；开展现场踏勘工作，识别土壤环境敏感目标；确定评价等级、范围与内容。

2. 现状调查与评价阶段

采用相应标准与方法，开展现场调查、取样、监测和数据分析与处理等工作，进行土壤环境现状评价。

3. 预测分析与评价阶段

依据本标准制定的或经论证有效的方法，预测分析与评价建设项目对土壤环境可能造成的影响。

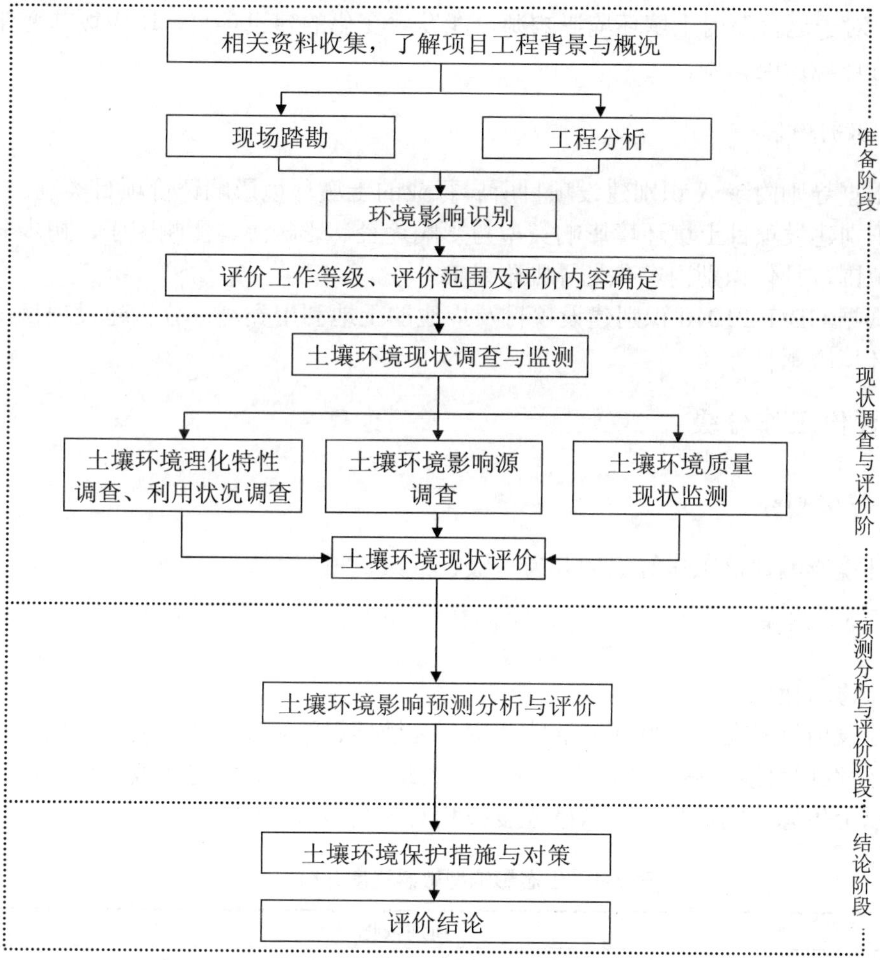

图 7-1　土壤环境影响评价工作程序

4. 结论阶段

综合分析各阶段成果，提出土壤环境保护措施与对策，对土壤环境影响评价结论进行总结。

四、影响识别

（一）基本要求

在工程分析结果的基础上，结合土壤环境敏感目标，根据建设项目建设期、运营期和服务期满后（可根据项目情况选择）三个阶段的具体特征，识别土壤环境影响类型与影响途径；对于运营期内土壤环境影响源可能发生变化的建设项目，还应按其变化特征分阶段进行环境影响识别。

（二）识别内容

（1）根据导则附录 A 识别建设项目所属行业的土壤环境影响评价项目类别。

（2）识别建设项目土壤环境影响类型与影响途径、影响源与影响因子，初步分析可能影响的范围，具体识别内容参见导则附录 B。

（3）根据 GB/T 21010 识别建设项目及周边的土地利用类型，分析建设项目可能影响的土壤环境敏感目标。

五、评价工作分级

（一）等级划分

土壤环境影响评价工作等级划分为一级、二级、三级。

（二）划分依据

1. 生态影响型

（1）建设项目所在地土壤环境敏感程度分为敏感、较敏感、不敏感，判别依据见表 7-1；同一建设项目涉及两个或两个以上场地或地区，应分别判定其敏感程度；产生两种或两种以上生态影响后果的，敏感程度按相对最高级别判定。

表 7-1 生态影响型敏感程度分级表

敏感程度	判别依据		
	盐化	酸化	碱化
敏感	建设项目所在地干燥度 [a]＞2.5 且常年地下水位平均埋深＜1.5 m 的地势平坦区域；或土壤含盐量＞4 g/kg 的区域	pH≤4.5	pH≥9.0
较敏感	建设项目所在地干燥度＞2.5 且常年地下水位平均埋深≥1.5 m 的，或 1.8＜干燥度≤2.5 且常年地下水位平均埋深＜1.8 m 的地势平坦区域；建设项目所在地干燥度＞2.5 或常年地下水位平均埋深＜1.5 m 的平原区；或 2 g/kg＜土壤含盐量≤4 g/kg 的区域	4.5＜pH≤5.5	8.5≤pH＜9.0
不敏感	其他	5.5＜pH＜8.5	

注：a 指采用 E601 观测的多年平均水面蒸发量与降水量的比值，即蒸降比值。

（2）根据识别的项目类别与敏感程度分级结果划分评价工作等级，详见表 7-2。

表 7-2 生态影响型评价工作等级划分表

敏感程度 \ 评价工作等级 \ 项目类别	I 类	II 类	III类
敏感	一级	二级	三级
较敏感	二级	二级	三级
不敏感	二级	三级	—

注："—"表示可不开展土壤环境影响评价工作。

2. 污染影响型

（1）将建设项目占地规模分为大型（≥50 hm^2）、中型（5～50 hm^2）、小型（≤5 hm^2），建设项目占地主要为永久占地。

（2）建设项目所在地周边的土壤环境敏感程度分为敏感、较敏感、不敏感，判别依据见表 7-3。

表 7-3 污染影响型敏感程度分级表

敏感程度	判别依据
敏感	建设项目周边存在耕地、园地、牧草地、饮用水水源地或居民区、学校、医院、疗养院、养老院等土壤环境敏感目标的
较敏感	建设项目周边存在其他土壤环境敏感目标的
不敏感	其他情况

（3）根据项目类别、占地规模与敏感程度划分评价工作等级，详见表 7-4。

表 7-4 污染影响型评价工作等级划分表

敏感程度 \ 评价工作等级 \ 占地规模	I 类			II 类			III类		
	大	中	小	大	中	小	大	中	小
敏感	一级	一级	一级	二级	二级	二级	三级	三级	三级
较敏感	一级	一级	二级	二级	二级	三级	三级	三级	—
不敏感	一级	二级	二级	二级	三级	三级	三级	—	—

注："—"表示可不开展土壤环境影响评价工作。

（4）建设项目同时涉及土壤环境生态影响型与污染影响型时，应分别判定评价工作等级，并按相应等级分别开展评价工作。

（5）当同一建设项目涉及两个或两个以上场地时，各场地应分别判定评价工作等级，并按相应等级分别开展评价工作。

（6）线性工程重点针对主要站场位置（如输油站、泵站、阀室、加油站、维修场所等）分段判定评价等级，并按相应等级分别开展评价工作。

六、现状调查与评价

（一）基本原则与要求

（1）土壤环境现状调查与评价工作应遵循资料收集与现场调查相结合、资料分析与现状监测相结合的原则。

（2）土壤环境现状调查与评价工作的深度应满足相应的工作级别要求，当现有资料不能满足要求时，应通过组织现场调查、监测等方法获取。

（3）建设项目同时涉及土壤环境生态影响型与污染影响型时，应分别按相应评价工作等级要求开展土壤环境现状调查，可根据建设项目特征适当调整、优化调查内容。

（4）工业园区内的建设项目应重点在建设项目占地范围内开展现状调查工作，并兼顾其可能影响的园区外围土壤环境敏感目标。

（二）调查评价范围

（1）调查评价范围应包括建设项目可能影响的范围，能满足土壤环境影响预测和评价要求；改、扩建类建设项目的现状调查评价范围还应兼顾现有工程可能影响的范围。

（2）建设项目（除线性工程外）土壤环境影响现状调查评价范围可根据建设项目影响类型、污染途径、气象条件、地形地貌、水文地质条件等确定并说明，或参考表 7-5 确定。

表 7-5 现状调查范围

评价工作等级	影响类型	调查范围[a]	
		占地[b]范围内	占地范围外
一级	生态影响型	全部	5 km 范围内
	污染影响型		1 km 范围内
二级	生态影响型		2 km 范围内
	污染影响型		0.2 km 范围内
三级	生态影响型		1 km 范围内
	污染影响型		0.05 km 范围内

注：a 涉及大气沉降途径影响的，可根据主导风向下风向的最大落地浓度点适当调整。

b 矿山类项目指开采区与各场地的占地；改、扩建类的指现有工程与拟建工程的占地。

（3）建设项目同时涉及土壤环境生态影响与污染影响时，应各自确定调查评价范围。

（4）危险品、化学品或石油等输送管线应以工程边界两侧向外延伸 0.2 km 作为调查评价范围。

（三）调查内容与要求

1. 资料收集

根据建设项目特点、可能产生的环境影响和当地环境特征，有针对性地收集调查评价范围内的相关资料，主要包括以下内容：

（1）土地利用现状图、土地利用规划图、土壤类型分布图；

（2）气象资料、地形地貌特征资料、水文及水文地质资料等；

（3）土地利用历史情况；

（4）与建设项目土壤环境影响评价相关的其他资料。

2. 理化特性调查内容

（1）在充分收集资料的基础上，根据土壤环境影响类型、建设项目特征与评价需要，有针对性地选择土壤理化特性调查内容，主要包括土体构型、土壤结构、土壤质地、阳离子交换量、氧化还原电位、饱和导水率、土壤容重、孔隙度等；土壤环境生态影响型建设项目还应调查植被、地下水位埋深、地下水溶解性总固体等，可参照导则附录 C 中表 C.1 填写。

（2）评价工作等级为一级的建设项目应参照导则附录 C 中表 C.2 填写土壤剖面调查表。

3. 影响源调查

（1）应调查与建设项目产生同种特征因子或造成相同土壤环境影响后果的影响源。

（2）改、扩建的污染影响型建设项目，其评价工作等级为一级、二级的，应对现有工程的土壤环境保护措施情况进行调查，并重点调查主要装置或设施附近的土壤污染现状。

（四）现状监测

1. 基本要求

建设项目土壤环境现状监测应根据建设项目的影响类型、影响途径，有针对性地开展监测工作，了解或掌握调查评价范围内土壤环境现状。

2. 布点原则

（1）土壤环境现状监测点布设应根据建设项目土壤环境影响类型、评价工作等级、土地利用类型确定，采用均布性与代表性相结合的原则，以充分反映建设项目调查评价范围内的土壤环境现状，可根据实际情况优化调整。

（2）调查评价范围内的每种土壤类型应至少设置 1 个表层样监测点，应尽量设置在未受人为污染或相对未受污染的区域。

（3）生态影响型建设项目应根据建设项目所在地的地形特征、地表径流方向设置表层样监测点。

（4）涉及入渗途径影响的，主要产污装置区应设置柱状样监测点，采样深度需至装置底部与土壤接触面以下，根据可能影响的深度适当调整。

（5）涉及大气沉降影响的，应在占地范围外主导风向的上、下风向各设置 1 个表层样监测点，可在最大落地浓度点增设表层样监测点。

（6）涉及地面漫流途径影响的，应结合地形地貌，在占地范围外的上、下游各设置 1 个表层样监测点。

（7）线性工程应重点在站场位置（如输油站、泵站、阀室、加油站及维修场所等）设置监测点，涉及危险品、化学品或石油等输送管线的应根据评价范围内土壤环境敏感目标或厂区内的平面布局情况确定监测点布设位置。

（8）评价工作等级为一级、二级的改、扩建项目，应在现有工程厂界外可能产生影响的土壤环境敏感目标处设置监测点。

（9）涉及大气沉降影响的改、扩建项目，可在主导风向下风向适当增加监测点位，以反映降尘对土壤环境的影响。

（10）建设项目占地范围及其可能影响区域的土壤环境已存在污染风险的，应结合用地历史资料和现状调查情况，在可能受影响最重的区域布设监测点；取样深度根据其可能影响的情况确定。

（11）建设项目现状监测点设置应兼顾土壤环境影响跟踪监测计划。

3. 现状监测点数量要求

（1）建设项目各评价工作等级的监测点数不少于表 7-6 要求。

表 7-6　现状监测布点类型与数量

评价工作等级		占地范围内	占地范围外
一级	生态影响型	5 个表层样[a]点	6 个表层样点
	污染影响型	5 个柱状样[b]点，2 个表层样点	4 个表层样点
二级	生态影响型	3 个表层样点	4 个表层样点
	污染影响型	3 个柱状样点，1 个表层样点	2 个表层样点
三级	生态影响型	1 个表层样点	2 个表层样点
	污染影响型	3 个表层样点	—

注：“—”表示无现状监测布点类型与数量的要求。

a 表层样应在 0～0.2 m 取样。

b 柱状样通常在 0～0.5 m、0.5～1.5 m、1.5～3 m 分别取样，3 m 以下每 3 m 取 1 个样，可根据基础埋深、土体构型适当调整。

（2）生态影响型建设项目可优化调整占地范围内、外监测点数量，保持总数不变；占地范围超过 5 000 hm^2 的，每 1 000 hm^2 增加 1 个监测点。

（3）污染影响型建设项目占地范围超过 100 hm^2 的，每 20 hm^2 增加 1 个监测点。

4. 现状监测取样方法

表层样监测点及土壤剖面的土壤监测取样方法一般参照 HJ/T 166 执行，柱状样监测点和污染影响型改、扩建项目的土壤监测取样方法还可参照 HJ 25.1、HJ 25.2 执行。

5. 现状监测因子

土壤环境现状监测因子分为基本因子和建设项目的特征因子。

（1）基本因子为 GB 15618、GB 36600 中规定的基本项目，分别根据调查评价范围内的土地利用类型选取；

（2）特征因子为建设项目产生的特有因子，根据附录 B 确定；既是特征因子又是基本因子的按特征因子对待；

（3）前文“六（四）2（2）与（10）”中规定的点位须监测基本因子与特征因子；其他监测点位可仅监测特征因子。

6. 现状监测频次要求

（1）基本因子：评价工作等级为一级的建设项目，应至少开展 1 次现状监测；评价工作等级为二级、三级的建设项目，若掌握近 3 年至少 1 次的监测数据，可不再进行现状监测；引用监测数据应满足前文“六（四）2”和“六（四）10”的相关要求，并说明数据有效性；

（2）特征因子：应至少开展 1 次现状监测。

（五）现状评价

1. 评价因子

同现状监测因子。

2. 评价标准

（1）根据调查评价范围内的土地利用类型，分别选取 GB 15618、GB 36600 等标准中的筛选值进行评价，土地利用类型无相应标准的可只给出现状监测值。

（2）评价因子在 GB 15618、GB 36600 等标准中未规定的，可参照行业、地方或国外相关标准进行评价，无可参照标准的可只给出现状监测值。

（3）土壤盐化、酸化、碱化等的分级标准参见导则附录 D。

3. 评价方法

（1）土壤环境质量现状评价应采用标准指数法，并进行统计分析，给出样本数量、最大值、最小值、均值、标准差、检出率和超标率、最大超标倍数等。

（2）对照导则附录 D 给出各监测点位土壤盐化、酸化、碱化的级别，统计样本数量、最大值、最小值和均值，并评价均值对应的级别。

4．评价结论

（1）生态影响型建设项目应给出土壤盐化、酸化、碱化的现状。

（2）污染影响型建设项目应给出评价因子是否满足 GB 15618 或 GB 36600 的结论；当评价因子存在超标时，应分析超标原因。

七、预测与评价

1．基本原则与要求

（1）根据影响识别结果与评价工作等级，结合当地土地利用规划确定影响预测的范围、时段、内容和方法。

（2）选择适宜的预测方法，预测评价建设项目各实施阶段不同环节与不同环境影响防控措施下的土壤环境影响，给出预测因子的影响范围与程度，明确建设项目对土壤环境的影响结果。

（3）应重点预测评价建设项目对占地范围外土壤环境敏感目标的累积影响，并根据建设项目特征兼顾对占地范围内的影响预测。

（4）土壤环境影响分析应可定性或半定量地说明建设项目对土壤环境产生的影响及其趋势。

（5）建设项目导致土壤潜育化、沼泽化、潴育化和土地沙漠化等影响的，可根据土壤环境特征，结合建设项目特点，分析土壤环境可能受到影响的范围和程度。

2．预测评价范围

一般与现状调查评价范围一致。

3．预测评价时段

根据建设项目土壤环境影响识别结果，确定重点预测时段。

4．情景设置

在影响识别的基础上，根据建设项目特征设定预测情景。

5．预测与评价因子

（1）污染影响型建设项目应根据环境影响识别出的特征因子选取关键预测因子。

（2）可能造成土壤盐化、酸化、碱化影响的建设项目，分别选取土壤盐分含量、pH 等作为预测因子。

6．预测评价标准

GB 15618、GB 36600 或导则附录 D、附录 F 中的表 F.2。

7．预测与评价方法

（1）土壤环境影响预测与评价方法应根据建设项目土壤环境影响类型与评价工作等级确定。

（2）可能引起土壤盐化、酸化、碱化等影响的建设项目，其评价工作等级为一级、二级的，预测方法可参见导则附录E、附录F或进行类比分析。

（3）污染影响型建设项目，其评价工作等级为一级、二级的，预测方法可参见附录E或进行类比分析；占地范围内还应根据土体构型、土壤质地、饱和导水率等分析其可能影响的深度。

（4）评价工作等级为三级的建设项目，可采用定性描述或类比分析法进行预测。

8．预测评价结论

（1）以下情况可得出建设项目土壤环境影响可接受的结论：

① 建设项目各不同阶段，土壤环境敏感目标处且占地范围内各评价因子均满足“七、6”中相关标准要求的；

② 生态影响型建设项目各不同阶段，出现或加重土壤盐化、酸化、碱化等问题，但采取防控措施后，可满足相关标准要求的；

③ 污染影响型建设项目各不同阶段，土壤环境敏感目标处或占地范围内有个别点位、层位或评价因子出现超标，但采取必要措施后，可满足GB 15618、GB 36600或相关管理文件规定的。

（2）以下情况不能得出建设项目土壤环境影响可接受的结论：

① 生态影响型建设项目：土壤盐化、酸化、碱化对预测评价范围内土壤原有生态功能造成重大不可逆影响的；

② 污染影响型建设项目各不同阶段，土壤环境敏感目标处或占地范围内多个点位、层位或评价因子出现超标，采取必要措施后，仍无法满足GB 15618、GB 36600或相关管理文件规定的。

八、保护措施与对策

（一）基本要求

（1）土壤环境保护措施与对策应包括：保护的对象、目标，措施的内容、设施的规模及工艺、实施部位和时间、实施的保证措施、预期效果的分析等，在此基础上估算（概算）环境保护投资，并编制环境保护措施布置图。

（2）在建设项目可行性研究提出的影响防控对策基础上，结合建设项目特点、调查评价范围内的土壤环境质量现状，根据环境影响预测与评价结果，提出合理、可行、操作性强的土壤环境影响防控措施。

（3）改、扩建项目应针对现有工程引起的土壤环境影响问题，提出“以新带老”措施，有效减轻影响程度或控制影响范围，防止土壤环境影响加剧。

（4）涉及取土的建设项目，所取土壤应满足占地范围对应的土壤环境相关标准要求，并说明其来源；弃土应按照固体废物相关规定进行处理处置，确保不产生二次污染。

（二）建设项目环境保护措施

（1）土壤环境质量现状保障措施

对于建设项目占地范围内的土壤环境质量存在点位超标的，应依据土壤污染防治相关管理办法、规定和标准，采取有关土壤污染防治措施。

（2）源头控制措施

① 生态影响型建设项目应结合项目的生态影响特征、按照生态系统功能优化的理念、坚持高效适用的原则提出源头防控措施。

② 污染影响型建设项目应针对关键污染源、污染物的迁移途径提出源头控制措施，并与 HJ 2.2、HJ 2.3、HJ 19、HJ 169、HJ 610 等标准要求相协调。

（3）过程防控措施

① 建设项目根据行业特点与占地范围内的土壤特性，按照相关技术要求采取过程阻断、污染物削减和分区防控措施。

② 生态影响型：

涉及酸化、碱化影响的可采取相应措施调节土壤 pH，以减轻土壤酸化、碱化的程度；

涉及盐化影响的，可采取排水排盐或降低地下水位等措施，以减轻土壤盐化的程度。

③ 污染影响型：

涉及大气沉降影响的，占地范围内应采取绿化措施，以种植具有较强吸附能力的植物为主；

涉及地面漫流影响的，应根据建设项目所在地的地形特点优化地面的布局，必要时设置围堰或防护栏，以防止土壤环境污染；

涉及入渗途径影响的，应根据相关标准规范要求，对设施设备采取相应防渗措施，以防止土壤环境污染。

（三）跟踪监测

（1）土壤环境跟踪监测措施包括制定跟踪监测计划、建立跟踪监测制度，以便及时发现问题，采取措施。

（2）土壤环境跟踪监测计划应明确监测点位、监测指标、监测频次以及执行标准等。

① 监测点位应布设在重点影响区和土壤环境敏感目标附近；

② 监测指标应选择建设项目特征因子；

③ 评价工作等级为一级的建设项目一般每 3 年内开展 1 次监测工作，二级的每 5 年内开展 1 次，三级的必要时可开展跟踪监测；

④ 生态影响型建设项目跟踪监测应尽量在农作物收割后开展；

⑤ 执行标准应同评价标准。

（3）监测计划应包括向社会公开的信息内容。

九、评价结论

参照导则附录 G 填写土壤环境影响评价自查表，概括建设项目的土壤环境现状、预测评价结果、防控措施及跟踪监测计划等内容，从土壤环境影响的角度，总结项目建设的可行性。

第二节　土壤环境质量标准

一、《土壤环境质量　农用地土壤污染风险管控标准（试行）》

1. 适用范围

该标准规定了农用地土壤污染风险筛选值和管制值，以及监测、实施和监督要求。

该标准适用于耕地土壤污染风险筛查和分类。园地和牧草地可参照执行。

2. 基本定义

（1）土壤

指位于陆地表层能够生长植物的疏松多孔物质层及其相关自然地理要素的综合体。

（2）农用地

指 GB/T 21010 中的 01 耕地（0101 水田、0102 水浇地、0103 旱地）、02 园地（0201 果园、0202 茶园）和 04 草地（0401 天然牧草地、0403 人工牧草地）。

（3）农用地土壤污染风险

指因土壤污染导致食用农产品质量安全、农作物生长或土壤生态环境受到不利影响。

（4）农用地土壤污染风险筛选值

指农用地土壤中污染物含量等于或者低于该值的，对农产品质量安全、农作物生长或土壤生态环境的风险低，一般情况下可以忽略；超过该值的，对农产品质量安全、农作物生长或土壤生态环境可能存在风险，应当加强土壤环境监测和农产品协同监测，原则上应当采取安全利用措施。

（5）农用地土壤污染风险管制值

指农用地土壤中污染物含量超过该值的，食用农产品不符合质量安全标准等农用地土壤污染风险高，原则上应当采取严格管控措施。

3. 监测项目

农用地土壤污染风险筛选值的基本项目为必测项目，包括镉、汞、砷、铅、铬、铜、镍、锌；其他项目为选测项目，包括六六六、滴滴涕和苯并[*a*]芘。

农用地土壤污染风险管制值项目包括镉、汞、砷、铅、铬。

4. 风险筛选值和管制值的使用

（1）当土壤中污染物含量等于或者低于标准规定的风险筛选值时，农用地土壤污染风险低，一般情况下可以忽略；高于标准规定的风险筛选值时，可能存在农用地土壤污染风险，应加强土壤环境监测和农产品协同监测。

（2）当土壤中镉、汞、砷、铅、铬的含量高于标准规定的风险筛选值、等于或者低于标准规定的风险管制值时，可能存在食用农产品不符合质量安全标准等土壤污染风险，原则上应当采取农艺调控、替代种植等安全利用措施。

（3）当土壤中镉、汞、砷、铅、铬的含量高于标准规定的风险管制值时，食用农产品不符合质量安全标准等农用地土壤污染风险高，且难以通过安全利用措施降低食用农产品不符合质量安全标准等农用地土壤污染风险，原则上应当采取禁止种植食用农产品、退耕还林等严格管控措施。

（4）土壤环境质量类别划分应以本标准为基础，结合食用农产品协同监测结果，依据相关技术规定进行划定。

二、《土壤环境质量　建设用地土壤污染风险管控标准（试行）》

1. 适用范围

该标准规定了保护人体健康的建设用地土壤污染风险筛选值和管制值，以及监测、实施与监督要求。

该标准适用于建设用地土壤污染风险筛查和风险管制。

2. 基本定义

（1）建设用地

指建造建筑物、构筑物的土地，包括城乡住宅和公共设施用地、工矿用地、交通水利设施用地、旅游用地、军事设施用地等。

（2）建设用地土壤污染风险

指建设用地上居住、工作人群长期暴露于土壤中的污染物，因慢性毒性效应或致癌效应而对健康产生的不利影响。

（3）暴露途径

指建设用地土壤中污染物迁移到达和暴露于人体的方式。主要包括：①经口摄入土壤；②皮肤接触土壤；③吸入土壤颗粒物；④吸入室外空气中来自表层土壤的气态污染物；⑤吸入室外空气中来自下层土壤的气态污染物；⑥吸入室内空气中来自下层土壤的气态污染物。

（4）建设用地土壤污染风险筛选值

指在特定土地利用方式下，建设用地土壤中污染物含量等于或者低于该值的，对人体健康的风险可以忽略；超过该值的，对人体健康可能存在风险，应当开展进一步的详细调查和风险评估，确定具体污染范围和风险水平。

（5）建设用地土壤污染风险管制值

指在特定土地利用方式下，建设用地土壤中污染物含量超过该值的，对人体健康通常存在不可接受风险，应当采取风险管控或修复措施。

（6）土壤环境背景值

指基于土壤环境背景含量的统计值。通常以土壤环境背景含量的某一分位值表示。其中土壤环境背景含量是指在一定时间条件下，仅受地球化学过程和非点源输入影响的土壤中元素或化合物的含量。

3. 监测项目的确定

初步调查阶段建设用地土壤污染风险筛选的必测项目有砷、镉、铬（六价）、铜、汞、镍、四氯化碳、氯仿、氯甲烷、1,1-二氯乙烷、1,2-二氯乙烷、1,1-二氯乙烯、顺-1,2-二氯乙烯、反-1,2-二氯乙烯、二氯甲烷、1,2-二氯丙烷、1,1,1,2-四氯乙烷、1,1,2,2-四氯乙烷、四氯乙烯、1,1,1-三氯乙烷、1,1,2-三氯乙烷、三氯乙烯、1,2,3-三氯丙烷、氯乙烯、氯苯、1,2-二氯苯、1,4-二氯苯、乙苯、苯乙烯、硝基苯、苯胺、2-氯酚、苯并[*a*]蒽、苯并[*a*]芘、苯并[*b*]荧蒽、苯并[*k*]荧蒽、䓛、二苯并[*a*,*h*]蒽、茚并[1,2,3-*cd*]芘、萘、铅、苯、甲苯、间二甲苯+对二甲苯、邻二甲苯。共 45 项。

初步调查阶段建设用地土壤污染风险筛选的选测项目依据 HJ 25.1、HJ 25.2 及相关技术规定确定。

4. 风险筛选值和管制值的使用

（1）建设用地规划用途为第一类用地的，适用第一类用地的筛选值和管制值；规划用途为第二类用地的，适用第二类用地的筛选值和管制值。规划用途不明确的，适用第一类用地的筛选值和管制值。

（2）建设用地土壤中污染物含量等于或者低于风险筛选值的，建设用地土壤污染风险一般情况下可以忽略。

（3）通过初步调查确定建设用地土壤中污染物含量高于风险筛选值，应当依据 HJ 25.1、HJ 25.2 等标准及相关技术要求，开展详细调查。

（4）通过详细调查确定建设用地土壤中污染物含量等于或者低于风险管制值，应当依据 HJ 25.3 等标准及相关技术要求，开展风险评估，确定风险水平，判断是否需要采取风险管控或修复措施。

（5）通过详细调查确定建设用地土壤中污染物含量高于风险管制值，对人体健康通常存在不可接受风险，应当采取风险管控或修复措施。

（6）建设用地若需采取修复措施，其修复目标应当依据 HJ 25.3、HJ 25.4 等标准及相关技术要求确定，且应当低于风险管制值。

（7）其他未列入标准的污染物项目，可依据 HJ 25.3 等标准及相关技术要求开展风险评估，推导特定污染物的土壤污染风险筛选值。

第八章　生态影响评价技术导则与相关环境标准

第一节　环境影响评价技术导则　生态影响

一、概述

《环境影响评价技术导则　生态影响》（HJ 19—2011）规定了生态影响评价的一般性原则、方法、内容及技术要求。适用于建设项目对生态系统及其组成因子所造成的影响的评价。区域和规划的生态影响评价可参照使用。

该导则是对《环境影响评价技术导则　非污染生态影响》（HJ/T 19—1997）的第一次修订，2011 年 9 月 1 日起实施。自实施之日起，HJ/T 19—1997 废止。

二、生态影响评价原则

由于生态影响具有涉及范围广、影响程度大、时间长、不可逆性，间接生态影响复杂，难以预测、定量，常规方法不能有效反映生态影响等特点。因此本标准增加了评价原则一节内容，作为生态影响评价工作的总体指导。

（1）坚持重点与全面相结合的原则。既要突出评价项目所涉及的重点区域、关键时段和主导生态因子，又要从整体上兼顾评价项目所涉及的生态系统和生态因子在不同时空等级尺度上结构与功能的完整性。

（2）坚持预防与恢复相结合的原则。预防优先，恢复补偿为辅。恢复、补偿等措施必须与项目所在地的生态功能区划的要求相适应。

（3）坚持定量与定性相结合的原则。生态影响评价应尽量采用定量方法进行描述和分析，当现有科学方法不能满足定量需要或因其他原因无法实现定量测定时，生态影响评价可通过定性或类比的方法进行描述和分析。

三、生态影响评价工作分级

依据影响区域的生态敏感性和评价项目的工程占地（水域）范围，包括永久占地和临时占地，将生态影响评价工作等级划分为一级、二级和三级，如表 8-1 所示。位于原厂界（或永久用地）范围内的工业类等改、扩建项目，可做生态影响分析。

当工程占地（水域）范围的面积或长度分别属于两个不同评价工作等级时，原则上应按其中较高的评价工作等级进行评价。改、扩建工程的工程占地范围以新增占地（水域）面积或长度计算。

表 8-1　生态影响评价工作等级划分

工程占地（含水域）范围 / 影响区域生态敏感性	面积≥20 km^2 或长度≥100 km	面积 2～20 km^2 或长度 50～100 km	面积≤2 km^2 或长度≤50 km
特殊生态敏感区	一级	一级	一级
重要生态敏感区	一级	二级	三级
一般区域	二级	三级	三级

在矿山开采可能导致矿区土地利用类型明显改变，或拦河闸坝建设可能明显改变水文情势等情况下，评价工作等级应上调一级。

四、生态影响评价工作范围

生态影响评价应能够充分体现生态完整性，涵盖评价项目全部活动的直接影响区域和间接影响区域。评价工作范围应依据评价项目对生态因子的影响方式、影响程度和生态因子之间的相互影响和相互依存关系确定。可综合考虑评价项目与项目区的气候过程、水文过程、生物过程等生物地球化学循环过程的相互作用关系，以评价项目影响区域所涉及的完整气候单元、水文单元、生态单元、地理单元界限为参照边界。

五、生态影响判定依据

（1）国家、行业和地方已颁布的资源环境保护等相关法规、政策、标准、规划和区划等确定的目标、措施与要求。

（2）科学研究判定的生态效应或评价项目实际的生态监测、模拟结果。

（3）评价项目所在地区及相似区域生态背景值或本底值。

（4）已有性质、规模以及区域生态敏感性相似项目的实际生态影响类比。

（5）相关领域专家、管理部门及公众的咨询意见。

六、工程分析

（一）工程分析内容

工程分析内容应包括：项目所处的地理位置、工程的规划依据和规划环评依据、工程类型、项目组成、占地规模、总平面及现场布置、施工方式、施工时序、运行方式、替代方案、工程总投资与环保投资、设计方案中的生态保护措施等。

工程分析时段应涵盖勘察期、施工期、运营期和退役期，以施工期和运营期为调查分析的重点。

（二）工程分析重点

根据评价项目自身特点、区域的生态特点以及评价项目与影响区域生态系统的相互关系，确定工程分析的重点，分析生态影响的源及其强度。主要内容应包括：

（1）可能产生重大生态影响的工程行为。

（2）与特殊生态敏感区和重要生态敏感区有关的工程行为。

（3）可能产生间接、累积生态影响的工程行为。

（4）可能造成重大资源占用和配置的工程行为。

七、生态现状调查与评价

（一）生态现状调查

1. 调查要求

生态现状调查是生态现状评价、影响预测的基础和依据，调查的内容和指标应能反映评价工作范围内的生态背景特征和现存的主要生态问题。在有敏感生态保护目标（包括特殊生态敏感区和重要生态敏感区）或其他特别保护要求对象时，应做专题调查。

生态现状调查应在收集资料基础上开展现场工作，生态现状调查的范围应不小于评价工作的范围。

一级评价应给出采样地样方实测、遥感等方法测定的生物量、物种多样性等数据，给出主要生物物种名录、受保护的野生动植物物种等调查资料；

二级评价的生物量和物种多样性调查可依据已有资料推断，或实测一定数量的、具有代表性的样方予以验证；

三级评价可充分借鉴已有资料进行说明。

生态现状调查方法可参见导则附录A；图件收集和编制要求应遵照导则附录B。

2. 调查方法

生态现状调查常用方法主要有资料收集、现场勘查、专家和公众咨询、生态监测、遥感调查、海洋生态调查和水库渔业资源调查等。

（1）资料收集法。即收集现有的能反映生态现状或生态背景的资料，从表现形式上分为文字资料和图形资料，从时间上可分为历史资料和现状资料，从收集行业类别上可分为农、林、牧、渔和生态环境主管部门，从资料性质上可分为环境影响报告书、有关污染源调查、生态保护规划、规定、生态功能区划、生态敏感目标的基本情况以及其他生态调查材料等。使用资料收集法时，应保证资料的现时性，引用资料必须建立在现场校验的基础上。

（2）现场勘察法。现场勘察应遵循整体与重点相结合的原则，在综合考虑主导生态因子结构与功能的完整性的同时，突出重点区域和关键时段的调查，并通过对影响区域的实际踏勘，核实收集资料的准确性，以获取实际资料和数据。

（3）专家和公众咨询法。专家和公众咨询法是对现场勘察的有益补充。通过咨询有关专家，收集评价工作范围内的公众、社会团体和相关管理部门对项目影响的意见，发现现场踏勘中遗漏的生态问题。专家和公众咨询应与资料收集和现场勘察同步开展。

（4）生态监测法。当资料收集、现场勘察、专家和公众咨询提供的数据无法满足评价的定量需要，或项目可能产生潜在的或长期累积效应时，可考虑选用生态监测法。生态监测应根据监测因子的生态学特点和干扰活动的特点确定监测位置和频次，有代表性地布点。生态监测方法与技术要求须符合国家现行的有关生态监测规范和监测标准分析方法；对于生态系统生产力的调查，必要时需现场采样、实验室测定。

（5）遥感调查法。当涉及区域范围较大或主导生态因子的空间等级尺度较大，通过人力踏勘较为困难或难以完成评价时，可采用遥感调查法。遥感调查过程中必须辅助必要的现场勘察工作。

（6）海洋生态调查方法。海洋生态调查方法见 GB/T 12763.9—2007。

（7）水库渔业资源调查方法。水库渔业资源调查方法见 SL 167—2014。

3．调查内容

（1）生态背景调查

根据生态影响的空间和时间尺度特点，调查影响区域内涉及的生态系统类型、结构、功能和过程，以及相关的非生物因子特征（如气候、土壤、地形地貌、水文及水文地质等），重点调查受保护的珍稀濒危物种、关键种、土著种、建群种和特有种，天然的重要经济物种等。如涉及国家级和省级保护物种、珍稀濒危物种和地方特有物种时，应逐个或逐类说明其类型、分布、保护级别、保护状况等；如涉及特殊生态敏感区和重要生态敏感区时，应逐个说明其类型、等级、分布、保护对象、功能区划、保护要求等。

（2）主要生态问题调查

调查影响区域内已经存在的制约本区域可持续发展的主要生态问题，如水土流失、沙漠化、石漠化、盐渍化、自然灾害、生物入侵和污染危害等，指出其类型、成因、空间分布、发生特点等。

（二）生态现状评价

1. 评价要求

在区域生态基本特征现状调查的基础上，对评价区的生态现状进行定量或定性的分析评价，评价应采用文字和图件相结合的表现形式，图件制作应遵照导则附录 B 关于生态影响评价图件的规范要求。

2. 评价方法

常用评价方法包括列表清单、图形叠置、生态机理分析、指数法与综合指数、类比分析、系统分析、生物多样性评价、海洋及水生生物资源影响评价等方法。

（1）列表清单法

列表清单法是 Little 等于 1971 年提出的一种定性分析方法。该方法的特点是简单明了，针对性强。

① 方法。

列表清单法的基本做法是，将拟实施的开发建设活动的影响因素与可能受影响的环境因子分别列在同一张表格的行与列内，逐点进行分析，并逐条阐明影响的性质、强度等。由此分析开发建设活动的生态影响。

② 应用。

- 进行开发建设活动对生态因子的影响分析；
- 进行生态保护措施的筛选；
- 进行物种或栖息地重要性或优先度比选。

（2）图形叠置法

图形叠置法，是把两个以上的生态信息叠合到一张图上，构成复合图，用以表示生态变化的方向和程度。本方法的特点是直观、形象，简单明了。

图形叠置法有两种基本制作手段：指标法和“3S”叠图法。

① 指标法。

- 确定评价区域范围；
- 进行生态调查，收集评价工作范围与周边地区自然环境、动植物等的信息，同时收集社会经济和环境污染及环境质量信息；
- 进行影响识别并筛选拟评价因子，其中包括识别和分析主要生态问题；
- 研究拟评价生态系统或生态因子的地域分异特点与规律，对拟评价的生态系统、生态因子或生态问题建立表征其特性的指标体系，并通过定性分析或定量方法对指标赋值或分级，再依据指标值进行区域划分；
- 将上述区划信息绘制在生态图上。

②“3S”叠图法。

◆ 选用地形图，或正式出版的地理地图，或经过精准校正的遥感影像作为工作底图，底图范围应略大于评价工作范围；

◆ 在底图上描绘主要生态因子信息，如植被覆盖、动物分布、河流水系、土地利用和特别保护目标等；

◆ 进行影响识别与筛选评价因子；

◆ 运用 3S 技术，分析评价因子的不同影响性质、类型和程度；

◆ 将影响因子图和底图叠加，得到生态影响评价图。

③ 图形叠置法应用。

◆ 主要用于区域生态质量评价和影响评价；

◆ 用于具有区域性影响的特大型建设项目评价中，如大型水利枢纽工程、新能源基地建设、矿业开发项目等；

◆ 用于土地利用开发和农业开发中。

（3）生态机理分析法

生态机理分析法是根据建设项目的特点和受其影响的动、植物的生物学特征，依照生态学原理分析、预测工程生态影响的方法。生态机理分析法的工作步骤如下：

① 调查环境背景现状和搜集工程组成和建设等有关资料；

② 调查植物和动物分布、动物栖息地和迁徙路线；

③ 根据调查结果分别对植物或动物种群、群落和生态系统进行分析，描述其分布特点、结构特征和演化等级；

④ 识别有无珍稀濒危物种及有重要经济、历史、景观和科研价值的物种；

⑤ 预测项目建成后该地区动物、植物生长环境的变化；

⑥ 根据项目建成后的环境（水、气、土和生命组分）变化，对照无开发项目条件下动物、植物或生态系统演替趋势，预测项目对动物和植物个体、种群和群落的影响，并预测生态系统演替方向。

评价过程中有时要根据实际情况进行相应的生物模拟试验，如环境条件、生物习性模拟试验、生物毒理学试验、实地种植或放养试验等；或进行数学模拟，如种群增长模型的应用。

该方法需与生物学、地理学、水文学、数学及其他多学科合作评价，才能得出较为客观的结果。

（4）景观生态学法

景观生态学法是通过研究某一区域、一定时段内的生态系统类群的格局、特点、综合资源状况等自然规律，以及人为干预下的演替趋势，揭示人类活动在改变生物与环境方面的作用的方法。景观生态学对生态质量状况的评判是通过两个方面进行的，一是空间结构分析，二是功能与稳定性分析。景观生态学认为，景观的结构与功能是相当匹配的，且增加景观异质性和共生性也是生态学和社会学整体论的基本原则。

空间结构分析基于景观，是高于生态系统的自然系统，是一个清晰的和可度量的单位。景观由斑块、基质和廊道组成，其中基质是景观的背景地块，是景观中一种可以控制环境质量的组分。因此，基质的判定是空间结构分析的重要内容。判定基质有三个标准，即相对面积大、连通程度高、有动态控制功能。基质的判定多借用传统生态学中计算植被重要值的方法。决定某一斑块类型在景观中的优势，也称优势度值（D_0）。优势度值由密度（R_d）、频率（R_f）和景观比例（L_p）三个参数计算得出。其数学表达式如下：

R_d=（斑块 i 的数目/斑块总数）×100%

R_f=（斑块 i 出现的样方数/总样方数）×100%

L_p=（斑块 i 的面积/样地总面积）×100%

D_0=0.5×[0.5×（R_d+R_f）+L_p]×100%

上述分析同时反映自然组分在区域生态系统中的数量和分布，因此能较准确地表示生态系统的整体性。

景观的功能和稳定性分析包括如下四个方面内容：

① 生物恢复力分析：分析景观基本元素的再生能力或高亚稳定性元素能否占主导地位。

② 异质性分析：基质为绿地时，由于异质化程度高的基质很容易维护它的基质地位，从而达到增强景观稳定性的作用。

③ 种群源的持久性和可达性分析：分析动、植物物种能否持久保持能量流、养分流，分析物种流可否顺利地从一种景观元素迁移到另一种元素，从而增强共生性。

④ 景观组织的开放性分析：分析景观组织与周边生境的交流渠道是否畅通。开放性强的景观组织可以增强抵抗力和恢复力。景观生态学方法既可以用于生态现状评价，也可以用于生境变化预测，目前是国内外生态影响评价学术领域中较先进的方法。

（5）指数法与综合指数法

指数法是利用同度量因素的相对值来表明因素变化状况的方法，是建设项目环境影响评价中规定的评价方法，指数法同样可将其拓展以用于生态影响评价中。指数法简明扼要，且符合人们所熟悉的环境污染影响评价思路，但困难之点在于需明确建立表征生态质量的标准体系，且难以赋权和准确定量。综合指数法是从确定同度量因素出发，把不能直接对比的事物变成能够同度量的方法。

① 单因子指数法。

选定合适的评价标准，采集拟评价项目区的现状资料。可进行生态因子现状评价：例如以同类型立地条件的森林植被覆盖率为标准，可评价项目建设区的植被覆盖现状情况；也可进行生态因子的预测评价：如以评价区现状植被盖度为评价标准，可评价建设项目建成后植被盖度的变化率。

② 综合指数法。

- 分析研究评价的生态因子的性质及变化规律；
- 建立表征各生态因子特性的指标体系；
- 确定评价标准；
- 建立评价函数曲线，将评价的环境因子的现状值（开发建设活动前）与预测值（开发建设活动后）转换为统一的无量纲的环境质量指标。用1～0表示优劣（"1"表示最佳的、顶级的、原始或人类干预甚少的生态状况，"0"表示最差的、极度破坏的、几乎无生物性的生态状况），由此计算出开发建设活动前后环境因子质量的变化值；
- 根据各评价因子的相对重要性赋予权重；
- 将各因子的变化值综合，提出综合影响评价值：

$$\Delta E = \sum (E_{\mathrm{h}i} - E_{\mathrm{q}i}) \times W_i \qquad (8\text{-}1)$$

式中：ΔE —— 开发建设活动日前后生态质量变化值；

$E_{\mathrm{h}i}$ —— 开发建设活动后 i 因子的质量指标；

$E_{\mathrm{q}i}$ —— 开发建设活动前 i 因子的质量指标；

W_i —— i 因子的权值。

③ 指数法应用。

- 可用于生态因子单因子质量评价；
- 可用于生态多因子综合质量评价；
- 可用于生态系统功能评价。

④ 说明。

建立评价函数曲线须根据标准规定的指标值确定曲线的上、下限。对于空气和水这些已有明确质量标准的因子，可直接用不同级别的标准值作上、下限；对于无明确标准的生态因子，须根据评价目的、评价要求和环境特点选择相应的环境质量标准值，再确定上、下限。

（6）类比分析法

类比分析法是一种比较常用的定性和半定量评价方法，一般有生态整体类比、生态因子类比和生态问题类比等。

① 方法。

根据已有的开发建设活动（项目、工程）对生态系统产生的影响来分析或预测拟进行的开发建设活动（项目、工程）可能产生的影响。选择好类比对象（类比项目）是进行类比分析或预测评价的基础，也是该法成败的关键。

类比对象的选择条件是：工程性质、工艺和规模与拟建项目基本相当，生态因子（地理、地质、气候、生物因素等）相似，项目建成已有一定时间，所产生的影响已基本全部显现。

类比对象确定后，则需选择和确定类比因子及指标，并对类比对象开展调查与评价，再分析拟建项目与类比对象的差异。根据类比对象与拟建项目的比较，做出类比分析结论。

② 应用。

- 进行生态影响识别和评价因子筛选；
- 以原始生态系统作为参照，可评价目标生态系统的质量；
- 进行生态影响的定性分析与评价；
- 进行某一个或几个生态因子的影响评价；
- 预测生态问题的发生与发展趋势及其危害；
- 确定环保目标和寻求最有效、可行的生态保护措施。

（7）系统分析法

系统分析法是把要解决的问题作为一个系统，对系统要素进行综合分析，找出解决问题的可行方案的咨询方法。具体步骤包括：限定问题、确定目标、调查研究、收集数据、提出备选方案和评价标准、备选方案评估和提出最可行方案。

系统分析法因其能妥善地解决一些多目标动态性问题，目前已广泛应用于各行各业，尤其在进行区域开发或解决优化方案选择问题时，系统分析法显示出其他方法所不能达到的效果。

在生态系统质量评价中使用系统分析的具体方法有专家咨询法、层次分析法、模糊综合评判法、综合排序法、系统动力学法、灰色关联法等，这些方法原则上都适用于生态影响评价。这些方法的具体操作过程可查阅有关书刊。

（8）生物多样性评价法

生物多样性评价法是通过实地调查，分析生态系统和生物种的历史变迁、现状和存在主要问题的方法，评价目的是有效保护生物多样性。

生物多样性通常用香农—威纳指数（Shannon-Wiener Index）表征：

$$H=-\sum_{i=1}^{S}P_i\ln(P_i) \tag{8-2}$$

式中：H —— 样品的信息含量（彼得/个体）=群落的多样性指数；

S —— 种数；

P_i —— 样品中属于第 i 种的个体比例，如样品总个体数为 N，第 i 种个体数为 n_i，则 $P_i=n_i/N$。

（9）海洋及水生生物资源影响评价法

海洋生物资源影响评价法参见 SC/T 9110—2007，以及其他推荐的生态影响评价和预测适用方法；水生生物资源影响评价法，可适当参照该技术规程及其他推荐的适用方法进行。

（10）土壤侵蚀预测法

土壤侵蚀预测法参见 GB 50433—2008。

3．评价内容

（1）在阐明生态系统现状的基础上，分析影响区域内生态系统状况的主要原因。评价生态系统的结构与功能状况（如水源涵养、防风固沙、生物多样性保护等主导生态功能）、生态系统面临的压力和存在的问题、生态系统的总体变化趋势等。

（2）分析和评价受影响区域内动、植物等生态因子的现状组成、分布；当评价区域涉及受保护的敏感物种时，应重点分析该敏感物种的生态学特征；当评价区域涉及特殊生态敏感区或重要生态敏感区时，应分析其生态现状、保护现状和存在的问题等。

八、生态影响预测与评价

（一）预测与评价内容

生态影响预测与评价内容应与现状评价内容相对应，依据区域生态保护的需要和受影响生态系统的主导生态功能选择评价预测指标。

（1）评价工作范围内涉及的生态系统及其主要生态因子的影响评价。通过分析影响作用的方式、范围、强度和持续时间来判别生态系统受影响的范围、强度和持续时间；预测生态系统组成和服务功能的变化趋势，重点关注其中的不利影响、不可逆影响和累积生态影响。

（2）敏感生态保护目标的影响评价应在明确保护目标的性质、特点、法律地位和保护要求的情况下，分析评价项目的影响途径、影响方式和影响程度，预测潜在的后果。

（3）预测评价项目对区域现存主要生态问题的影响趋势。

（二）预测与评价方法

生态影响预测与评价方法应根据评价对象的生态学特性，在调查、判定该区主要的、辅助的生态功能以及完成功能必需的生态过程的基础上，分别采用定量分析与定性分析相结合的方法进行预测与评价。常用的方法包括列表清单法、图形叠置法、生态机理分析法、景观生态学法、指数法与综合指数法、类比分析法、系统分析法和生物多样性评价法等。

九、生态影响的防护、恢复、补偿及替代方案

（一）生态影响的防护、恢复与补偿原则

（1）应按照避让、减缓、补偿和重建的次序提出生态影响防护与恢复的措施；所采取措施的效果应有利修复和增强区域生态功能。

（2）凡涉及不可替代、极具价值、极敏感、被破坏后很难恢复的敏感生态保护目标（如特殊生态敏感区、珍稀濒危物种）时，必须提出可靠的避让措施或生境替代方案。

（3）涉及采取措施后可恢复或修复的生态目标时，也应尽可能提出避让措施；否则，应制定恢复、修复和补偿措施。各项生态保护措施应按项目实施阶段分别提出，并提出实施时限和估算经费。

（二）替代方案

（1）替代方案主要指项目中的选线、选址替代方案，项目的组成和内容替代方案，工艺和生产技术替代方案，施工和运营替代方案、生态保护措施替代方案。

（2）评价应对替代方案进行生态可行性论证，优先选择生态影响最小的替代方案，最终选定的方案至少应该是生态保护可行的方案。

（三）生态保护措施

（1）生态保护措施应包括保护对象和目标，内容、规模及工艺，实施空间和时序，保障措施和预期效果分析，绘制生态保护措施平面布置示意图和典型措施设施工艺图。估算或概算环境保护投资。

（2）对可能具有重大、敏感生态影响的建设项目以及区域、流域开发项目，应提出长期的生态监测计划、科技支撑方案，明确监测因子、方法、频次等。

（3）明确施工期和运营期管理原则与技术要求。可提出环境保护工程分标与招投标原则，施工期工程环境监理，环境保护阶段验收和总体验收，环境影响后评价等环保管理技术方案。

十、结论与建议

从生态影响及生态恢复、补偿等方面，对项目建设的可行性提出结论与建议。

第二节　生态影响评价图件规范与要求

生态影响评价图件是指以图形、图像的形式，对生态影响评价有关空间内容的描述、

表达或定量分析。生态影响评价图件是生态影响评价报告的必要组成内容，是评价的主要依据和成果的重要表示形式，是指导生态保护措施设计的重要依据。

本节内容主要适用于生态影响评价工作中表达地理空间信息的地图。生态影响评价图件应遵循有效、实用、规范的原则，根据评价工作等级和成图范围以及所表达的主题内容选择适当的成图精度和图件构成，充分反映出评价项目、生态因子构成、空间分布以及评价项目与影响区域生态系统的空间作用关系、途径或规模。

一、图件构成

生态影响评价图件不仅是现状调查、评价和预测成果的展示，而且是提高对生态时空特征的整体认识、深化对评价各要素研究的有力手段。根据评价项目自身特点、评价工作等级以及影响区域生态敏感性不同，将生态影响评价图件分为基本图件和推荐图件两部分；又根据不同评价等级要求的工作深度不同，将生态影响评价图件划分为三级，如表 8-2 所示。

表 8-2　生态影响评价图件构成要求

评价等级	基本图件	推荐图件
一级	（1）项目区域地理位置图 （2）工程平面图 （3）土地利用现状图 （4）地表水系图 （5）植被类型图 （6）特殊生态敏感区和重要生态敏感区空间分布图 （7）主要评价因子的评价成果和预测图 （8）生态监测布点图 （9）典型生态保护措施平面布置示意图	（1）当评价工作范围内涉及山岭重丘区时，可提供地形地貌图、土壤类型图和土壤侵蚀分布图 （2）当评价工作范围内涉及河流、湖泊等地表水时，可提供水环境功能区划图；当涉及地下水时，可提供水文地质图件等 （3）当评价工作范围涉及海洋和海岸带时，可提供海域岸线图、海洋功能区划图，根据评价需要选做海洋渔业资源分布图、主要经济鱼类产卵场分布图、滩涂分布现状图 （4）当评价工作范围内已有土地利用规划时，可提供已有土地利用规划图和生态功能分区图 （5）当评价工作范围内涉及地表塌陷时，可提供塌陷等值线图 （6）此外，可根据评价工作范围内涉及的不同生态系统类型，选作动植物资源分布图、珍稀濒危物种分布图、基本农田分布图、绿化布置图、荒漠化土地分布图等
二级	（1）项目区域地理位置图 （2）工程平面图 （3）土地利用现状图 （4）地表水系图 （5）特殊生态敏感区和重要生态敏感区空间分布图 （6）主要评价因子的评价成果和预测图 （7）典型生态保护措施平面布置示意图	（1）当评价工作范围内涉及山岭重丘区时，可提供地形地貌图和土壤侵蚀分布图 （2）当评价工作范围内涉及河流、湖泊等地表水时，可提供水环境功能区划图；当涉及地下水时，可提供水文地质图件 （3）当评价工作范围内涉及海域时，可提供海域岸线图和海洋功能区划图 （4）当评价工作范围内已有土地利用规划时，可提供已有土地利用规划图和生态功能分区图 （5）评价工作范围内，陆域可根据评价需要选做植被类型图或绿化布置图

评价等级	基本图件	推荐图件
三级	（1）项目区域地理位置图 （2）工程平面图 （3）土地利用或水体利用现状图 （4）典型生态保护措施平面布置示意图	（1）评价工作范围内，陆域可根据评价需要选做植被类型图或绿化布置图 （2）当评价工作范围内涉及山岭重丘区时，可提供地形地貌图 （3）当评价工作范围内涉及河流、湖泊等地表水时，可提供地表水系图 （4）当评价工作范围内涉及海域时，可提供海洋功能区划图 （5）当涉及重要生态敏感区时，可提供关键评价因子的评价成果图

（一）基本图件

基本图件是指根据生态影响评价工作等级不同，各级生态影响评价工作需提供的必要图件。基本图件的要求进一步强调了评价的准确性和措施的可操作性，提出当评价项目涉及特殊生态敏感区域和重要生态敏感区时必须提供能反映生态敏感特征的专题图，如保护物种空间分布图；当开展生态监测工作时，必须提供相应的生态监测点位图；明确要求给出典型生态保护措施平面布置示意图，以增加生态保护措施的具体性和可操作性。

基本图件由三部分组成，包括反映项目特点的图件、反映生态现状调查—评价—影响预测的图件和反映保护措施的图件。项目特点图件，包括项目区域地理位置、工程平面；生态现状调查—评价—影响预测图件，包括土地利用现状、植被类型、地表水系、特殊生态敏感区和重要生态敏感区空间分布、生态监测布点、主要评价因子的评价成果和预测；生态保护措施图件，即典型生态保护措施平面布置示意图。

根据评价等级的依次降低，基本图件的构成也趋于简化，如一级评价由 9 份图件组成，二级评价由 7 份图件组成，三级评价则由 4 份图件组成。不同评价等级的基本图件构成如表 8-3 所示。

表 8-3　不同评价等级的基本图件构成

<table>
<tr><th colspan="3">评价等级</th><th>基本图件</th></tr>
<tr><td rowspan="3">一级</td><td rowspan="2">二级</td><td>三级</td><td>（1）项目区域地理位置图
（2）工程平面图
（3）土地利用现状图
（4）典型生态保护措施平面布置示意图</td></tr>
<tr><td></td><td>（5）地表水系图
（6）特殊生态敏感区和重要生态敏感区空间分布图
（7）主要评价因子的评价成果和预测图</td></tr>
<tr><td colspan="2"></td><td>（8）植被类型图
（9）生态监测布点图</td></tr>
</table>

（二）推荐图件

推荐图件是指在现有技术条件下可以图形图像形式表达的、有助于阐明生态影响评价结果的图件，属于非强制性要求图件。根据评价工作范围内涉及生态类型不同，可选作相关图件来辅助说明调查、评价和预测的结果。

推荐图件针对评价工作范围涉及山地、水体、生态敏感区及相关生态区划等不同情景，提出了可供选作的图件类型。对应评价工作等级划分为一、二、三级，随评价工作等级的升高，可供选择图件类型相应丰富：

三级推荐图件包括地形地貌图、地表水系图、海洋功能区划图、植被类型图、绿化布置图。

二级推荐图件在三级推荐图件的基础上，增加土壤侵蚀分布图、水环境功能区划图、水文地质图、海域岸线图、土地利用规划图、生态功能分区图。

一级推荐图件在二级推荐图件的基础上，增加土壤类型图、海洋渔业资源分布图、主要经济鱼类产卵场分布图、滩涂分布现状图、塌陷等值线图、动植物资源分布图、珍稀濒危物种分布图、基本农田分布图、荒漠化土地分布图。

二、制图数据来源与时效要求

（一）信息源选择

生态影响评价制图数据的来源必须准确可靠，通常的数据来源包括：已有图件资料、采样、实验、地面勘测和遥感信息等。如通过对现有背景图件的扫描、配准、矢量化或者数据格式的转换获取背景专题数据；从测绘数据中获取 DEM、等高线、河流水系等数据；通过采样获取生物量、生物群落等数据；通过生物习性模拟、生物毒理实验等获取受影响生态因子的变化机理数据；通过生态监测获取受保护物种生境、物种迁徙及非生物因子的变化趋势等数据；从统计年鉴中获取人口、经济、环境质量等数据；遥感解译获取植被类型、植被覆盖度、土地利用等数据；从水文、地质、土壤等专题数据库中提取区域部分专题数据等。

1．已有图件资料选择

已有图件资料获取后，应从资料的现势性、完备性、精确性、可靠性等方面，分析其与评价项目生态影响是否匹配，确定资料的使用价值和程度。只有当图件资料的精度高于或相当于评价精度要求时，才能在本项目中直接引用；否则，需经实地调查、监测，对数据重新校正后使用。

2．遥感信息源选择

随着遥感技术的飞速发展，遥感信息的获取趋向全波段、全天候、全球覆盖和高分辨率，突破了时间和空间的局限，遥感信息已成为生态影响评价的主要数据源之一。在遥感信息源选择中，图像的空间分辨率、波谱分辨率和时间分辨率是主要指标。

（1）空间分辨率的选择

空间分辨率指遥感图像中一个像元所对应的地面范围的大小，如 Landsat-TM 影像的一个像元对应的地面范围是 30 m×30 m，那么其空间分辨率就是 30 m。不同平台的遥感器所获取的图像信息满足成图精度的范围是不同的，因此针对不同空间尺度的生态评价对象和制图精度要求，选择不同空间分辨率的影像就尤为重要。如省级、区域级的生态信息的获取可选择 Landsat-TM、CEBERS、ASTER、ALOS 等中等分辨率影像，局部区域生态信息的获取可选择 SPOT、IKNOS、QUICKBIRD 等高分辨率影像。

（2）波谱分辨率和波段的选择

波谱分辨率是由传感器所使用的波段数目（通道数）、波长、波段的宽度来决定的。地表物体在不同光谱段上有不同的吸收、反射特征，同一类型的地物在不同波段的图像上，不仅影像灰度有较大差别，而且影像的形状也有差异。遥感信息源的选择应根据生态影响评价的目的和要求，选择地物波谱特征差异较大的波段图像来反映地物信息，实际工作中表现为应针对评价对象选择对应波谱，并将符合要求的若干波段作优化组合，进行影像的合成分析与制图。如选用 Landsat-TM 5、4、3 波段组合配以红、绿、蓝三种颜色生成假彩色合成图像，不仅图像颜色类似于自然色，较为符合人们的视觉习惯，而且由于信息量丰富，能充分显示各种地物影像特征的差别。

（3）时间分辨率和时相的选择

用传感器对同一目标进行重复探测时，相邻两次探测的时间间隔称为遥感图像的时间分辨率。遥感图像的时间分辨率差异很大，当生态影响评价中需要分析评价对象的动态变化时，需要根据对象本身的变化周期选择与之对应的遥感信息源。如反映水坝蓄水淹没范围等现象的动态变化，须选择短期或短期时间分辨率的遥感信息源。

（二）数据时效要求

图件基础数据来源应满足生态影响评价的时效要求，选择与评价基准时段相匹配的数据源。当图件主题内容无显著变化时，制图数据源的时效要求可在无显著变化期内适当放宽，但必须经过现场勘验校核。

区别于污染类项目，生态影响类项目往往具有工程涉及范围广、影响程度大、时间周期长等特点，在数据收集和监测上存在一定困难。因此，在以往的生态影响评价工作中，评价单位多采用前期相关研究成果作为评价的基础数据来源，这就涉及数据的现势性和准确性。HJ 19 要求只有当评价对象无显著变化时方可使用其相关数据源，而且应经过现场勘验校核才可以。如从土地利用来看，东部沿海城市的土地利用变化剧烈，西部内陆城市的土地利用变化则稍缓，一年前的土地利用调查数据在西部内陆经过校核后还可以使用，在东部沿海可能已经完全改变。

三、制图与成图精度要求

为保证生态影响评价的准确性和科学性，生态影响评价制图的工作精度一般不低于工程可行性研究制图精度，成图精度应满足生态影响判别和生态保护措施的实施。

（一）制图精度要求

制图比例决定着图上量测的精度和表示评价对象的详略程度。制图比例要求由生态影响评价范围、评价尺度确定，其基本原则为：评价范围越大，制图比例尺越低；评价尺度越小，制图比例尺越高。由于正常人的眼睛只能分辨出图上大于 0.1 mm 的距离，图上 0.1 mm 的长度，在不同比例尺地图上的实地距离是不一样的，如 1∶5 万图为 5 m，1∶10 万图为 10 m。制图比例与成图范围如表 8-4 所示。

表 8-4 制图比例尺与成图范围

比例尺	图上 1 cm 代表实地距离	实地面积 100 km^2 的区域成图大小
1∶25 万	2.5 km	4 cm×4 cm
1∶10 万	1 km	10 cm×10 cm
1∶5 万	0.5 km	20 cm×20 cm
1∶1 万	0.1 km	1 m×1 m
1∶5 000	0.05 km	2 m×2 m

（二）成图精度要求

生态影响评价成图应能准确、清晰地反映评价主题内容，成图比例不应低于表 8-5 中的规范要求（项目区域地理位置图除外）。当成图范围过大时，可采用点线面相结合的方式，分幅成图；当涉及敏感生态保护目标时，应分幅单独成图，以提高成图精度。

表 8-5 不同评价等级的成图比例

成图范围		成图比例尺		
		一级评价	二级评价	三级评价
面积	≥100 km^2	≥1∶10 万	≥1∶10 万	≥1∶25 万
	20～100 km^2	≥1∶5 万	≥1∶5 万	≥1∶10 万
	2～≤20 km^2	≥1∶1 万	≥1∶1 万	≥1∶2.5 万
	≤2 km^2	≥1∶5 000	≥1∶5 000	≥1∶1 万

成图范围		成图比例尺		
		一级评价	二级评价	三级评价
长度	≥100 km	≥1∶25 万	≥1∶25 万	≥1∶25 万
	50～100 km	≥1∶10 万	≥1∶10 万	≥1∶25 万
	10～≤50 km	≥1∶5 万	≥1∶10 万	≥1∶10 万
	≤10 km	≥1∶1 万	≥1∶1 万	≥1∶5 万

生态影响成图比例结合我国生态类型项目特点，重点参考了我国基本地形图的比例尺系列，成图比例尺包括 1∶5 000、1∶1 万、1∶2.5 万、1∶5 万、1∶10 万、1∶25 万共六种。我国规定八种比例尺为国家基本地形图的比例尺系列，含 1∶5 000、1∶1 万、1∶2.5 万、1∶5 万、1∶10 万、1∶25 万、1∶50 万、1∶100 万地形图。其中，1∶5 000 和 1∶1 万地形图主要用于小范围内详细研究和评价地形用；1∶2.5 万地形图主要用于较小范围内详细研究和评价地形用；1∶5 万地形图是我国国民经济各部门和国防建设的基本用图，主要用于一定范围内较详细研究和评价地形用；1∶10 万地形图主要用于一定范围内较详细研究和评价地形用；1∶25 万地形图用于较大范围内的宏观评价和地理信息研究，可供区域规划、经济布局、生产布局和资源开发利用底图；1∶50 万地形图和 1∶100 万地形图用于大范围内进行宏观评价和研究地理信息，可作为各部门进行经济建设总体规划，经济布局、生产布局、国土资源开发利用工作底图。

四、图形整饬规范

（一）相关参考规范

《国家基本比例尺地图图式　第 1 部分：1∶500　1∶1 000　1∶2 000 地形图图式》（GB/T 20257.1—2017）

《国家基本比例尺地图图式　第 2 部分：1∶5 000　1∶10 000 地形图图式》（GB/T 20257.2—2017）

《国家基本比例尺地图图式　第 3 部分：1∶25 000　1∶50 000　1∶100 000 地形图图式》（GB/T 20257.3—2017）

《国家基本比例尺地图图式　第 4 部分：1∶250 000　1∶500 000　1∶1 000 000 地形图图式》（GB/T 20257.4—2017）

《城市规划制图标准》（CJJ/T 97—2003）

《综合水文地质图图例及色标》（GB/T 14538—1993）

《区域地质图图例》（GB/T 958—2015）

《地质图用色标准　比例尺 1∶500 000～1∶1 000 000》（GB 6390—86）

《风景园林图例图示标准》（CJJ 67—95）

《综合工程地质图图例及色标》（GB 12328—90）
《公共地理信息通用地图符号》（GB/T 24354—2009）
《中国海图图式》（GB 12319—1998）
《1∶5 000∶10 000 地形图图式》（GB/T 5791—93）
《国土基础信息数据分类与代码》（GB/T 13923—92）
《1∶1 000 000 地形图编绘规范及图式》（GB 14512—1993）
《数字地形图系列和基本要求》（GB/T 18315—2001）
《地图符号库建立的基本规定》（CH/T 4015—2001）

（二）图形整饬要求

图形整饬的目的是保证图件清晰易读，层次分明，富有美感。生态影响评价图件应符合专题地图制图的整饬规范要求，标准的图幅配置应包括图廓、图名、比例尺、方向标/经纬度、图例、注记、制图数据源（调查数据、实验数据、遥感信息源或其他）、制图单位、成图时间等要素。

1．图廓

成图一般由外图廓和内图廓构成，外图廓用粗实线绘制，内图廓用细实线绘制。外图廓和内图廓之间可填充简洁花纹，添加方里网，注明公里数；内图廓四角可标注经纬度，经纬度为度、分、秒格式。插图一般只绘制内图廓，省略外图廓。

2．图名

图名应书写规范，图名汉字宜采用宋体、黑体等字体，数字多采用 Times New Roman。图名宜位于图廓外上方，副标题字号通常略小于主标题字号。

3．比例尺图标

常见比例尺有三种：数字表示、直线比例尺、经纬线比例尺。由于小比例尺地图变形较大，一幅地图上各处变形不一致，用经纬线比例尺虽然可以消除一部分误差，但仍不能用于精确量测。比例尺小于百万分之一的地图，多绘有经纬线比例尺，同时还注有数字比例尺。大比例尺地图可采用数字比例尺或直线比例尺的形式。数字比例尺形式如“1∶100 000”，直线比例尺形式如“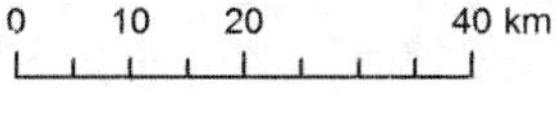
”。比例尺通常绘于图廓内，位置根据图形范围和边框特征确定。

4．指北针与风向玫瑰图

指北针与风向玫瑰图可绘制在图幅内右上角或左上角。有风向资料的地区采用 16 方向或 8 方向风向玫瑰图；其他地区采用指北针式样。当小比例尺地图变形较大时，可采用经纬网的方式表征方向。

16 方向风向玫瑰图（示意）

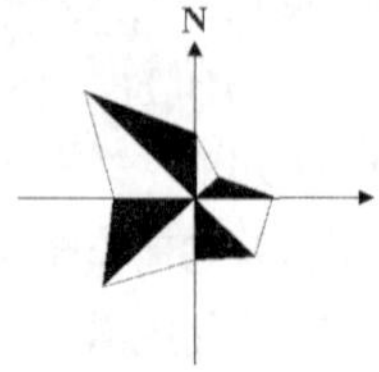

8 方向风向玫瑰图（示意）

指北针（示意）

5. 图例

图例由图形（线条、色块或符号）与文字组成，一般绘制在图幅内左下角或右下角。图例内容的排列应遵循一定的逻辑性，从上到下或从左到右按点、线、面，或者颜色由浅至深，或者专题要素分类顺序依次排列。

6. 文字注记

图件注记包括名称注记、说明注记和数字注记，其构成元素包括字体（字形）、字级、字色、字距等。字体表示制图对象的名称和类别、性质；字级指字的大小，常反映被注对象的等级和重要性，越是重要的事物，其注记越大，反之亦然；字色和字体作用相同，常结合字体变化用于增强类别、性质差异；字距大小以方便确定制图对象的分布范围为依据，且每一单体对象注记的字距应相等。

7. 署名和制图日期

制图单位、制图时间、制图人从左到右依次绘制于图廓外正下方。编制日期为成果的完成日期。

（三）符号和色彩设置

1. 符号设置

（1）原则

标志性原则：符号设计应能充分地表现和区分地物。

普遍性原则：符合环境制图中的常用习惯。

简单美观性原则：符号设计应简单明了，同时与整体的制图风格相匹配。

灵活性原则：符号的设计和制作必须满足地图的精度要求，其色彩、大小、旋转、平面位置等可进行更改，但不能引起形变。

（2）分类及适用范围

符号包括 6 方面特征：形状、大小、方向、亮度、结构与色彩。通常根据符号的形状将其划分为点状、线状和面状三类。

点状符号，即用各种不同形状、大小、颜色和结构的点状符号，表示生态要素空间分布及数量和质量特征。主要适用于：项目所在地、景点、敏感目标分布、监测点位布设、保护措施位置等。

线状符号，即用各种不同形状、粗细、长度、颜色的线状符号，表示生态要素空间分布及数量和质量特征。主要适用于：河流水系分布、交通道路分布、行政区边界、保护目标范围、断层、地裂缝分布等。

面状符号，即在区域界线或类型范围内填充颜色、晕线、花纹、图片以显示布满制图区域生态要素的质量差别。主要适用于：地貌类型图、土壤类型图、植被类型图、水文地质图、土地利用现状图、海洋、湖泊、较大的河流、规划图、环境功能区划图等。

2．色彩设置

色彩是表达地图科学内容的重要手段，也是衡量地图质量的重要指标，色彩能提高地图的可读性。

（1）天然色原则

地图设色应尽可能与制图对象的天然颜色相接近，制图实践中总结出的常用色彩，其表示的地图要素已约定成俗。如：

绿：旅游、园林、树林、花卉、草原、平原；

蓝：河流、湖泊、泉水、瀑布等水体以及湿润、冰雪、航海线、航空线；

黄、土黄：干旱、光照、建设用地、耕地；

红：道路、干燥以及重要地物；

棕：山地、丘陵、高原、等高线、交通；

黑：铁路、居民地以及注记等；

灰：未利用地。

（2）象征、含义原则

根据人们对色彩的感觉来设色。如冷色调（绿、蓝、紫）和暖色调（黄、红、橙）给人感觉明显不同。暖色一般用来表示亚热带、热带气候，冷色表示寒温带、温带气候；蓝、绿色表示湿润，黄、棕色表示干旱等。

（3）协调性原则

相邻地物用色应缓冲协调，颜色差异不要过渡太大，以免影响视觉效果。但在一张图内，所有颜色之间应能区分出不同的地物，如植被中的针叶林、阔叶林、草原等类型分别用暗绿色、绿色、草绿色表示；土壤中的黑钙土、褐土、棕壤、黄壤、红壤就是通过土壤颜色命名的，在地图上可以选用深灰色、褐色、棕色、黄色和红色表示。

第九章　建设项目环境风险评价技术导则

一、概述

《建设项目环境风险评价技术导则》（HJ 169—2018）规定了建设项目环境风险评价的一般性原则、内容、程序和方法。本标准适用于涉及有毒有害和易燃易爆危险物质生产、使用、储存（包括使用管线输运）的建设项目可能发生的突发性事故（不包括人为破坏及自然灾害引发的事故）的环境风险评价。本标准不适用于生态风险评价及核与辐射类建设项目的环境风险评价。对于有特定行业环境风险评价技术规范要求的建设项目，本标准规定的一般性原则适用。相关规划类环境影响评价中的环境风险评价可参考本标准。

该导则是对《建设项目环境风险评价技术导则》（HJ/T 169—2004）的第一次修订。

该导则于 2018 年 10 月 14 日发布，2019 年 3 月 1 日正式实施。自实施之日起，《建设项目环境风险评价技术导则》（HJ/T 169—2004）废止。

二、术语和定义

1．环境风险

突发性事故对环境造成的危害程度及可能性。

2．环境风险潜势

对建设项目潜在环境危害程度的概化分析表达，是基于建设项目涉及的物质和工艺系统危险性及其所在地环境敏感程度的综合表征。

3．风险源

存在物质或能量意外释放，并可能产生环境危害的源。

4．危险物质

具有易燃易爆、有毒有害等特性，会对环境造成危害的物质。

5．危险单元

由一个或多个风险源构成的具有相对独立功能的单元，事故状况下应可实现与其他功能单元的分割。

6．最大可信事故

是基于经验统计分析，在一定可能性区间内发生的事故中，造成环境危害最严重的事故。

7. 大气毒性终点浓度

人员短期暴露可能会导致出现健康影响或死亡的大气污染物浓度，用于判断周边环境风险影响程度。

三、总则

（一）一般性原则

环境风险评价应以突发性事故导致的危险物质环境急性损害防控为目标，对建设项目的环境风险进行分析、预测和评估，提出环境风险预防、控制、减缓措施，明确环境风险监控及应急建议要求，为建设项目环境风险防控提供科学依据。

（二）评价工作程序

评价工作程序见图 9-1。

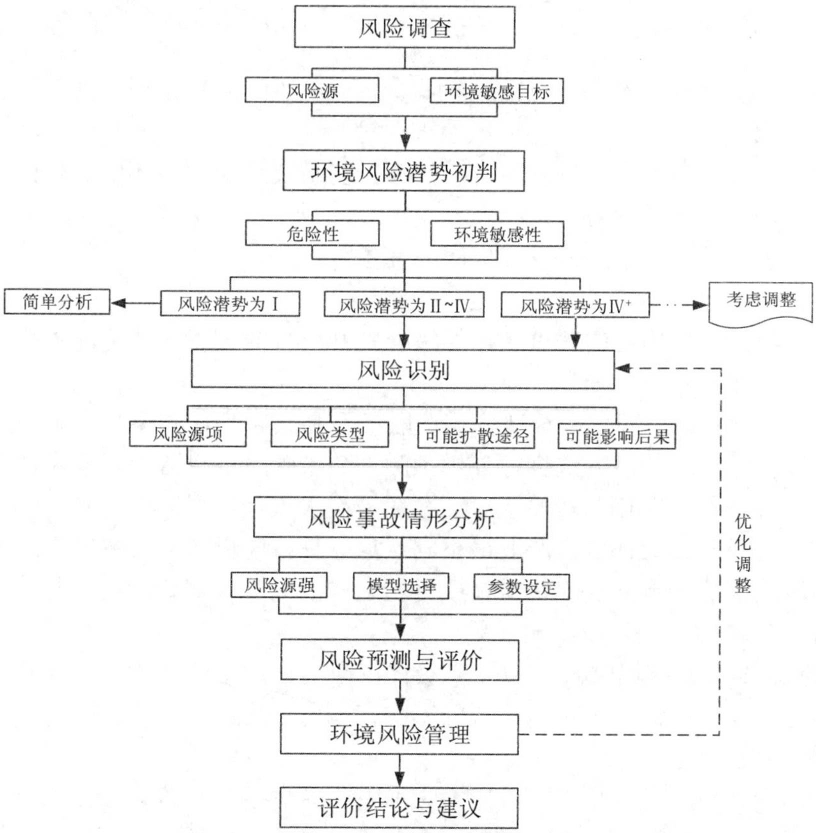

图 9-1　评价工作程序

（三）评价工作等级划分

环境风险评价工作等级划分为一级、二级、三级。根据建设项目涉及的物质及工艺系统危险性和所在地的环境敏感性确定环境风险潜势，按照表 9-1 确定评价工作等级。风险潜势为Ⅳ及以上，进行一级评价；风险潜势为Ⅲ，进行二级评价；风险潜势为Ⅱ，进行三级评价；风险潜势为Ⅰ，可开展简单分析。

表 9-1 评价工作等级划分

环境风险潜势	Ⅳ、$Ⅳ^+$	Ⅲ	Ⅱ	Ⅰ
评价工作等级	一	二	三	简单分析[a]

注：a 相对于详细评价工作内容而言，在描述危险物质、环境影响途径、环境危害后果、风险防范措施等方面给出定性的说明。见（HJ 169—2018）附录 A。

（四）评价工作内容

（1）环境风险评价基本内容包括风险调查、环境风险潜势初判、风险识别、风险事故情形分析、风险预测与评价、环境风险管理等。

（2）基于风险调查，分析建设项目物质及工艺系统危险性和环境敏感性，进行风险潜势的判断，确定风险评价等级。

（3）风险识别及风险事故情形分析应明确危险物质在生产系统中的主要分布，筛选具有代表性的风险事故情形，合理设定事故源项。

（4）各环境要素按确定的评价工作等级分别开展预测评价，分析说明环境风险危害范围与程度，提出环境风险防范的基本要求。

① 大气环境风险预测。一级评价需选取最不利气象条件和事故发生地的最常见气象条件，选择适用的数值方法进行分析预测，给出风险事故情形下危险物质释放可能造成的大气环境影响范围与程度。对于存在极高大气环境风险的项目，应进一步开展关心点概率分析。二级评价需选取最不利气象条件，选择适用的数值方法进行分析预测，给出风险事故情形下危险物质释放可能造成的大气环境影响范围与程度。三级评价应定性分析说明大气环境影响后果。

② 地表水环境风险预测。一级、二级评价应选择适用的数值方法预测地表水环境风险，给出风险事故情形下可能造成的影响范围与程度；三级评价应定性分析说明地表水环境影响后果。

③ 地下水环境风险预测。一级评价应优先选择适用的数值方法预测地下水环境风险，给出风险事故情形下可能造成的影响范围与程度；低于一级评价的，风险预测分

析与评价要求参照 HJ 610 执行。

（5）提出环境风险管理对策，明确环境风险防范措施及突发环境事件应急预案编制要求。

（6）综合环境风险评价过程，给出评价结论与建议。

（五）评价范围

（1）大气环境风险评价范围：一级、二级评价距建设项目边界一般不低于 5 km；三级评价距建设项目边界一般不低于 3 km。油气、化学品输送管线项目一级、二级评价距管道中心线两侧一般均不低于 200 m；三级评价距管道中心线两侧一般均不低于 100 m。当大气毒性终点浓度预测到达距离超出评价范围时，应根据预测到达距离进一步调整评价范围。

（2）地表水环境风险评价范围参照 HJ 2.3 确定。

（3）地下水环境风险评价范围参照 HJ 610 确定。

（4）环境风险评价范围应根据环境敏感目标分布情况、事故后果预测可能对环境产生危害的范围等综合确定。项目周边所在区域，评价范围外存在需要特别关注的环境敏感目标，评价范围需延伸至所关心的目标。

四、风险调查和环境风险潜势初判

（一）风险调查

1．建设项目风险源调查

调查建设项目危险物质数量和分布情况、生产工艺特点，收集危险物质安全技术说明书（MSDS）等基础资料。

2．环境敏感目标调查

根据危险物质可能的影响途径，明确环境敏感目标，给出环境敏感目标区位分布图，列表明确调查对象、属性、相对方位及距离等信息。

（二）环境风险潜势初判

1．环境风险潜势划分

建设项目环境风险潜势划分为Ⅰ、Ⅱ、Ⅲ、Ⅳ/Ⅳ$^+$级。

根据建设项目涉及的物质和工艺系统的危险性及其所在地的环境敏感程度，结合事故情形下环境影响途径，对建设项目潜在环境危害程度进行概化分析，按照表 9-2 确定环境风险潜势。

表 9-2 建设项目环境风险潜势划分

环境敏感程度（E）	危险物质及工艺系统危险性（P）			
	极高危害（P1）	高度危害（P2）	中度危害（P3）	轻度危害（P4）
环境高度敏感区（E1）	IV^+	IV	III	III
环境中度敏感区（E2）	IV	III	III	II
环境低度敏感区（E3）	III	III	II	I

注：IV^+为极高环境风险。

2．P 的分级确定

分析建设项目生产、使用、储存过程中涉及的有毒有害、易燃易爆物质，参见 HJ 169—2018 附录 B 确定危险物质的临界量。定量分析危险物质数量与临界量的比值（Q）和所属行业及生产工艺特点（M），按 HJ 169—2018 附录 C 对危险物质及工艺系统危险性（P）等级进行判断。

3．E 的分级确定

分析危险物质在事故情形下的环境影响途径，如大气、地表水、地下水等，按照 HJ 169—2018 附录 D 对建设项目各要素环境敏感程度（E）等级进行判断。

4．建设项目环境风险潜势判断

建设项目环境风险潜势综合等级取各要素等级的相对高值。

五、风险识别

（一）风险识别的内容

（1）物质危险性识别

包括主要原辅材料、燃料、中间产品、副产品、最终产品、污染物、火灾和爆炸伴生/次生物等。

（2）生产系统危险性识别

包括主要生产装置、储运设施、公用工程和辅助生产设施，以及环境保护设施等。

（3）危险物质向环境转移的途径识别

包括分析危险物质特性及可能的环境风险类型，识别危险物质影响环境的途径，分析可能影响的环境敏感目标。

（二）风险识别方法

1．资料收集和准备

根据危险物质泄漏、火灾、爆炸等突发性事故可能造成的环境风险类型，收集和准备建设项目工程资料，周边环境资料，国内外同行业、同类型事故统计分析及典型事故案例资料。对已建工程应收集环境管理制度，操作和维护手册，突发环境事件应急预案，应急培训、演练记录，历史突发环境事件及生产安全事故调查资料，设备失效统计数据等。

2．物质危险性识别

按 HJ 169—2018 附录 B 识别出的危险物质，以图表的方式给出其易燃易爆、有毒有害危险特性，明确危险物质的分布。

3．生产系统危险性识别

（1）按工艺流程和平面布置功能区划，结合物质危险性识别，以图表的方式给出危险单元划分结果及单元内危险物质的最大存在量。按生产工艺流程分析危险单元内潜在的风险源。

（2）按危险单元分析风险源的危险性、存在条件和转化为事故的触发因素。

（3）采用定性或定量分析方法筛选确定重点风险源。

4．环境风险类型及危害分析

（1）环境风险类型包括危险物质泄漏，以及火灾、爆炸等引发的伴生/次生污染物排放。

（2）根据物质及生产系统危险性识别结果，分析环境风险类型、危险物质向环境转移的可能途径和影响方式。

（三）风险识别结果

在风险识别的基础上，图示危险单元分布。给出建设项目环境风险识别汇总，包括危险单元、风险源、主要危险物质、环境风险类型、环境影响途径、可能受影响的环境敏感目标等，说明风险源的主要参数。

六、风险事故情形分析

（一）风险事故情形设定

1．风险事故情形设定内容

在风险识别的基础上，选择对环境影响较大并具有代表性的事故类型，设定风险事故情形。风险事故情形设定内容应包括环境风险类型、风险源、危险单元、危险物质和影响途径等。

2．风险事故情形设定原则

（1）同一种危险物质可能有多种环境风险类型。风险事故情形应包括危险物质泄漏，以及火灾、爆炸等引发的伴生/次生污染物排放情形。对不同环境要素产生影响的风险事故情形，应分别进行设定。

（2）对于火灾、爆炸事故，需将事故中未完全燃烧的危险物质在高温下迅速挥发释放至大气，以及燃烧过程中产生的伴生/次生污染物对环境的影响作为风险事故情形设定的内容。

（3）设定的风险事故情形发生可能性应处于合理的区间，并与经济技术发展水平相适应。一般而言，发生频率小于 10^{-6}/年的事件是极小概率事件，可作为代表性事故情形中最大可信事故设定的参考。

（4）风险事故情形设定的不确定性与筛选。由于事故触发因素具有不确定性，因此事故情形的设定并不能包含全部可能的环境风险，但通过具有代表性的事故情形分析可为风险管理提供科学依据。事故情形的设定应在环境风险识别的基础上筛选，设定的事故情形应具有危险物质、环境危害、影响途径等方面的代表性。

（二）源项分析

1．源项分析方法

源项分析应基于风险事故情形的设定，合理估算源强。泄漏频率可参考 HJ 169—2018 附录 E 的推荐方法确定，也可采用事故树、事件树分析法或类比法等确定。

2．事故源强的确定

事故源强是为事故后果预测提供分析模拟情形。事故源强设定可采用计算法和经验估算法。计算法适用于以腐蚀或应力作用等引起的泄漏型为主的事故；经验估算法适用于以火灾、爆炸等突发性事故伴生/次生的污染物释放。

（1）物质泄漏量的计算

液体、气体和两相流泄漏速率的计算参见附录 F 推荐的方法。

泄漏时间应结合建设项目探测和隔离系统的设计原则确定。一般情况下，设置紧急隔离系统的单元，泄漏时间可设定为 10 min；未设置紧急隔离系统的单元，泄漏时间可设定为 30 min。

泄漏液体的蒸发速率计算可采用附录 F 推荐的方法。蒸发时间应结合物质特性、气象条件、工况等综合考虑，一般情况下，可按 15～30 min 计；泄漏物质形成的液池面积以不超过泄漏单元的围堰（或堤）内面积计。

（2）经验法估算物质释放量

火灾、爆炸事故在高温下迅速挥发释放至大气的未完全燃烧危险物质，以及在燃烧过程中产生的伴生/次生污染物，可参照 HJ 169—2018 附录 F 采用经验法估算释放量。

（3）其他估算方法

① 装卸事故，泄漏量按装卸物质流速和管径及失控时间计算，失控时间一般可按 5～30 min 计。

② 油气长输管线泄漏事故，按管道截面 100%断裂估算泄漏量，应考虑截断阀启动前、后的泄漏量。截断阀启动前，泄漏量按实际工况确定；截断阀启动后，泄漏量以管道泄压至与环境压力平衡所需要时间计。

③ 水体污染事故源强应结合污染物释放量、消防用水量及雨水量等因素综合确定。

（4）源强参数确定

根据风险事故情形确定事故源参数（如泄漏点高度、温度、压力、泄漏液体蒸发面积等）、释放/泄漏速率、释放/泄漏时间、释放/泄漏量、泄漏液体蒸发量等，给出源强汇总。

七、风险预测

（一）有毒有害物质在大气中的扩散

1. 预测模型筛选

（1）预测计算时，应区分重质气体排放与轻质气体排放，选择合适的大气风险预测模型。其中重质气体和轻质气体的判断依据可采用 HJ 169—2018 附录 G 中 G.2 推荐的理查德森数进行判定。

（2）采用 HJ 169—2018 附录 G 中的推荐模型进行气体扩散后果预测，模型选择应结合模型的适用范围、参数要求等说明模型选择的依据。

（3）选用推荐模型以外的其他技术成熟的大气风险预测模型时，需说明模型选择理由及适用性。

2. 预测范围与计算点

（1）预测范围即预测物质浓度达到评价标准时的最大影响范围，通常由预测模型计算获取。预测范围一般不超过 10 km。

（2）计算点分特殊计算点和一般计算点。特殊计算点指大气环境敏感目标等关心点，一般计算点指下风向不同距离点。一般计算点的设置应具有一定分辨率，距离风险源 500 m 范围内可设置 10～50 m 间距，大于 500 m 范围内可设置 50～100 m 间距。

3. 事故源参数

根据大气风险预测模型的需要，调查泄漏设备的类型、尺寸、操作参数（压力、温度等）以及泄漏物质理化特性（摩尔质量、沸点、临界温度、临界压力、比热容比、气体定压比热容、液体定压比热容、液体密度、汽化热等）。

4. 气象参数

（1）一级评价，需选取最不利气象条件及事故发生地的最常见气象条件分别进行后果预测。其中最不利气象条件取 F 类稳定度，1.5 m/s 风速，温度 25℃，相对湿度 50%；最常见气象条件由当地近 3 年内的至少连续 1 年气象观测资料统计分析得出，包括出现频率最高的稳定度、该稳定度下的平均风速（非静风）、日最高平均气温、年平均湿度。

（2）二级评价，需选取最不利气象条件进行后果预测。最不利气象条件取 F 类稳定度，1.5 m/s 风速，温度 25 ℃，相对湿度 50%。

5. 大气毒性终点浓度值选取

大气毒性终点浓度即预测评价标准。大气毒性终点浓度值选取参见 HJ 169—2018 附录 H，分为 1、2 级。其中 1 级为当大气中危险物质浓度低于该限值时，绝大多数人员暴露 1 h 不会对生命造成威胁，当超过该限值时，有可能对人群造成生命威胁；2 级为当大气中危险物质浓度低于该限值时，暴露 1 h 一般不会对人体造成不可逆的伤害，或出现的症状一般不会损伤该个体采取有效防护措施的能力。

6. 预测结果表述

（1）给出下风向不同距离处有毒有害物质的最大浓度，以及预测浓度达到不同毒性终点浓度的最大影响范围。

（2）给出各关心点的有毒有害物质浓度随时间变化情况，以及关心点的预测浓度超过评价标准时对应的时刻和持续时间。

（3）对于存在极高大气环境风险的建设项目，应开展关心点概率分析，即有毒有害气体（物质）剂量负荷对个体的大气伤害概率、关心点处气象条件的频率、事故发生概率的乘积，以反映关心点处人员在无防护措施条件下受到伤害的可能性。有毒有害气体大气伤害概率估算参见 HJ 169—2018 附录 I。

（二）有毒有害物质在地表水、地下水环境中的运移扩散

1. 有毒有害物质进入水环境的方式

有毒有害物质进入水环境，包括事故直接导致和事故处理处置过程间接导致的情况，一般为瞬时排放源和有限时段内排放的源。

2. 预测模型

（1）地表水

根据风险识别结果，有毒有害物质进入水体的方式、水体类别及特征，以及有毒有害物质的溶解性，选择适用的预测模型。

① 对于油品类泄漏事故，流场计算按 HJ 2.3 中的相关要求，选取适用的预测模型，溢油漂移扩散过程按 GB/T 19485 中的溢油粒子模型进行溢油轨迹预测。

② 其他事故，地表水风险预测模型及参数参照 HJ 2.3。

（2）地下水

地下水风险预测模型及参数参照 HJ 610。

3. 终点浓度值选取

终点浓度即预测评价标准。终点浓度值根据水体分类及预测点水体功能要求，按照 GB 3838、GB 5749、GB 3097 或 GB/T 14848 选取。对于未列入上述标准，但确需进行分析预测的物质，其终点浓度值选取可参照 HJ 2.3、HJ 610。

对于难以获取终点浓度值的物质，可按质点运移到达判定。

4. 预测结果表述

（1）地表水

根据风险事故情形对水环境的影响特点，预测结果可采用以下表述方式：

① 给出有毒有害物质进入地表水体最远超标距离及时间。

② 给出有毒有害物质经排放通道到达下游（按水流方向）环境敏感目标处的到达时间、超标时间、超标持续时间及最大浓度，对于在水体中漂移类物质，应给出漂移轨迹。

（2）地下水

给出有毒有害物质进入地下水体到达下游厂区边界和环境敏感目标处的到达时间、超标时间、超标持续时间及最大浓度。

八、风险评价

结合各要素风险预测，分析说明建设项目环境风险的危害范围与程度。大气环境风险的影响范围和程度由大气毒性终点浓度确定，明确影响范围内的人口分布情况；地表水、地下水对照功能区质量标准浓度（或参考浓度）进行分析，明确对下游环境敏感目标的影响情况。环境风险可采用后果分析、概率分析等方法开展定性或定量评价，以避免急性损害为重点，确定环境风险防范的基本要求。

九、环境风险管理

（一）环境风险管理目标

环境风险管理目标是采用最低合理可行原则（As Low As Reasonable Practicable，ALARP）管控环境风险。采取的环境风险防范措施应与社会经济技术发展水平相适应，运用科学的技术手段和管理方法，对环境风险进行有效的预防、监控、响应。

（二）环境风险防范措施

1. 大气环境风险防范措施

结合风险源状况明确环境风险的防范、减缓措施，提出环境风险监控要求，并结合环境风险预测分析结果、区域交通道路和安置场所位置等，提出事故状态下人员的疏散通道及安置等应急建议。

2. 事故废水环境风险防范措施

明确“单元—厂区—园区/区域”的环境风险防控体系要求，设置事故废水收集（尽可能以非动力自流方式）和应急储存设施，以满足事故状态下收集泄漏物料、污染消防水和污染雨水的需要，明确并图示防止事故废水进入外环境的控制、封堵系统。应急储存设施应根据发生事故的设备容量、事故时消防用水量及可能进入应急储存设施的雨水量等因素综合确定。应急储存设施内的事故废水，应及时进行有效处置，做到回用或达标排放。结合环境风险预测分析结果，提出实施监控和启动相应的园区/区域突发环境事件应急预案的建议要求。

3. 地下水环境风险防范措施

重点采取源头控制和分区防渗措施，加强地下水环境的监控、预警，提出事故应急减缓措施。

4. 其他风险防范措施

（1）针对主要风险源，提出设立风险监控及应急监测系统，实现事故预警和快速应急监测、跟踪，提出应急物资、人员等的管理要求。

（2）对于改建、扩建和技术改造项目，应分析依托企业现有环境风险防范措施的有效性，提出完善意见和建议。

（3）环境风险防范措施应纳入环保投资和建设项目竣工环境保护验收内容。

（4）考虑事故触发具有不确定性，厂内环境风险防控系统应纳入园区/区域环境风险防控体系，明确风险防控设施、管理的衔接要求。极端事故风险防控及应急处置应结合所在园区/区域环境风险防控体系统筹考虑，按分级响应要求及时启动园区/区域环境风险防范措施，实现厂内与园区/区域环境风险防控设施及管理有效联动，有效防控环境风险。

（三）突发环境事件应急预案编制要求

（1）按照国家、地方和相关部门要求，提出企业突发环境事件应急预案编制或完善的原则要求，包括预案适用范围、环境事件分类与分级、组织机构与职责、监控和预警、应急响应、应急保障、善后处置、预案管理与演练等内容。

（2）明确企业、园区/区域、地方政府环境风险应急体系。企业突发环境事件应急预案应体现分级响应、区域联动的原则，与地方政府突发环境事件应急预案相衔接，明确分级响应程序。

十、评价结论与建议

（一）项目危险因素

简要说明主要危险物质、危险单元及其分布，明确项目危险因素，提出优化平面布局、调整危险物质存在量及危险性控制的建议。

（二）环境敏感性及事故环境影响

简要说明项目所在区域环境敏感目标及其特点，根据预测分析结果，明确突发性事故可能造成环境影响的区域和涉及的环境敏感目标，提出保护措施及要求。

（三）环境风险防范措施和应急预案

结合区域环境条件和园区/区域环境风险防控要求，明确建设项目环境风险防控体系，重点说明防止危险物质进入环境及进入环境后的控制、削减、监测等措施，提出优化调整风险防范措施建议及突发环境事件应急预案原则要求。

（四）环境风险评价结论与建议

综合环境风险评价专题的工作过程，明确给出建设项目环境风险是否可防控的结论。根据建设项目环境风险可能影响的范围与程度，提出缓解环境风险的建议措施。

对存在较大环境风险的建设项目，须提出环境影响后评价的要求。

第十章　规划环境影响评价技术导则　总纲

为贯彻《中华人民共和国环境保护法》《中华人民共和国环境影响评价法》《规划环境影响评价条例》，规范和指导规划环境影响评价工作，从决策源头预防环境污染和生态破坏，促进经济、社会和环境的全面协调可持续发展，制定《规划环境影响评价技术导则 总纲》（HJ 130—2019）。

该标准规定了规划环境影响评价的一般性原则、工作程序、内容、方法和要求。

该标准是对《规划环境影响评价技术导则 总纲》（HJ 130—2014）的修订，与原标准相比，进一步提高了可操作性，新增了与“生态保护红线、环境质量底线、资源利用上线和生态环境准入清单”（以下简称“三线一单”）工作的衔接，加强了规划环评对建设项目环评的指导，主要修改内容如下：

（1）增加了生态空间、生态保护红线、环境质量底线、资源利用上线、生态环境准入清单和环境管控单元等术语和定义，完善了环境敏感区、重点生态功能区术语和定义。

（2）总则章节，修改了评价目的相关表述，进一步突出了以改善环境质量为核心的要求；将评价流程分为工作流程和技术流程，其中将工作流程内容要求调整到附录 A，增加了技术流程图。

（3）规划分析章节，删除了规划不确定性分析的内容，在环境影响预测与评价章节增加了预测情景设置的内容和要求。

（4）环境现状调查与评价章节，增加了分析区域“三线一单”的相关内容和要求，进一步完善明确了环境现状调查相关要求，将具体调查内容调整到附录 C。

（5）环境影响预测与评价章节，强化了结合情景方案开展预测与评价的要求，完善了水环境、大气环境等要素评价内容，明确要求分析规划实施后能否满足生态保护红线、环境质量底线、资源利用上线。

（6）规划方案综合论证和优化调整建议章节，明确了基于生态保护红线、环境质量底线、资源利用上线的规划方案环境合理性论证要求；调整了规划可持续发展论证的表述，增加了环境效益论证的内容和要求。

（7）环境影响减缓措施章节，增加了环境管控要求等内容，针对产业园区等规划，补充了生态环境准入清单的内容要求（附录 E）。

（8）增加了规划所包含建设项目环评要求章节，明确规定了规划所包含建设项目环评应重点关注和可简化的内容。

（9）跟踪评价章节，进一步明确了跟踪评价计划的主要内容。

（10）环境影响评价文件的编制要求章节，增加了规划环境影响评价文件中图件格式和内容要求。

自该标准实施之日起，《规划环境影响评价技术导则 总纲》（HJ 130—2014）废止。该标准由生态环境部 2019 年 12 月 13 日批准，并自 2020 年 3 月 1 日起实施。

一、主要内容与适用范围

该标准规定了开展规划环境影响评价的一般性原则、工作程序、内容、方法和要求。

该标准适用于国务院有关部门、设区的市级以上地方人民政府及其有关部门组织编制的土地利用的有关规划，区域、流域、海域的建设、开发利用规划，以及工业、农业、畜牧业、林业、能源、水利、交通、城市建设、旅游、自然资源开发的有关专项规划的环境影响评价。其他规划的环境影响评价可参照执行。

各综合性规划、专项规划环境影响评价技术导则和技术规范等应根据该标准制（修）订。

二、规范性引用文件

本标准内容引用了下列文件中的条款。凡是不注日期的引用文件，其有效版本适用于该标准。

《环境影响评价技术导则　大气环境》（HJ 2.2）

《环境影响评价技术导则　地表水环境》（HJ 2.3）

《环境影响评价技术导则　声环境》（HJ 2.4）

《环境影响评价技术导则　生态影响》（HJ 19）

《建设项目环境风险评价技术导则》（HJ 169）

《环境影响评价技术导则　地下水环境》（HJ 610）

《区域生物多样性评价标准》（HJ 623）

《环境影响评价技术导则　土壤环境（试行）》（HJ 964）

三、术语

1. 环境目标

指为保护和改善生态环境而设定的、拟在相应规划期限内达到的环境质量、生态功能和其他与生态环境保护相关的目标和要求，是规划编制和实施应满足的生态环境保护总体要求。

2. 生态空间

指具有自然属性、以提供生态服务或生态产品为主体功能的国土空间，包括森林、草原、湿地、河流、湖泊、滩涂、岸线、海洋、荒地、荒漠、戈壁、冰川、高山冻原、无居民海岛等区域，是保障区域生态系统稳定性、完整性，提供生态服务功能的主要区域。

3. 生态保护红线

指在生态空间范围内具有特殊重要生态功能、必须强制性严格保护的区域，是保障和维护国家生态安全的底线和生命线，通常包括具有重要水源涵养、生物多样性维护、水土保持、防风固沙、海岸生态稳定等功能的生态功能重要区域，以及水土流失、土地沙化、石漠化、盐渍化等生态环境敏感脆弱区域。

4. 环境质量底线

指按照水、大气、土壤环境质量不断优化的原则，结合环境质量现状和相关规划、功能区划要求，考虑环境质量改善潜力，确定的分区域分阶段环境质量目标及相应的环境管控、污染物排放控制等要求。

5. 资源利用上线

以保障生态安全和改善环境质量为目的，结合自然资源开发管控，提出的分区域分阶段的资源开发利用总量、强度、效率等管控要求。

6. 环境敏感区

指依法设立的各级各类保护区域和对规划实施产生的环境影响特别敏感的区域，主要包括生态保护红线范围内或者其外的下列区域：

（1）自然保护区、风景名胜区、世界文化和自然遗产地、海洋特别保护区、饮用水水源保护区；

（2）永久基本农田、基本草原、森林公园、地质公园、重要湿地、天然林、野生动物重要栖息地、重点保护野生植物生长繁殖地、重要水生生物自然产卵场、索饵场、越冬场和洄游通道、天然渔场、水土流失重点预防区、沙化土地封禁保护区、封闭及半封闭海域；

（3）以居住、医疗卫生、文化教育、科研、行政办公等为主要功能的区域，以及文物保护单位。

7. 重点生态功能区

指生态系统脆弱或生态功能重要，需要在国土空间开发中限制进行大规模高强度工业化城镇化开发，以保持并提高生态产品供给能力的区域。

8. 生态系统完整性

指自然生态系统通过其组织、结构、关系等应对外来干扰并维持自身状态稳定性和生产能力的功能水平。

9．环境管控单元

指集成生态保护红线及生态空间、环境质量底线、资源利用上线的管控区域。

10．生态环境准入清单

指基于环境管控单元，统筹考虑生态保护红线、环境质量底线、资源利用上线的管控要求，以清单形式提出的空间布局、污染物排放、环境风险防控、资源开发利用等方面生态环境准入要求。

11．跟踪评价

指规划编制机关在规划的实施过程中，对已经和正在产生的环境影响进行监测、分析和评价的过程，用以检验规划实施的实际环境影响以及不良环境影响减缓措施的有效性，并根据评价结果，提出完善环境管理方案，或者对正在实施的规划方案进行修订。

四、总则

1．评价目的

以改善环境质量和保障生态安全为目标，论证规划方案的生态环境合理性和环境效益，提出规划优化调整建议；明确不良生态环境影响的减缓措施，提出生态环境保护建议和管控要求，为规划决策和规划实施过程中的生态环境管理提供依据。

2．评价原则

（1）早期介入、过程互动：评价应在规划编制的早期阶段介入，在规划前期研究和方案编制、论证、审定等关键环节和过程中充分互动，不断优化规划方案，提高环境合理性。

（2）统筹衔接、分类指导：评价工作应突出不同类型、不同层级规划及其环境影响特点，充分衔接 “三线一单”成果，分类指导规划所包含建设项目的布局和生态环境准入。

（3）客观评价、结论科学：依据现有知识水平和技术条件对规划实施可能产生的不良环境影响的范围和程度进行客观分析，评价方法应成熟可靠，数据资料应完整可信，结论建议应具体明确且具有可操作性。

3．评价范围

（1）按照规划实施的时间维度和可能影响的空间尺度来界定评价范围。

（2）时间维度上，应包括整个规划期，并根据规划方案的内容、年限等选择评价的重点时段。

（3）空间尺度上，应包括规划空间范围以及可能受到规划实施影响的周边区域。周边区域确定应考虑各环境要素评价范围，兼顾区域流域污染物传输扩散特征、生态系统完整性和行政边界。

4．评价流程

（1）工作流程

规划环境影响评价应在规划编制的早期阶段介入，并与规划编制、论证及审定等关键环节和过程充分互动，互动内容一般包括：

①在规划前期阶段，同步开展规划环评工作。通过对规划内容的分析，收集与规划相关的法律法规、环境政策等，收集上层位规划和规划所在区域战略环评及“三线一单”成果，对规划区域及可能受影响的区域进行现场踏勘，收集相关基础数据资料，初步调查环境敏感区情况，识别规划实施的主要环境影响，分析提出规划实施的资源、生态、环境制约因素，反馈给规划编制机关。

②在规划方案编制阶段，完成现状调查与评价，提出环境影响评价指标体系，分析、预测和评价拟定规划方案实施的资源、生态、环境影响，并将评价结果和结论反馈给规划编制机关，作为方案比选和优化的参考和依据。

③在规划的审定阶段：a）进一步论证拟推荐的规划方案的环境合理性，形成必要的优化调整建议，反馈给规划编制机关。针对推荐的规划方案提出不良环境影响减缓措施和环境影响跟踪评价计划，编制环境影响报告书。b）如果拟选定的规划方案在资源、生态、环境方面难以承载，或者可能造成重大不良生态环境影响且无法提出切实可行的预防或减缓对策和措施，或者根据现有的数据资料和专家知识对可能产生的不良生态环境影响的程度、范围等无法做出科学判断，应向规划编制机关提出对规划方案做出重大修改的建议并说明理由。

④规划环境影响报告书审查会后，应根据审查小组提出的修改意见和审查意见对报告书进行修改完善。

⑤在规划报送审批前，应将环境影响评价文件及其审查意见正式提交给规划编制机关。

（2）技术流程

规划环境影响评价的技术流程见图 10-1。

5．评价方法

规划环境影响评价各工作环节常用方法参见 HJ 130—2019 附录 B。开展具体评价工作时可根据需要选用，也可选用其他已广泛应用、可验证的技术方法。

五、规划分析

1．基本要求

规划分析包括规划概述和规划协调性分析。规划概述应明确可能对生态环境造成影响的规划内容；规划协调性分析应明确规划与相关法律、法规、政策的相符性，以及规划在空间布局、资源保护与利用、生态环境保护等方面的冲突和矛盾。

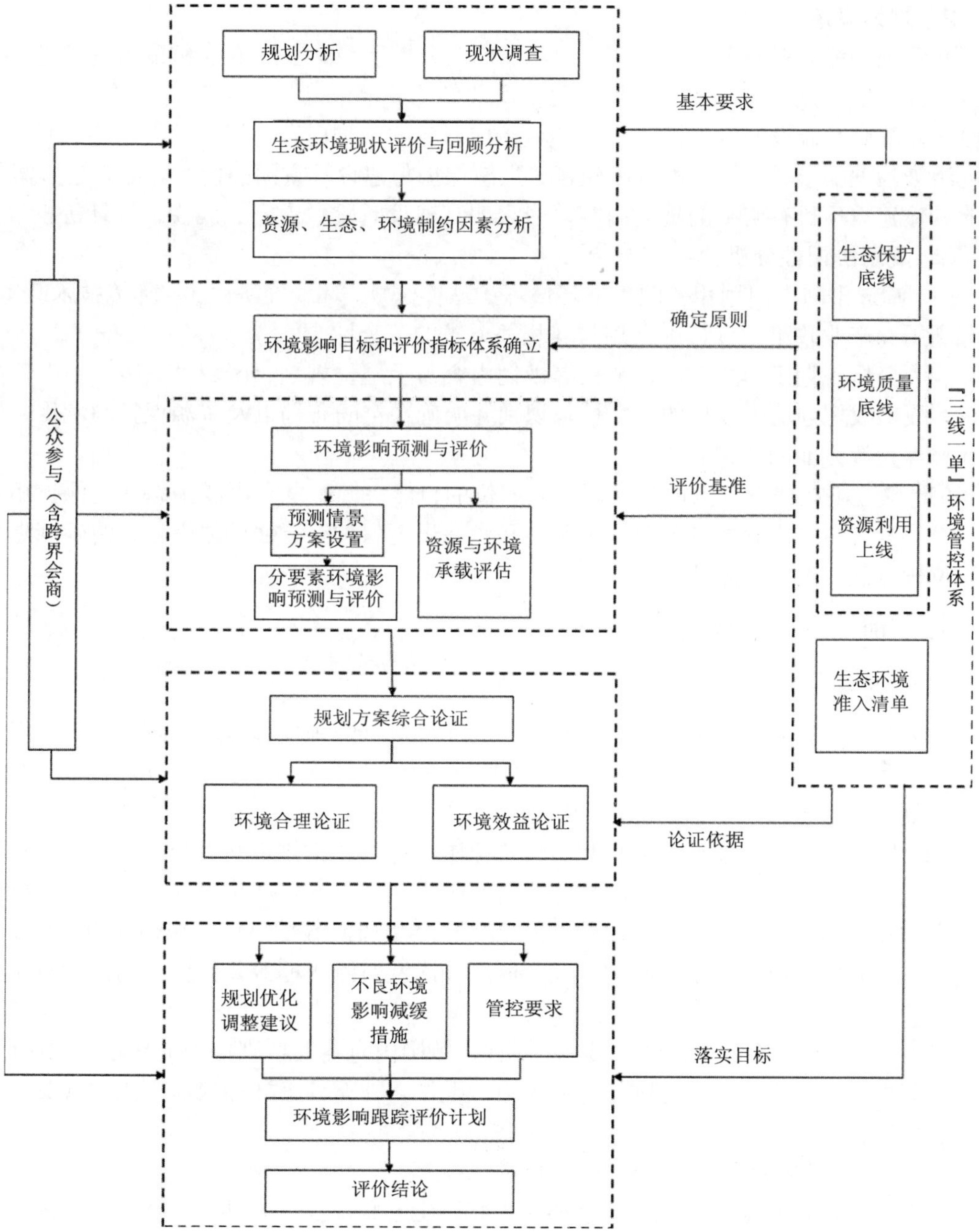

图 10-1　规划环境影响评价技术流程图

2. 规划概述

介绍规划编制背景和定位，结合图、表梳理分析规划的空间范围和布局，规划不同阶段目标、发展规模、布局、结构（包括产业结构、能源结构、资源利用结构等）、建设时序，配套基础设施等可能对生态环境造成影响的规划内容，梳理规划的环境目标、环境污染治理要求、环保基础设施建设、生态保护与建设等方面的内容。如规划方案包含的具体建设项目有明确的规划内容，应说明其建设时段、内容、规模、选址等。

3. 规划协调性分析

（1）筛选出与本规划相关的生态环境保护法律法规、环境经济政策、环境技术政策、资源利用和产业政策，分析本规划与其相关要求的符合性。

（2）分析规划规模、布局、结构等规划内容与上层位规划、区域“三线一单”管控要求、战略或规划环评成果的符合性，识别并明确在空间布局以及资源保护与利用、生态环境保护等方面的冲突和矛盾。

（3）筛选出在评价范围内与本规划同层位的自然资源开发利用或生态环境保护相关规划，分析与同层位规划在关键资源利用和生态环境保护等方面的协调性，明确规划与同层位规划间的冲突和矛盾。

六、现状调查与评价

1. 基本要求

（1）开展资源利用和生态环境现状调查、环境影响回顾性分析，明确评价区域资源利用水平和生态功能、环境质量现状、污染物排放状况，分析主要生态环境问题及成因，梳理规划实施的资源、生态、环境制约因素。

（2）现状调查应立足于收集和利用评价范围内已有的常规现状资料，并说明资料来源和有效性。有常规监测资料的区域，资料原则上包括近5年或更长时间段资料，能够说明各项调查内容的现状和变化趋势。对其中的环境监测数据，应给出监测点位名称、监测点位分布图、监测因子、监测时段、监测频次及监测周期等，分析说明监测点位的代表性。

（3）当已有资料不能满足评价要求，或评价范围内有需要特别保护的环境敏感区时，可利用相关研究成果，必要时进行补充调查或监测，补充调查样点或监测点位应具有针对性和代表性。

2. 现状调查内容

调查应包括自然地理状况、环境质量现状、生态状况及生态功能、环境敏感区和重点生态功能区、资源利用现状、社会经济概况、环保基础设施建设及运行情况等内容。实际工作中应根据规划环境影响特点和区域生态环境保护要求，从表 10-1 中选择相应内容开展调查和资料收集，并附相应图件。

表 10-1　资源、生态、环境现状调查内容

调查要素		主要调查内容
自然地理状况		地形地貌，河流、湖泊（水库）、海湾的水文状况，水文地质状况，气候与气象特征等
环境质量现状	地表水环境	1.水功能区划、海洋功能区划、近岸海域环境功能区划、保护目标及各功能区水质达标情况； 2.主要水污染因子和特征污染因子、水环境控制单元主要污染物排放现状、环境质量改善目标要求； 3.地表水控制断面位置及达标情况、主要水污染源分布和污染贡献率（包括工业、农业、生活污染源和移动源）、单位国内生产总值废水及主要水污染物排放量； 4. 附水功能区划图、控制断面位置图、海洋功能区划图、近岸海域环境功能区划图、水环境控制单元图、主要水污染源排放口分布图和现状监测点位图
	地下水环境	1.环境水文地质条件，包括含（隔）水层结构及分布特征、地下水补径排条件，地下水流场等； 2.地下水利用现状，地下水水质达标情况，主要污染因子和特征污染因子； 3.附环境水文地质相关图件，现状监测点位图
	大气环境	1.大气环境功能区划、保护目标及各功能区环境空气质量达标情况； 2.主要大气污染因子和特征污染因子、大气环境控制单元主要污染物排放现状、环境质量改善目标要求； 3.主要大气污染源分布和污染贡献率（包括工业、农业和生活污染源）、单位国内生产总值主要大气污染物排放量； 4.附大气环境功能区划图、大气环境管控分区图、重点污染源分布图和现状监测点位图
	声环境	声环境功能区划、保护目标及各功能区声环境质量达标情况，附声环境功能区划图和现状监测点位图
	土壤环境	1.土壤主要理化特征，主要土壤污染因子和特征污染因子，土壤中污染物含量，土壤污染风险防控区及防控目标，附土壤现状监测点位图； 2.海洋沉积物质量达标情况
生态状况及生态功能		1.生态保护红线与管控要求； 2.生态功能区划、主体功能区划； 3.生态系统的类型（森林、草原、荒漠、冻原、湿地、水域、海洋、农田、城镇等）及其结构、功能和过程； 4.植物区系与主要植被类型，珍稀、濒危、特有、狭域野生动植物的种类、分布和生境状况； 5.主要生态问题的类型、成因、空间分布、发生特点等； 6.附生态保护红线图、生态空间图、重点生态功能区划图及野生动植物分布图等
环境敏感区和重点生态功能区		1.环境敏感区的类型、分布、范围、敏感性（或保护级别）、主要保护对象及相关环境保护要求等，与规划布局空间位置关系，附相关图件； 2.重点生态功能区的类型、分布、范围和生态功能，与规划布局空间位置关系，附相关图件

调查要素		主要调查内容
资源利用现状	土地资源	主要用地类型、面积及其分布，土地资源利用上线及开发利用状况，土地资源重点管控区，附土地利用现状图
	水资源	水资源总量、时空分布，水资源利用上线及开发利用状况和耗用状况（包括地表水和地下水），海水与再生水利用状况，水资源重点管控区，附有关的水系图及水文地质相关图件
	能源	能源利用上线及能源消费总量、能源结构及利用效率
	矿产资源	矿产资源类型与储量、生产和消费总量、资源利用效率等，附矿产资源分布图
	旅游资源	旅游资源和景观资源的地理位置、范围和开发利用状况等，附相关图件
	岸线和滩涂资源	滩涂、岸线资源及其利用状况，附相关图件
	重要生物资源	重要生物资源（如林地资源、草地资源、渔业资源、海洋生物资源）和其他对区域经济社会发展有重要价值的资源地理分布、储量及其开发利用状况，附相关图件
其他	固体废物	固体废物（一般工业固体废物、一般农业固体废物、危险废物、生活垃圾）产生量及单位国内生产总值固体废物产生量，危险废物的产生量、产生源分布等
社会经济概况		评价范围内的人口规模、分布，经济规模与增长率，交通运输结构、空间布局等；重点关注评价区域的产业结构、主导产业及其布局、重大基础设施布局及建设情况等，附相应图件
环保基础设施建设及运行情况		评价范围内的污水处理设施（含管网）规模、分布、处理能力和处理工艺、服务范围；集中供热、供气情况；大气、水、土壤污染综合治理情况；区域噪声污染控制情况；一般工业固体废物与危险废物利用处置方式和利用处置设施情况（包括规模、分布、处理能力、处理工艺、服务范围和服务年限等）；现有生态保护工程及实施效果；环保投诉情况等

3．现状评价与回顾性分析

（1）资源利用现状评价

明确与规划实施相关的自然资源、能源种类，结合区域资源禀赋及其合理利用水平或上线要求，分析区域水资源、土地资源、能源等各类资源利用的现状水平和变化趋势。

（2）环境与生态现状评价

① 结合各类环境功能区划及其目标质量要求，评价区域水、大气、土壤、声等环境要素的质量现状和演变趋势，明确主要和特征污染因子，并分析其主要来源；分析区域环境质量达标情况、主要环境敏感区保护等方面存在的问题及成因，明确需解决的主要环境问题。

② 结合区域生态系统的结构与功能状况，评价生态系统的重要性和敏感性，分析生态状况和演变趋势及驱动因子。当评价区域涉及环境敏感区和重点生态功能区时，应分析其生态现状、保护现状和存在的问题等；当评价区域涉及受保护的关键物种时，

应分析该物种种群与重要生境的保护现状和存在问题。明确需解决的主要生态保护和修复问题。

（3）环境影响回顾性分析

结合上一轮规划实施情况或区域发展历程，分析区域生态环境演变趋势和现状生态环境问题与上一轮规划实施或发展历程的关系，调查分析上一轮规划环评及审查意见落实情况和环境保护措施的效果。提出本次评价应重点关注的生态环境问题及解决途径。

4. 制约因素分析

分析评价区域资源利用水平、生态状况、环境质量等现状与区域资源利用上线、生态保护红线、环境质量底线等管控要求间的关系，明确提出规划实施的资源、生态、环境制约因素。

七、环境影响识别与评价指标体系构建

1. 基本要求

识别规划实施可能产生的资源、生态、环境影响，初步判断影响的性质、范围和程度，确定评价重点，明确环境目标，建立评价的指标体系。

2. 环境影响识别

（1）根据规划方案的内容、年限，识别和分析评价期内规划实施对资源、生态、环境造成影响的途径、方式，以及影响的性质、范围和程度。识别规划实施可能产生的主要生态环境影响和风险。

（2）对于可能产生具有易生物蓄积、长期接触对人群和生物产生危害作用的无机和有机污染物、放射性污染物、微生物等的规划，还应识别规划实施产生的污染物与人体接触的途径以及可能造成的人群健康风险。

（3）对资源、生态、环境要素的重大不良影响，可从规划实施是否导致区域环境质量下降和生态功能丧失、资源利用冲突加剧、人居环境明显恶化三个方面进行分析与判断。

① 导致区域环境质量、生态功能恶化的重大不良生态环境影响，主要包括规划实施使评价区域的环境质量下降（环境质量降级）或导致生态保护红线、重点生态功能区的组成、结构、功能发生显著不良变化或导致其功能丧失。

②导致资源利用、环境保护严重冲突的重大不良生态环境影响，主要包括规划实施与规划范围内或相邻区域内的其他资源开发利用规划和环境保护规划等产生的显著冲突，规划实施可能导致的跨行政区、跨流域以及跨国界的显著不良影响。

③导致人居环境发生显著不利变化的重大不良生态环境影响，主要包括规划实施导致具有易生物蓄积、长期接触对人体和生物产生危害作用的无机和有机污染物、放射性污染物、微生物等在水、大气和土壤等人群主要环境暴露介质中污染水平显著增加，农牧渔产品污染风险、人群健康风险显著增加，规划实施导致人居生态环境发生显著不良

变化。

（4）通过环境影响识别，筛选出受规划实施影响显著的资源、生态、环境要素，作为环境影响预测与评价的重点。

3．环境目标与评价指标确定

（1）确定环境目标。分析国家和区域可持续发展战略、生态环境保护法规与政策、资源利用法规与政策等的目标及要求，重点依据评价范围涉及的生态环境保护规划、生态建设规划以及其他相关生态环境保护管理规定，结合规划协调性分析结论，衔接区域“三线一单”成果，设定各评价时段有关生态功能保护、环境质量改善、污染防治、资源开发利用等的具体目标及要求。

（2）建立评价指标体系。结合规划实施的资源、生态、环境等制约因素，从环境质量、生态保护、资源利用、污染排放、风险防控、环境管理等方面构建评价指标体系。评价指标应符合评价区域生态环境特征，体现环境质量和生态功能不断改善的要求，体现规划的属性特点及其主要环境影响特征。

（3）确定评价指标值。评价指标应易于统计、比较和量化，指标值符合相关产业政策、生态环境保护政策、相关标准中规定的限值要求，如国内政策、标准中没有相应的规定，也可参考国际标准来确定；对于不易量化的指标可参考相关研究成果或经过专家论证，给出半定量的指标值或定性说明。

八、环境影响预测与评价

1．基本要求

（1）主要针对环境影响识别出的资源、生态、环境要素，开展多情景的影响预测与评价，一般包括预测情景设置、规划实施生态环境压力分析，环境质量、生态功能的影响预测与评价，对环境敏感区和重点生态功能区的影响预测与评价，环境风险预测与评价，资源与环境承载力评估等内容。

（2）环境影响预测与评价应给出规划实施对评价区域资源、生态、环境的影响程度和范围，叠加环境质量、生态功能和资源利用现状，分析规划实施后能否满足环境目标要求，评估区域资源与环境承载能力。

（3）应充分考虑不同层级和属性规划的环境影响特征以及决策需求，采用定性和定量相结合的方式开展评价。对主要环境要素的影响预测和评价可参考相应的环境影响评价技术导则（HJ 2.2、HJ 2.3、HJ 2.4、HJ 19、HJ 169、HJ 610、HJ 623、HJ 964 等）来进行。

2．环境影响预测与评价的内容

（1）预测情景设置

应结合规划所依托的资源环境和基础设施建设条件、区域生态功能维护和环境质量改善要求等，从规划规模、布局、结构、建设时序等方面，设置多种情景开展环境影响预测与评价。

（2）规划实施生态环境压力分析

① 依据环境现状评价和回顾性分析结果，考虑技术进步等因素，估算不同情景下水、土地、能源等规划实施支撑性资源的需求量和主要污染物（包括常规污染物和特征污染物）的产生量、排放量。

② 依据生态现状评价和回顾性分析结果，考虑生态系统演变规律及生态保护修复等因素，评估不同情景下主要生态因子（如生物量、植被覆盖度/率、重要生境面积等）的变化量。

（3）影响预测与评价

① 水环境影响预测与评价。预测不同情景下规划实施导致的区域水资源、水文情势、海洋水文动力环境和冲淤环境、地下水补径排状况等的变化，分析主要污染物对地表水和地下水、近岸海域水环境质量的影响，明确影响的范围、程度，评价水环境质量的变化能否满足环境目标要求，绘制必要的预测与评价图件。

② 大气环境影响预测与评价。预测不同情景下规划实施产生的大气污染物对环境空气质量的影响，明确影响范围、程度，评价大气环境质量的变化能否满足环境目标要求，绘制必要的预测与评价图件。

③ 土壤环境影响预测与评价。预测不同情景下规划实施的土壤环境风险，评价土壤环境的变化能否满足相应环境管控要求，绘制必要的预测与评价图件。

④ 声环境影响预测与评价。预测不同情景下规划实施对声环境质量的影响，明确影响范围、程度，评价声环境质量的变化能否满足相应的功能区目标，绘制必要的预测与评价图件。

⑤ 生态影响预测与评价。预测不同情景下规划实施对生态系统结构、功能的影响范围和程度，评价规划实施对生物多样性和生态系统完整性的影响，绘制必要的预测与评价图件。

⑥ 环境敏感区影响预测与评价。预测不同情景下规划实施对评价范围内生态保护红线、自然保护区等环境敏感区的影响，评价其是否符合相应的保护和管控要求，绘制必要的预测与评价图件。

⑦ 人群健康风险分析。对可能产生具有易生物蓄积、长期接触对人群和生物产生危害作用的无机和有机污染物、放射性污染物、微生物等的规划，根据上述特定污染物的环境影响范围，估算暴露人群数量和暴露水平，开展人群健康风险分析。

⑧ 环境风险预测与评价。对于涉及重大环境风险源的规划，应进行风险源及源强、风险源叠加、风险源与受体响应关系等方面的分析，开展环境风险评价。

（4）资源与环境承载力评估

①资源与环境承载力分析。分析规划实施支撑性资源（水资源、土地资源、能源等）

可利用（配置）上线和规划实施主要环境影响要素（大气、水等）污染物允许排放量，结合现状利用和排放量、区域削减量，分析各评价时段剩余可利用的资源量和剩余污染物允许排放量。

②资源与环境承载状态评估。根据规划实施新增资源消耗量和污染物排放量，分析规划实施对各评价时段剩余可利用资源量和剩余污染物允许排放量的占用情况，评估资源与环境对规划实施的承载状态。

九、规划方案综合论证和优化调整建议

1. 基本要求

以改善环境质量和保障生态安全为核心，综合环境影响预测与评价结果，论证规划目标、规模、布局、结构等规划内容的环境合理性以及评价设定的环境目标的可达性，分析判定规划实施的重大资源、生态、环境制约的程度、范围、方式等，提出规划方案的优化调整建议并推荐环境可行的规划方案。如果规划方案优化调整后资源、生态、环境仍难以承载，不能满足资源利用上线和环境质量底线要求，应提出规划方案的重大调整建议。

2. 规划方案综合论证

规划方案的综合论证包括环境合理性论证和环境效益论证两部分内容。前者从规划实施对资源、生态、环境综合影响的角度，论证规划内容的合理性；后者从规划实施对区域经济、社会与环境发挥的作用，以及协调当前利益与长远利益之间关系的角度，论证规划方案的合理性。

（1）规划方案的环境合理性论证

① 基于区域环境保护目标以及 “三线一单”要求，结合规划协调性分析结论，论证规划目标与发展定位的环境合理性。

② 基于环境影响预测与评价和资源与环境承载力评估结论，结合资源利用上线和环境质量底线等要求，论证规划规模和建设时序的环境合理性。

③ 基于规划布局与生态保护红线、重点生态功能区、其他环境敏感区的空间位置关系和对以上区域的影响预测结果，结合环境风险评价的结论，论证规划布局的环境合理性。

④ 基于环境影响预测与评价和资源与环境承载力评估结论，结合区域环境管理和循环经济发展要求，以及规划重点产业的环境准入条件和清洁生产水平，论证规划用地结构、能源结构、产业结构的环境合理性。

⑤ 基于规划实施环境影响预测与评价结果，结合生态环境保护措施的经济技术可行性、有效性，论证环境目标的可达性。

（2）规划方案的环境效益论证

分析规划实施在维护生态功能、改善环境质量、提高资源利用效率、减少温室气体

排放、保障人居安全、优化区域空间格局和产业结构等方面的环境效益。

（3）不同类型规划方案综合论证重点

① 对于资源能源消耗量大、污染物排放量高的行业规划，重点从流域和区域资源利用上线、环境质量底线对规划实施的约束、规划实施可能对环境质量的影响程度、环境风险、人群健康风险等方面，论述规划拟定的发展规模、布局（及选址）和产业结构的环境合理性。

② 对于土地利用的有关规划和区域、流域、海域的建设、开发利用规划，农业、畜牧业、林业、能源、水利、旅游、自然资源开发专项规划，重点从流域或区域生态保护红线、资源利用上线对规划实施的约束，以及规划实施对生态系统及环境敏感区、重点生态功能区结构、功能的影响和生态风险等角度，论述规划方案的环境合理性。

③ 对于公路、铁路、城市轨道交通、航运等交通类规划，重点从规划实施对生态系统结构、功能所造成的影响，规划布局与评价区域生态保护红线、重点生态功能区、其他环境敏感区的协调性等方面，论述规划布局（及选线、选址）的环境合理性。

④对于产业园区等规划，重点从区域资源利用上线、环境质量底线对规划实施的约束、规划及包括的交通运输实施可能对环境质量的影响程度以及环境风险与人群健康风险等方面，综合论述规划规模、布局、结构、建设时序以及规划环境基础设施、重大建设项目的环境合理性。

⑤ 对于城市规划、国民经济与社会发展规划等综合类规划，重点从区域资源利用上线、生态保护红线、环境质量底线对规划实施的约束，城市环境基础设施对规划实施的支撑能力、规划及相关交通运输实施对改善环境质量、优化城市生态格局、提高资源利用效率的作用等方面，综合论述规划方案的环境合理性。

3．规划方案的优化调整建议

（1）根据规划方案的环境合理性和环境效益论证结果，对规划内容提出明确的、具有可操作性的优化调整建议，特别是出现以下情形时：

① 规划的主要目标、发展定位不符合上层位主体功能区规划、区域“三线一单”等要求。

② 规划空间布局和包含的具体建设项目选址、选线不符合生态保护红线、重点生态功能区以及其他环境敏感区的保护要求。

③ 规划开发活动或包含的具体建设项目不满足区域生态环境准入清单要求、属于国家明令禁止的产业类型或不符合国家产业政策、环境保护政策。

④ 规划方案中配套的生态保护、污染防治和风险防控措施实施后，区域的资源、生态、环境承载力仍无法支撑规划实施，环境质量无法满足评价目标，或仍可能造成重大的生态破坏和环境污染，或仍存在显著的环境风险。

⑤ 规划方案中有依据现有科学水平和技术条件，无法或难以对其产生的不良环境影

响的程度或范围作出科学、准确判断的内容。

（2）应明确优化调整后的规划布局、规模、结构、建设时序，给出相应的优化调整图、表，说明优化调整后的规划方案具备资源、生态和环境方面的可支撑性。

（3）将优化调整后的规划方案作为评价推荐的规划方案。

（4）说明规划环评与规划编制的互动过程、互动内容和各时段向规划编制机关反馈的建议及其被采纳情况等互动结果。

十、环境影响减缓对策和措施

（1）规划的环境影响减缓对策和措施是针对评价推荐的规划方案实施后可能产生的不良环境影响，在充分评估规划方案中已明确的环境污染防治、生态保护、资源能源增效等相关措施的基础上，提出的环境保护方案和管控要求。

（2）环境影响减缓对策和措施应具有针对性和可操作性，能够指导规划实施中的生态环境保护工作，有效预防重大不良生态环境影响的产生，并促进环境目标在相应的规划期限内可以实现。

（3）环境影响减缓对策和措施一般包括生态环境保护方案和管控要求。主要内容包括：

① 提出现有生态环境问题解决方案，规划区域整体性污染治理、生态修复与建设、生态补偿等环境保护方案，以及与周边区域开展联防联控等预防和减缓环境影响的对策措施。

② 提出规划区域资源能源可持续开发利用、环境质量改善等目标、指标性管控要求。

③ 对于产业园区等规划，从空间布局约束、污染物排放管控、环境风险防控、资源开发利用等方面，以清单方式列出生态环境准入要求，成果形式见表 10-2。

表 10-2　生态环境准入清单包含内容

清单类型	准入内容
空间布局约束	1. 针对生态保护红线，明确不符合生态功能定位的各类禁止开发活动； 2. 针对生态保护红线外的生态空间，明确应避免损害其生态服务功能和生态产品质量的开发建设活动； 3. 针对大气、水等重点管控单元，开发建设活动避免降低管控单元环境质量，避免环境风险，管控单元外新建、改扩建污染型项目，需划定缓冲区域
污染物排放管控	1. 如果区域环境质量不达标，现有污染源提出削减计划，严格控制新增污染物排放的开发建设活动，新建、改扩建项目应提出更加严格的污染物排放控制要求；如果区域未完成环境质量改善目标，禁止新增重点污染物排放的建设项目； 2. 如果区域环境质量达标，新建、改扩建项目保证区域环境质量维持基本稳定
环境风险防控	针对涉及易导致环境风险的有毒有害和易燃易爆物质的生产、使用、排放、贮运等新建、改扩建项目，提出禁止准入要求或限制性准入条件以及环境风险防控措施

清单类型	准入内容
资源开发利用要求	1. 执行区域已确定的土地、水、能源等主要资源能源可开发利用总量； 2. 针对新建、改扩建项目，明确单位面积产值、单位产值水耗、用水效率、单位产值能耗等限制性准入要求； 3. 对于取水总量已超过控制指标的地区，提出禁止高耗水产业准入的要求；对于地下水禁止开采区或者限制开采区，提出禁止新增、限制地下水开发的准入要求； 4. 针对高污染燃料禁燃区，禁止新建、改扩建采用高污染燃料的项目和设施

十一、规划所包含建设项目环评要求

（1）如规划方案中包含具体的建设项目，应针对建设项目所属行业特点及其环境影响特征，提出建设项目环境影响评价的重点内容和基本要求，并依据规划环评的主要评价结论提出建设项目的生态环境准入要求（包括选址或选线、规模、资源利用效率、污染物排放管控、环境风险防控和生态保护要求等）、污染防治措施建设要求等。

（2）对符合规划环评环境管控要求和生态环境准入清单的具体建设项目，应将规划环评结论作为重要依据，其环评文件中选址选线、规模分析内容可适当简化。当规划环评资源、环境现状调查与评价结果仍具有时效性时，规划所包含的建设项目环评文件中现状调查与评价内容可适当简化。

十二、环境影响跟踪评价

（1）结合规划实施的主要生态环境影响，拟定跟踪评价计划，监测和调查规划实施对区域环境质量、生态功能、资源利用等的实际影响，以及不良生态环境影响减缓措施的有效性。

（2）跟踪评价取得的数据、资料和结果应能够说明规划实施带来的生态环境质量实际变化，反映规划优化调整建议、环境管控要求和生态环境准入清单等对策措施的执行效果，并为后续规划实施、调整、修编，完善生态环境管理方案和加强相关建设项目环境管理等提供依据。

（3）跟踪评价计划应包括工作目的、监测方案、调查方法、评价重点、执行单位、实施安排等内容。主要包括：

① 明确需重点调查、监测、评价的资源生态环境要素，提出具体监测计划及评价指标，以及相应的监测点位、频次、周期等。

② 提出调查和分析规划优化调整建议、环境影响减缓措施、环境管控要求和生态环境准入清单落实情况和执行效果的具体内容和要求，明确分析和评价不良生态环境影响预防和减缓措施有效性的监测要求和评价准则。

③ 提出规划实施对区域环境质量、生态功能、资源利用等的阶段性综合影响，环境

影响减缓措施和环境管控要求的执行效果，后续规划实施调整建议等跟踪评价结论的内容和要求。

十三、公众参与和会商意见处理

收集整理公众意见和会商意见，对于已采纳的，应在环境影响评价文件中明确说明修改的具体内容；对于未采纳的，应说明理由。

十四、评价结论

（1）评价结论是对全部评价工作内容和成果的归纳总结，应文字简洁、观点鲜明、逻辑清晰、结论明确。

（2）在评价结论中应明确以下内容：

① 区域生态保护红线、环境质量底线、资源利用上线，区域环境质量现状和演变趋势，资源利用现状和演变趋势，生态状况和演变趋势，区域主要生态环境问题、资源利用和保护问题及成因，规划实施的资源、生态、环境制约因素。

② 规划实施对生态、环境影响的程度和范围，区域水、土地、能源等各类资源要素和大气、水等环境要素对规划实施的承载能力，规划实施可能产生的环境风险，规划实施环境目标可达性分析结论。

③ 规划的协调性分析结论，规划方案的环境合理性和环境效益论证结论，规划优化调整建议等。

④ 减缓不良环境影响的生态环境保护方案和管控要求。

⑤ 规划包含的具体建设项目环境影响评价的重点内容和简化建议等。

⑥ 规划实施环境影响跟踪评价计划的主要内容和要求。

⑦公众意见、会商意见的回复和采纳情况。

十五、环境影响评价文件的编制要求

（1）规划环境影响评价文件应图文并茂、数据翔实、论据充分、结构完整、重点突出、结论和建议明确。

（2）环境影响报告书应包括的主要内容：

① 总则。概述任务由来，明确评价依据、评价目的与原则、评价范围、评价重点、执行的环境标准、评价流程等。

② 规划分析。介绍规划不同阶段目标、发展规模、布局、结构、建设时序，以及规划包含的具体建设项目的建设计划等可能对生态环境造成影响的规划内容；给出规划与法规政策、上层位规划、区域“三线一单”管控要求、同层位规划在环境目标、生态保护、资源利用等方面的符合性和协调性分析结论，重点明确规划之间的冲突与矛盾。

③ 现状调查与评价。通过调查评价区域资源利用状况、环境质量现状、生态状况及生态功能等，说明评价区域内的环境敏感区、重点生态功能区的分布情况及其保护要求，分析区域水资源、土地资源、能源等各类自然资源现状利用水平和变化趋势，评价区域环境质量达标情况和演变趋势，区域生态系统结构与功能状况和演变趋势，明确区域主要生态环境问题、资源利用和保护问题及成因。对已开发区域进行环境影响回顾性分析，说明区域生态环境问题与上一轮规划实施的关系。明确提出规划实施的资源、生态、环境制约因素。

④环境影响识别与评价指标体系构建。识别规划实施可能影响的资源、生态、环境要素及其范围和程度，确定不同规划时段的环境目标，建立评价指标体系，给出评价指标值。

⑤ 环境影响预测与评价。设置多种预测情景，估算不同情景下规划实施对各类支撑性资源的需求量和主要污染物的产生量、排放量，以及主要生态因子的变化量。预测与评价不同情景下规划实施对生态系统结构和功能、环境质量、环境敏感区的影响范围与程度，明确规划实施后能否满足环境目标的要求。根据不同类型规划及其环境影响特点，开展人群健康风险分析、环境风险预测与评价。评价区域资源与环境对规划实施的承载能力。

⑥ 规划方案综合论证和优化调整建议。根据规划环境目标可达性论证规划的目标、规模、布局、结构等规划内容的环境合理性，以及规划实施的环境效益。介绍规划环评与规划编制互动情况。明确规划方案的优化调整建议，并给出调整后的规划布局、结构、规模、建设时序。

⑦ 环境影响减缓对策和措施。给出减缓不良生态环境影响的环境保护方案和管控要求。

⑧ 如规划方案中包含具体的建设项目，应给出重大建设项目环境影响评价的重点内容要求和简化建议。

⑨环境影响跟踪评价计划。说明拟定的跟踪监测与评价计划。

⑩ 说明公众意见、会商意见回复和采纳情况。

⑪评价结论。归纳总结评价工作成果，明确规划方案的环境合理性以及优化调整建议和调整后的规划方案。

（3）环境影响报告书中图件的要求

①规划环境影响评价文件中图件一般包括规划概述相关图件，环境现状和区域规划相关图件，现状评价、环境影响评价、规划优化调整、环境管控、跟踪评价计划等成果图件。

②成果图件应包含地理信息、数据信息，依法需要保密的除外。

③报告书应包含的成果图件及格式、内容要求见 HJ 130—2019 中附录 F。实际工作

中应根据规划环境影响特点和区域环境保护要求，选取提交附录F中相应图件。

（4）规划环境影响篇章（或说明）应包括以下主要内容：

① 环境影响分析依据。重点明确与规划相关的法律法规、政策、规划和环境目标、标准。

② 现状调查与评价。通过调查评价区域资源利用状况、环境质量现状、生态状况及生态功能等，分析区域水资源、土地资源、能源等各类资源现状利用水平，评价区域环境质量达标情况和演变趋势，区域生态系统结构与功能状况和演变趋势等，明确区域主要生态环境问题、资源利用和保护问题及成因。明确提出规划实施的资源、生态、环境制约因素。

③ 环境影响预测与评价。分析规划与相关法律法规、政策、上层位规划和同层位规划在环境目标、生态保护、资源利用等方面的符合性和协调性。预测与评价规划实施对生态系统结构和功能、环境质量、环境敏感区的影响范围与程度。根据规划类型及其环境影响特点，开展环境风险预测与评价。评价区域资源与环境对规划实施的承载能力，以及环境目标的可达性。给出规划方案的环境合理性论证结果。

④ 环境影响减缓措施。给出减缓不良生态环境影响的环境保护方案和环境管控要求。针对主要环境影响提出跟踪监测和评价计划。

⑤ 根据评价需要，在篇章（或说明）中附必要的图、表。

第十一章　有关固体废物污染控制标准

第一节　概　述

一、固体废物定义与分类

根据《中华人民共和国固体废物污染环境防治法》的规定，固体废物是指在生产、生活和其他活动中产生的丧失原有利用价值或者虽未丧失利用价值但被抛弃或者放弃的固态、半固态和置于容器中的气态的物品、物质以及法律、行政法规规定纳入固体废物管理的物品、物质。可见固体废物来源十分广泛，种类也十分庞杂。但大体上可分为工业固体废物、农业固体废物和生活垃圾。

生活垃圾是指在日常生活中或者为日常生活提供服务的活动中产生的固体废物以及法律、行政法规规定视为生活垃圾的固体废物。

工业固体废物是指在工业生产活动中产生的固体废物。

工业固体废物按其特性可分为一般工业固体废物和危险废物，由于危险废物具有腐蚀性、急性毒性、浸出毒性、反应性、传染性和放射性等特性，因此危险废物对环境和人体健康可能造成更大的危害。

二、危险废物定义

危险废物系指列入《国家危险废物名录》或者根据国家规定的危险废物鉴别标准和鉴别方法认定的具有腐蚀性、毒性、易燃性、反应性和感染性等一种或一种以上危险特性，以及不排除具有以上危险特性的固体废物。

三、一般工业固体废物定义

一般工业固体废物系指未列入《国家危险废物名录》或者根据国家规定的危险废物鉴别标准认定其不具有危险特性的工业固体废物。例如粉煤灰、煤矸石和炉渣等。一般工业固体废物又分为Ⅰ类和Ⅱ类两类。

Ⅰ类：按照《固体废物浸出毒性浸出方法》规定方法进行浸出试验而获得的浸出液

中，任何一种污染物的浓度均未超过《污水综合排放标准》（GB 8978）中最高允许排放浓度且 pH 在 6～9 的一般工业固体废物。

Ⅱ类：按照《固体废物浸出毒性浸出方法》规定的方法进行浸出试验而获得的浸出液中，有一种或一种以上的污染物浓度超过《污水综合排放标准》（GB 8978）中的最高允许排放浓度或者 pH 在 6～9 之外的一般工业固体废物。

四、医疗废物定义

医疗废物是指各类医疗卫生机构在医疗、预防、保健以及其他相关活动中产生的具有直接或者间接传染性、毒性及其他相关危害性的废物。医疗废物共分五类，并列入《国家危险废物名录》。

五、《中华人民共和国固体废物污染环境防治法》的有关要求

（1）企业事业单位应当对其产生的工业固体废物加以利用。对暂时不利用的，必须按照国务院生态环境主管部门的规定建设贮存设施、场所，安全分类存放。确实不能利用的，必须实行无害化处置。

建设工业固体废物贮存、处置的设施、场所，必须符合国家规定的环境保护标准。

（2）禁止擅自关闭、闲置或者拆除工业固体废物污染环境防治设施、场所；确有必要关闭、闲置或者拆除的，必须经所在地县级以上地方人民政府生态环境主管部门核准，并采取措施，防止污染环境。

（3）建设生活垃圾处置设施、场所，必须符合国务院生态环境主管部门和国务院建设行政主管部门规定的环境保护和环境卫生标准。

禁止擅自关闭、闲置或者拆除生活垃圾处置的设施、场所；确有必要关闭、闲置或者拆除的，必须经所在地的市、县人民政府环境卫生行政主管部门和生态环境主管部门核准，并采取措施，防止污染环境。

（4）收集、贮存危险废物，必须按照危险废物特性分类进行。禁止混合收集、贮存、运输、处置性质不相容而未经安全性处置的危险废物。

贮存危险废物必须采取符合国家环境保护标准的防护措施，并不得超过一年；确需延长期限的，必须报经原批准贮存危险废物许可证的生态环境主管部门批准；法律、行政法规另有规定的除外。

禁止将危险废物混入非危险废物中贮存。

第二节　固体废物鉴别标准　通则

一、关于《固体废物鉴别标准　通则》的适用范围

《中华人民共和国固体废物污染环境防治法》明确了“固体废物”的定义，但环境管理中依然存在一些模糊地带，需要清晰界定。《固体废物鉴别标准　通则》（GB 34330—2017）对此进行了规定，用以判断物质、物品是否属于固体废物，是否纳入《固体废物污染环境防治法》的管辖范围。

该标准规定了四方面内容：① 依据产生来源的固体废物鉴别准则；② 在利用和处置过程中的固体废物鉴别准则；③ 不作为固体废物管理的物质；④ 不作为液态废物管理的物质。

该标准不适用于放射性废物的鉴别；不适用于固体废物的分类；也不适用于有专用固体废物鉴别标准的物质的固体废物鉴别。

二、依据产生来源的固体废物鉴别准则

从产生来源判断，属于“固体废物”的有以下四类：

1．丧失原有使用价值的物质

具体包括：

（1）不符合产品标准（规范），或者因为质量原因，不能在市场出售、流通或者不能按照原用途使用的物质，如不合格品、残次品、废品等。

（2）超过质量保证期，不能在市场出售、流通或者不能按照原用途使用的物质。

（3）因为沾染、掺入、混杂无用或有害物质使其质量无法满足使用要求，不能在市场出售、流通或者不能按照原用途使用的物质。

（4）在消费或使用过程中产生的，因为使用寿命到期而不能继续按照原用途使用的物质。

（5）执法机关查处没收的需报废、销毁等无害化处理的物质，包括（但不限于）假冒伪劣产品、侵犯知识产权产品、毒品等禁用品。

（6）以处置废物为目的生产的，不存在市场需求或不能在市场上出售、流通的物质。

（7）因为自然灾害、不可抗力因素和人为灾难因素造成损坏而无法继续按照原用途使用的物质。

（8）因丧失原有功能而无法继续使用的物质。

（9）由于其他原因而不能在市场出售、流通或者不能按照原用途使用的物质。

2．生产过程中产生的副产物

具体包括：

（1）产品加工和制造过程中产生的下脚料、边角料、残余物质等。

（2）在物质提取、提纯、电解、电积、净化、改性、表面处理以及其他处理过程中产生的残余物质。

（3）在物质合成、裂解、分馏、蒸馏、溶解、沉淀以及其他过程中产生的残余物质。

（4）金属矿、非金属矿和煤炭开采、选矿过程中产生的废石、尾矿、煤矸石等。

（5）石油、天然气、地热开采过程中产生的钻井泥浆、废压裂液、油泥或油泥砂、油脚和油田溅溢物等。

（6）火力发电厂锅炉、其他工业和民用锅炉、工业窑炉等热能或燃烧设施中，燃料燃烧产生的燃煤炉渣等残余物质。

（7）在设施设备维护和检修过程中，从炉窑、反应釜、反应槽、管道、容器以及其他设施设备中清理出的残余物质和损毁物质。

（8）在物质破碎、粉碎、筛分、碾磨、切割、包装等加工处理过程中产生的不能直接作为产品或原材料或作为现场返料的回收粉尘、粉末。

（9）在建筑、工程等施工和作业过程中产生的报废料、残余物质等建筑废物。

（10）畜禽和水产养殖过程中产生的动物粪便、病害动物尸体等。

（11）农业生产过程中产生的作物秸秆、植物枝叶等农业废物。

（12）教学、科研、生产、医疗等实验过程中，产生的动物尸体等实验室废弃物质。

（13）其他生产过程中产生的副产物。

3．环境治理和污染控制过程中产生的物质

具体包括：

（1）烟气和废气净化、除尘处理过程中收集的烟尘、粉尘，包括粉煤灰。

（2）烟气脱硫产生的脱硫石膏和烟气脱硝产生的废脱硝催化剂。

（3）煤气净化产生的煤焦油。

（4）烟气净化过程中产生的副产硫酸或盐酸。

（5）水净化和废水处理产生的污泥及其他废弃物质。

（6）废水或废液（包括固体废物填埋场产生的渗滤液）处理产生的浓缩液。

（7）化粪池污泥、厕所粪便。

（8）固体废物焚烧炉产生的飞灰、底渣等灰渣。

（9）堆肥生产过程中产生的残余物质。

（10）绿化和园林管理中清理产生的植物枝叶。

（11）河道、沟渠、湖泊、航道、浴场等水体环境中清理出的漂浮物和疏浚污泥。

（12）烟气、臭气和废水净化过程中产生的废活性炭、过滤器滤膜等过滤介质。

（13）在污染地块修复、处理过程中，采用填埋、焚烧、水泥窑协同处置，或者生产砖、瓦、筑路材料等其他建筑材料的方式处置或利用的污染土壤。

（14）在其他环境治理和污染修复过程中产生的各类物质。

4．其他

具体包括：

（1）法律禁止使用的物质。

（2）国务院生态环境主管部门认定为固体废物的物质。

三、在利用和处置过程中的固体废物鉴别准则

包括两种情形：一是在固体废物利用和处置过程中，仍然属于固体废物；二是在满足一定条件下，不作为固体废物，按照相应的产品管理。

1．在任何条件下，固体废物按照以下任何一种方式利用或处置时，仍然作为固体废物管理

（1）以土壤改良、地块改造、地块修复和其他土地利用方式直接施用于土地或生产施用于土地的物质（包括堆肥），以及生产筑路材料。

（2）焚烧处置（包括获取热能的焚烧和垃圾衍生燃料的焚烧），或用于生产燃料，或包含于燃料中。

（3）填埋处置。

（4）倾倒、堆置。

（5）国务院生态环境主管部门认定的其他处置方式。

2．利用固体废物生产的产物同时满足下述条件的，不作为固体废物管理，按照相应的产品管理（按照前款进行利用或处置的除外）

（1）符合国家、地方制定或行业通行的被替代原料生产的产品质量标准。

（2）符合相关国家污染物排放（控制）标准或技术规范要求，包括该产物生产过程中排放到环境中的有害物质限值和该产物中有害物质的含量限值。

当没有国家污染控制标准或技术规范时，该产物中所含有害成分含量不高于利用被替代原料生产的产品中的有害成分含量，并且在该产物生产过程中，排放到环境中的有害物质浓度不高于利用所替代原料生产产品过程中排放到环境中的有害物质浓度，当没有被替代原料时，不考虑该条件。

（3）有稳定、合理的市场需求。

四、不作为固体废物管理的物质

1．以下物质不作为固体废物管理

（1）任何不需要修复和加工即可用于其原始用途的物质，或者在产生点经过修复和

加工后满足国家、地方制定或行业通行的产品质量标准并且用于其原始用途的物质。

（2）不经过贮存或堆积过程，而在现场直接返回到原生产过程或返回其产生过程的物质。

（3）修复后作为土壤用途使用的污染土壤。

（4）供实验室化验分析用或科学研究用固体废物样品。

2．按照以下方式进行处置后的物质，不作为固体废物管理

（1）金属矿、非金属矿和煤炭采选过程中直接留在或返回到采空区的符合 GB 18599 中第Ⅰ类一般工业固体废物要求的采矿废石、尾矿和煤矸石。但是带入除采矿废石、尾矿和煤矸石以外的其他污染物质的除外。

（2）工程施工中产生的按照法规要求或国家标准要求就地处置的物质。

3．国务院生态环境主管部门认定不作为固体废物管理的物质

五、不作为液态废物管理的物质

具体包括：

（1）满足相关法规和排放标准要求可排入环境水体或者市政污水管网和处理设施的废水、污水。

（2）经过物理处理、化学处理、物理化学处理和生物处理等废水处理工艺处理后，可以满足向环境水体或市政污水管网和处理设施排放的相关法规和排放标准要求的废水、污水。

（3）废酸、废碱中和处理后产生的满足前述要求的废水。

第三节　生活垃圾填埋场污染控制标准

一、适用范围

该标准规定了生活垃圾填埋场选址、设计与施工、填埋废物的入场条件、运行、封场、后期维护与管理的污染控制和监测等方面的要求。

该标准适用于生活垃圾填埋场建设、运行和封场后的维护与管理过程中的污染控制和监督管理。本标准的部分规定也适用于与生活垃圾填埋场配套建设的生活垃圾转运站的建设、运行。

该标准只适用于法律允许的污染物排放行为；新设立污染源的选址和特殊保护区域内现有污染源的管理，按照《中华人民共和国大气污染防治法》《中华人民共和国水污染防治法》《中华人民共和国海洋环境保护法》《中华人民共和国固体废物污染环境防治法》《中华人民共和国放射性污染防治法》《中华人民共和国环境影响评价法》等法律、法规、规章的相关规定执行。

二、生活垃圾填埋场的主要特点

生活垃圾填埋场即利用自然地形或人工构造形成一定的空间，将每日产生的生活垃圾填充、压实、覆盖，达到贮存、处置生活垃圾的目的。当预先修建的这一空间被充满后（即服务期满），采取封场措施，恢复场区的原貌。生活垃圾中的厨余物、纸类、纤维物、草木类、有机污泥等，填埋后，在微生物作用下，逐步分解为气态物质、水和无机盐类，而达到减容和稳定的目的。在这一稳定过程中，将产生填埋气体和由垃圾本身水分加上降水而形成的渗滤液。

生活垃圾填埋场除了要有导排气系统外，为了防止渗滤液对地下水和地表水的污染，必须将渗滤液与外界的联系隔断，同时收集后引出处理，因此填埋场必须设有防渗层及渗滤液集排水系统。

三、生活垃圾填埋场对环境的主要影响

生活垃圾填埋场在营运期间对环境的影响主要有：

（1）填埋场渗滤液未处理或处理不达标造成对地表水的污染以及流经填埋区地表径流可能受到污染。

（2）填埋场产生的气体污染物对大气的污染，以及产生的气体在无组织排放情况下可能产生燃烧爆炸对公众的威胁。

（3）填埋堆体对周围地质环境的影响，如造成滑坡、崩塌、泥石流等。

（4）垃圾运输及填埋场作业，产生的噪声对公众的影响。

（5）填埋场对周围景观的不利影响。

（6）填埋场滋生的害虫、昆虫、啮齿动物以及在填埋场觅食的鸟类和其他动物可能传染疾病。

（7）当填埋场防渗衬层受到破坏后，渗滤液下渗对地下水的影响，这属非正常情况。

四、生活垃圾填埋场环评的主要内容

生活垃圾填埋场环境影响评价的主要工作内容有以下几个方面：

1．场址合理性论证

生活垃圾填埋场场址选择原则主要是符合当地城乡建设总体规划要求，避开不允许建设的区域。场址选择是评价中的关键所在，场址选择得合理，环评工作存在的问题就较易解决，因此要根据所选场址的场地自然条件，按照国家标准逐项进行评判。有条件的地方可以选择多个备选场址，根据制约性条件和参考性条件，淘汰部分场址，并对优化出的场址进一步做比选。考虑到生活垃圾填埋渗滤液是最重要的污染源，因此选址过

程中，特别要关注场址的水文地质条件、工程地质条件、土壤自净能力等。

2．环境质量现状调查

在选择场址的基础上，通过历史资料调查和现场监测对拟选场址及其周围的空气、地表水、地下水、噪声等环境质量现状进行评价，其评价结果既是生活垃圾填埋场建设前的本底值，也是评价环境现状是否容许建设生活垃圾填埋场的评判条件。

3．工程污染因素分析

对生活垃圾填埋场不仅要考虑在建设过程中产生的污染源和污染物。而且重要的是要考虑在营运期从收集、运输、贮存、预处理直至填埋全过程产生的污染源和污染物，并给出它们产生的种类、数量和排放方式等。

在建设期主要是施工场地内排放生活污水，各类施工机械产生的机械噪声、振动及二次扬尘对周围地区产生的环境影响。

生活垃圾填埋场在营运期，主要的污染源有渗滤液、释放气体、恶臭、噪声。

4．大气环境影响预测与评价

主要是预测垃圾在填埋过程中产生的释放气体和臭气对环境的影响。首先是预测和评价填埋释放气体利用的可能性，当释放气体未被利用，应采取的处置手段及其对环境的影响。另外，预测在垃圾运输和填埋过程中及封场后产生的恶臭可能对环境的影响，同时要根据不同时段及垃圾的不同组成，预测臭气产生的部位、种类、浓度及其影响范围和影响程度。

5．水环境影响预测与评价

根据《生活垃圾填埋场污染控制标准》（GB 16889—2008）的规定，对应不同的受纳水体，对渗滤液处理要求达到的级别不同。预测出渗滤液经过收集、处理，正常的达标排放对水体产生的影响和影响程度。预测防渗层损坏后，渗滤液对地下水的影响与危害程度。

五、生活垃圾填埋场选址要求

生活垃圾填埋场的选址应符合区域性环境规划、环境卫生设施建设规划和当地的城市规划。

生活垃圾填埋场场址不应选在城市工农业发展规划区、农业保护区、自然保护区、风景名胜区、文物（考古）保护区、生活饮用水水源保护区、供水远景规划区、矿产资源储备区、军事要地、国家保密地区和其他需要特别保护的区域内。

生活垃圾填埋场选址的标高应位于重现期不小于 50 年一遇的洪水位之上，并建设在长远规划中的水库等人工蓄水设施的淹没区和保护区之外。

拟建有可靠防洪设施的山谷型填埋场，并经过环境影响评价证明洪水对生活垃圾填埋场的环境风险在可接受范围内，前款规定的选址标准可以适当降低。

生活垃圾填埋场场址的选择应避开下列区域：破坏性地震及活动构造区；活动中的坍塌、滑坡和隆起地带；活动中的断裂带；石灰岩溶洞发育带；废弃矿区的活动塌陷区；活动沙丘区；海啸及涌浪影响区；湿地；尚未稳定的冲积扇及冲沟地区；泥炭以及其他可能危及填埋场安全的区域。

生活垃圾填埋场场址的位置及与周围人群的距离应依据环境影响评价结论确定，并经地方生态环境主管部门批准。

在对生活垃圾填埋场场址进行环境影响评价时，应考虑生活垃圾填埋场产生的渗滤液、大气污染物（含恶臭物质）、滋养动物（蚊、蝇、鸟类等）等因素，根据其所在地区的环境功能区类别，综合评价其对周围环境、居住人群的身体健康、日常生活和生产活动的影响，确定生活垃圾填埋场与常住居民居住场所、地表水域、高速公路、交通主干道（国道或省道）、铁路、飞机场、军事基地等敏感对象之间合理的位置关系以及合理的防护距离。环境影响评价的结论可作为规划控制的依据。

六、填埋废物的入场要求

（1）下列废物可以直接进入生活垃圾填埋场填埋处置。

① 由环境卫生机构收集或者自行收集的混合生活垃圾，以及企事业单位产生的办公废物。

② 生活垃圾焚烧炉渣（不包括焚烧飞灰）。

③ 生活垃圾堆肥处理产生的固态残余物。

④ 服装加工、食品加工以及其他城市生活服务行业产生的性质与生活垃圾相近的一般工业固体废物。

（2）《医疗废物分类目录》中的感染性废物经过下列方式处理后，可以进入生活垃圾填埋场填埋处置。

① 按照 HJ/T 228 要求进行破碎毁形和化学消毒处理，并满足消毒效果检验指标。

② 按照 HJ/T 229 要求进行破碎毁形和微波消毒处理，并满足消毒效果检验指标。

③ 按照 HJ/T 276 要求进行破碎毁形和高温蒸汽处理，并满足处理效果检验指标。

④ 医疗废物焚烧处置后的残渣的入场标准按照第 3 条执行。

（3）生活垃圾焚烧飞灰和医疗废物焚烧残渣（包括飞灰、底渣）经处理后满足下列条件，可以进入生活垃圾填埋场填埋处置。

① 含水率小于 30%。

② 二噁英含量低于 3 μg TEQ/kg。

③ 按照 HJ/T 300 制备的浸出液中危害成分浓度低于表 11-1 规定的限值。

表 11-1　浸出液污染物浓度限值

单位：mg/L

序号	污染物项目	浓度限值	序号	污染物项目	浓度限值
1	汞	0.05	7	钡	25
2	铜	40	8	镍	0.5
3	锌	100	9	砷	0.3
4	铅	0.25	10	总铬	4.5
5	镉	0.15	11	六价铬	1.5
6	铍	0.02	12	硒	0.1

（4）一般工业固体废物经处理后，按照 HJ/T 300 制备的浸出液中危害成分浓度低于表 11-1 规定的限值，可以进入生活垃圾填埋场填埋处置。

（5）经处理后满足（3）要求的生活垃圾焚烧飞灰和医疗废物焚烧残渣（包括飞灰、底渣）和满足（4）要求的一般工业固体废物在生活垃圾填埋场中应单独分区填埋。

（6）厌氧产沼等生物处理后的固态残余物、粪便经处理后的固态残余物和生活污水处理厂污泥经处理后含水率小于 60%，可以进入生活垃圾填埋场填埋处置。

（7）处理后分别满足（2）、（3）、（4）和（6）要求的废物应由地方生态环境主管部门认可的监测部门检测、经地方生态环境主管部门批准后，方可进入生活垃圾填埋场。

（8）下列废物不得在生活垃圾填埋场中填埋处置。

① 除符合（3）规定的生活垃圾焚烧飞灰以外的危险废物。

② 未经处理的餐饮废物。

③ 未经处理的粪便。

④ 禽畜养殖废物。

⑤ 电子废物及其处理处置残余物。

⑥ 除本填埋场产生的渗滤液之外的任何液态废物和废水。

国家环境保护标准另有规定的除外。

七、污染物排放控制要求

（1）水污染物排放控制要求

① 生活垃圾填埋场应设置污水处理装置，生活垃圾渗滤液（含调节池废水）等污水经处理并符合本标准规定的污染物排放控制要求后，可直接排放。

② 现有和新建生活垃圾填埋场自 2008 年 7 月 1 日起执行表 11-2 规定的水污染物排放浓度限值。

表 11-2　现有和新建生活垃圾填埋场水污染物排放浓度限值

序号	控制污染物	排放浓度限值	污染物排放监控位置
1	色度（稀释倍数）	40	常规污水处理设施排放口
2	化学需氧量（COD_{Cr}）/（mg/L）	100	常规污水处理设施排放口
3	生化需氧量（BOD_5）/（mg/L）	30	常规污水处理设施排放口
4	悬浮物/（mg/L）	30	常规污水处理设施排放口
5	总氮/（mg/L）	40	常规污水处理设施排放口
6	氨氮/（mg/L）	25	常规污水处理设施排放口
7	总磷/（mg/L）	3	常规污水处理设施排放口
8	粪大肠菌群数/（个/L）	10 000	常规污水处理设施排放口
9	总汞/（mg/L）	0.001	常规污水处理设施排放口
10	总镉/（mg/L）	0.01	常规污水处理设施排放口
11	总铬/（mg/L）	0.1	常规污水处理设施排放口
12	六价铬/（mg/L）	0.05	常规污水处理设施排放口
13	总砷/（mg/L）	0.1	常规污水处理设施排放口
14	总铅/（mg/L）	0.1	常规污水处理设施排放口

③ 2011 年 7 月 1 日前，现有生活垃圾填埋场无法满足表 11-2 规定的水污染物排放浓度限值要求的，满足以下条件时可将生活垃圾渗滤液送往城市二级污水处理厂进行处理：

- ◆ 生活垃圾渗滤液在填埋场经过处理后，总汞、总镉、总铬、六价铬、总砷、总铅等污染物浓度达到表 11-2 规定的浓度限值；
- ◆ 城市二级污水处理厂每日处理生活垃圾渗滤液总量不超过污水处理量的 0.5%，并不超城市二级污水处理厂额定的污水处理能力；
- ◆ 生活垃圾渗滤液应均匀注入城市二级污水处理厂；
- ◆ 不影响城市二级污水处理场的污水处理效果。

2011 年 7 月 1 日起，现有全部生活垃圾填埋场应自行处理生活垃圾渗滤液并执行表 11-2 规定的水污染排放浓度限值。

④ 根据环境保护工作的要求，在国土开发密度已经较高、环境承载能力开始减弱或环境容量较小、生态环境脆弱，容易发生严重环境污染问题而需要采取特别保护措施的地区，应严格控制生活垃圾填埋场的污染物排放行为，在上述地区的现有和新建生活垃圾填埋场自 2008 年 7 月 1 日起执行表 11-3 规定的水污染物特别排放限值。

表 11-3 现有和新建生活垃圾填埋场水污染物特别排放限值

序号	控制污染物	排放浓度限值	污染物排放监控位置
1	色度（稀释倍数）	30	常规污水处理设施排放口
2	化学需氧量（COD_{Cr}）/（mg/L）	60	常规污水处理设施排放口
3	生化需氧量（BOD_5）/（mg/L）	20	常规污水处理设施排放口
4	悬浮物/（mg/L）	30	常规污水处理设施排放口
5	总氮/（mg/L）	20	常规污水处理设施排放口
6	氨氮/（mg/L）	8	常规污水处理设施排放口
7	总磷/（mg/L）	1.5	常规污水处理设施排放口
8	粪大肠菌群数/（个/L）	1 000	常规污水处理设施排放口
9	总汞/（mg/L）	0.001	常规污水处理设施排放口
10	总镉/（mg/L）	0.01	常规污水处理设施排放口
11	总铬/（mg/L）	0.1	常规污水处理设施排放口
12	六价铬/（mg/L）	0.05	常规污水处理设施排放口
13	总砷/（mg/L）	0.1	常规污水处理设施排放口
14	总铅/（mg/L）	0.1	常规污水处理设施排放口

（2）甲烷排放控制要求

填埋工作面上 2 m 以下高度范围内甲烷的体积百分比应不大于 0.1%。

生活垃圾填埋场应采取甲烷减排措施；当通过导气管道直接排放填埋气体时，导气管排放口的甲烷的体积百分比不大于 5%。

（3）生活垃圾填埋场在运行中应采取必要的措施防止恶臭物质的扩散。在生活垃圾填埋场周围环境敏感点方位的场界的恶臭污染物浓度应符合 GB 14554 的规定。

（4）生活垃圾转运站产生的渗滤液经收集后，可采用密闭运输送到城市污水处理厂处理、排入城市排水管道进入城市污水处理厂处理或者自行处理等方式。排入设置城市污水处理厂的排水管网的，应在转运站内对渗滤液进行处理，总汞、总镉、总铬、六价铬、总砷、总铅等污染物浓度限值达到表 11-2 规定的浓度限值，其他水污染物排放控制要求由企业与城镇污水处理厂根据其污水处理能力商定或执行相关标准。排入环境水体或排入未设置污水处理厂的排水管网的，应在转运站内对渗滤液进行处理并达到表 11-2 规定的浓度限值。

第四节　生活垃圾焚烧污染控制标准

一、适用范围

《生活垃圾焚烧污染控制标准》（GB 18485—2014）规定了生活垃圾焚烧厂的选址要求、工艺要求、入炉废物要求、运行要求、排放控制要求、监测要求、实施与监督等内容。

该标准适用于生活垃圾焚烧厂的设计、环境影响评价、竣工验收以及运行过程中的污染控制及监督管理。

掺加生活垃圾质量超过入炉（窑）物料总质量30%的工业窑炉以及生活污水处理设施产生的污泥、一般工业固体废物的专用焚烧炉的污染控制参照本标准执行。

该标准适用于法律允许的污染物排放行为；新设立污染源的选址和特殊保护区域内现有污染源的管理，按照《中华人民共和国大气污染防治法》《中华人民共和国水污染防治法》《中华人民共和国海洋环境保护法》《中华人民共和国固体废物污染环境防治法》《中华人民共和国放射性污染防治法》《中华人民共和国环境影响评价法》《中华人民共和国城乡规划法》和《中华人民共和国土地管理法》等法律、法规、规章的相关规定执行。

二、术语和定义

（1）焚烧炉，指利用高温氧化作用处理生活垃圾的装置。

（2）焚烧处理能力，指单位时间焚烧炉焚烧生活垃圾的设计能力。

（3）炉膛，指焚烧炉中由炉墙包围起来供燃料燃烧的空间。

（4）烟气停留时间，指燃烧所产生的烟气处于高温段（≥850℃）的持续时间，可通过炉膛内高温段（≥850℃）有效容积与炉膛烟气流量的比值计算。

（5）焚烧炉渣，指生活垃圾焚烧后从炉床直接排出的残渣，以及过热器和省煤器排出的灰渣。

（6）焚烧飞灰，指烟气净化系统捕集物和烟道及烟囱底部沉降的底灰。

（7）热灼减率，指焚烧炉渣经灼烧减少的质量占原焚烧炉渣质量的百分数。其计算方法如下：

$$P=(A-B)/A\times 100\% \tag{11-1}$$

式中：P —— 热灼减率，%；

A —— 焚烧炉渣经 110℃干燥 2 h 后冷却至室温的质量，g；

B —— 焚烧炉渣经 600℃（±25℃）灼烧 3 h 后冷却至室温的质量，g。

（8）二噁英类，指多氯代二苯并-对-二噁英（PCDDs）和多氯代二苯并呋喃（PCDFs）的统称。

（9）毒性当量因子，指二噁英类同类物与2,3,7,8-四氯代二苯并-对-二噁英对Ah受体的亲和性能之比。

（10）毒性当量，指各二噁英类同类物浓度折算为相当于2,3,7,8-四氯代二苯并-对-二噁英毒性的等价浓度，毒性当量浓度为实测浓度与该异构体的毒性当量因子的乘积。

（11）一般工业固体废物，指在工业生产活动中产生的固体废物，危险废物除外。

（12）现有生活垃圾焚烧炉，指本标准实施之日前，已建成投入使用或环境影响评价文件已获批准的生活垃圾焚烧炉。

（13）新建生活垃圾焚烧炉，指本标准实施之日后环境影响评价文件获批准的新建、改建和扩建的生活垃圾焚烧炉。

（14）标准状态，指温度在273.16 K、压力在101.325 kPa时的气体状态。

（15）测定均值，指在一定时间内采集的一定数量样品中污染物浓度测试值的算术平均值。对于二噁英的监测，应在6～12小时内完成不少于3个样品的采集； 对于重金属类污染物的监测，应在0.5～8小时内完成不少于3个样品的采集。

（16）1小时均值，指任何1小时污染物浓度的算术平均值；或在1小时内，以等时间间隔采集4个样品测试值的算术平均值。

（17）24小时均值，指连续24个1小时均值的算术平均值。

（18）基准氧含量排放浓度，指本标准规定的各项污染物浓度的排放限值，均指在标准状态下以11%（V/V%）O_2（干烟气）作为换算基准换算后的基准含氧量排放浓度，按下式进行换算：

$$\rho=\rho'(21-11)/[\varphi_0(O_2)-\varphi'(O_2)] \qquad (11\text{-}2)$$

式中：ρ —— 大气污染物基准氧含量排放浓度，mg/m^3；

ρ' —— 实测的大气污染物排放浓度，mg/m^3；

$\varphi_0(O_2)$ —— 助燃空气初始氧含量，%，采用空气助燃时为21；

$\varphi'(O_2)$ —— 实测的烟气氧含量，%。

三、选址要求

（1）生活垃圾焚烧厂的选址应符合当地的城乡总体规划、环境保护规划和环境卫生专项规划，并符合当地的大气污染防治、水资源保护、自然生态保护等要求。

（2）应依据环境影响评价结论确定生活垃圾焚烧厂厂址的位置及其与周围人群的距离。经具有审批权的生态环境主管部门批准后，这一距离可作为规划控制的依据。

（3）在对生活垃圾焚烧厂厂址进行环境影响评价时，应重点考虑生活垃圾焚烧厂内各设施可能产生的有害物质泄漏、大气污染物（含恶臭物质）的产生与扩散以及可能的事故风险等因素，根据其所在地区的环境功能区类别，综合评价其对周围环境、居住人群的身体健康、日常生活和生产活动的影响，确定生活垃圾焚烧厂与常住居民居住场所、农用地、地表水体以及其他敏感对象之间合理的位置关系。

四、工艺要求

（1）生活垃圾的运输应采取密闭措施，避免在运输过程中发生垃圾遗撒、气味泄漏和污水滴漏。

（2）生活垃圾贮存设施和渗滤液收集设施应采取封闭负压措施，并保证其在运行期和停炉期均处于负压状态。这些设施内的气体应优先通入焚烧炉中进行高温处理，或收集并经除臭处理满足 GB 14554 要求后排放。

（3）生活垃圾焚烧炉的主要技术性能指标应满足下列要求。

① 炉膛内焚烧温度、炉膛内烟气停留时间和焚烧炉渣热灼减率应满足表 11-4 的要求。

表 11-4 生活垃圾焚烧炉主要技术性能指标

序号	项目	指标	检验方法
1	炉膛内焚烧温度	≥850℃	在二次空气喷入点所在断面、炉膛中部断面和炉膛上部断面中至少选择两个断面分别布设监测点，实行热电偶实时在线测量
2	炉膛内烟气停留时间	≥2 s	根据焚烧炉设计书中的检验和制造图核验炉膛内焚烧温度监测点断面间的烟气停留时间
3	焚烧炉渣热灼减率	≤5%	HJ/T 20

② 2015 年 12 月 31 日前，现有生活垃圾焚烧炉排放烟气中一氧化碳浓度执行 GB 18485—2001 中规定的限值。

③ 自 2016 年 1 月 1 日起，现有生活垃圾焚烧炉排放烟气中一氧化碳浓度执行表 11-5 规定的限值。

④ 自 2014 年 7 月 1 日起，新建生活垃圾焚烧炉排放烟气中一氧化碳浓度执行表 11-5 规定的限值。

表 11-5 新建生活垃圾焚烧炉排放烟气中一氧化碳浓度限值

取值时间	限值/（mg/m^3）	监测方法
24 小时均值	80	HJ/T 44
1 小时均值	100	

（4）每台生活垃圾焚烧炉必须单独设置烟气净化系统并安装烟气在线监测装置，处理后的烟气应采用独立的排气筒排放；多台生活垃圾焚烧炉的排气筒可采用多筒集束式排放。

（5）焚烧炉烟囱高度不得低于表 11-6 定的高度，具体高度应根据环境影响评价结论确定。如果在烟囱周围 200 m 半径距离内存在建筑物时，烟囱高度应至少高出这一区域内最高建筑物 3 m 以上。

表 11-6 焚烧炉烟囱高度

焚烧处理能力/（t/d）	烟囱最低允许高度/m
＜300	45
≥300	60

注：在同一厂区内如同时有多台焚烧炉，则以各焚烧炉焚烧处理能力总和作为评判依据。

（6）焚烧炉应设置助燃系统，在启、停炉时以及当炉膛内焚烧温度低于表 11-4 要求的温度时使用并保证焚烧炉的运行工况满足四（3）的要求。

（7）应按照 GB/T 16157 的要求设置永久采样孔，并在采样孔的正下方约 1 m 处设置不小于 3 m^2 的带护栏的安全监测平台，并设置永久电源（220 V）以便放置采样设备进行采样操作。

五、入炉废物要求

（1）下列废物可以直接进入生活垃圾焚烧炉进行焚烧处置：

① 由环境卫生机构收集或者生活垃圾产生单位自行收集的混合生活垃圾；

② 由环境卫生机构收集的服装加工、食品加工以及其他为城市生活服务的行业产生的性质与生活垃圾相近的一般工业固体废物；

③ 生活垃圾堆肥处理过程中筛分工序产生的筛上物，以及其他生化处理过程中产生的固态残余组分；

④ 按照 HJ/T 228、HJ/T 229、HJ/T 276 要求进行破碎毁形和消毒处理并满足消毒效果检验指标的《医疗废物分类目录》中的感染性废物。

（2）在不影响生活垃圾焚烧炉污染物排放达标和焚烧炉正常运行的前提下，生活污水处理设施产生的污泥和一般工业固体废物可以进入生活垃圾焚烧炉进行焚烧处置，焚烧炉排放烟气中污染物浓度执行表 11-7 规定的限值。

表 11-7　生活垃圾焚烧炉排放烟气中污染物限值

序号	污染物项目	限值	取值时间
1	颗粒物/（mg/m^3）	30	1 h 均值
		20	24 h 均值
2	氮氧化物（NO_x）/（mg/m^3）	300	1 h 均值
		250	24 h 均值
3	二氧化硫（SO_2）/（mg/m^3）	100	1 h 均值
		80	24 h 均值
4	氯化氢（HCl）/（mg/m^3）	60	1 h 均值
		50	24 h 均值
5	汞及其化合物（以 Hg 计）/（mg/m^3）	0.05	测定均值
6	镉、铊及其化合物（以 Cd+Tl 计）/（mg/m^3）	0.1	测定均值
7	锑、砷、铅、铬、钴、铜、锰、镍及其化合物（以 Sb+As+Pb+Cr+Co+Cu+Mn+Ni 计）/（mg/m^3）	1.0	测定均值
8	二噁英类/（$ngTEQ/m^3$）	0.1	测定均值
9	一氧化碳（CO）/（mg/mm^3）	100	1 h 均值
		80	24 h 均值

（3）下列废物不得在生活垃圾焚烧炉中进行焚烧处置：

① 危险废物，五（1）条规定的除外；

② 电子废物及其处理处置残余物。

国家生态环境主管部门另有规定的除外。

六、运行要求

（1）焚烧炉在启动时，应先将炉膛内焚烧温度升至四（3）规定的温度后才能投入生活垃圾。自投入生活垃圾开始，应逐渐增加投入量直至达到额定垃圾处理量；在焚烧炉启动阶段，炉膛内焚烧温度应满足表 11-4 的要求，焚烧炉应在 4 h 内达到稳定工况。

（2）焚烧炉在停炉时，自停止投入生活垃圾开始，启动垃圾助燃系统，保证剩余垃圾完全燃烧，并满足表 11-4 所规定的炉膛内焚烧温度的要求。

（3）焚烧炉在运行过程中发生故障，应及时检修，尽快恢复正常。如果无法修复，应立即停止投加生活垃圾，按照六（2）条要求操作停炉。每次故障或者事故持续排放污染物时间不应超过 4 h。

（4）焚烧炉每年启动、停炉过程排放污染物的持续时间以及发生故障或事故排放污染物持续时间累计不应超过 60 h。

（5）生活垃圾焚烧厂运行期间，应建立运行情况记录制度，如实记载运行管理情况，至少应包括废物接收情况、入炉情况、设施运行参数以及环境监测数据等。运行情况记录簿应按照国家有关档案管理的法律法规进行整理和保管。

七、排放控制要求

（1）2015 年 12 月 31 日前，现有生活垃圾焚烧炉排放烟气中污染物浓度执行 GB 18485—2001 中规定的限值。

（2）自 2016 年 1 月 1 日起，现有生活垃圾焚烧炉排放烟气中污染物浓度执行表 11-7 规定的限值。

（3）自 2014 年 7 月 1 日起，新建生活垃圾焚烧炉排放烟气中污染物浓度执行表 11-7 规定的限值。

（4）生活污水处理设施产生的污泥、一般工业固体废物的专用焚烧炉排放烟气中二噁英类污染物浓度执行表 11-8 中规定的限值。

表 11-8 生活污水处理设施产生的污泥、一般工业固体废物专用焚烧炉排放烟气中二噁英类限值

焚烧处理能力/（t/d）	二噁英类排放限值/（ng TEQ/m^3）	取值时间
＞100	0.1	测定均值
50～100	0.5	测定均值
＜50	1.0	测定均值

（5）在六（1）、六（2）、六（3）、六（4）条规定的时间内，所获得的监测数据不作为评价是否达到本标准排放限值的依据，但在这些时间内颗粒物浓度的 1 h 均值不得大于 150 mg/m^3。

（6）生活垃圾焚烧飞灰与焚烧炉渣应分别收集、贮存、运输和处置。生活垃圾焚烧飞灰应按危险废物进行管理，如进入生活垃圾填埋场处置，应满足 GB 16889 的要求；如进入水泥窑处置，应满足 GB 30485 的要求。

（7）生活垃圾渗滤液和车辆清洗废水应收集并在生活垃圾焚烧厂内处理或送至生活垃圾填埋场渗滤液处理设施处理，处理后满足 GB 16889 表 2 的要求（如厂址在符合 GB 16889 中第 9.1.4 条要求的地区，应满足 GB 16889 表 3 的要求）后，可直接排放。

若通过污水管网或采用密闭输送方式送至采用二级处理方式的城市污水处理厂处理，应满足以下条件：

① 在生活垃圾焚烧厂内处理后，总汞、总镉、总铬、六价铬、总砷、总铅等污染物浓度达到 GB 16889 表 2 规定的浓度限值要求；

② 城市二级污水处理厂每日处理生活垃圾渗滤液和车辆清洗废水总量不超过污水处理量的 0.5%；

③ 城市二级污水处理厂应设置生活垃圾渗滤液和车辆清洗废水专用调节池，将其均匀注入生化处理单元；

④ 不影响城市二级污水处理厂的污水处理效果。

八、监测要求

（1）生活垃圾焚烧厂运行企业应按照有关法律和《环境监测管理办法》等规定，建立企业监测制度，制定监测方案，并向当地生态环境主管部门和行业主管部门备案。对污染物排放状况及其对周边环境质量的影响开展自行监测，保存原始监测记录，并公布监测结果。

（2）生活垃圾焚烧厂运行企业应按照环境监测管理规定和技术规范的要求，设计、建设、维护永久采样口、采样测试平台和排污口标志。

（3）对生活垃圾焚烧厂运行企业排放废气的采样，应根据监测污染物的种类，在规定的污染物排放监控位置进行。烟气中二噁英类的采样按 HJ 77.2、HJ 916 的有关规定进行；其他污染物监测的采样按 GB/T 16157、HJ/T 397、HJ 75 的有关规定进行。

（4）生活垃圾焚烧厂运行企业对焚烧炉渣热灼减率的监测应每周至少开展 1 次；对烟气中重金属类污染物的监测应每月至少开展 1 次；对烟气中二噁英类的监测应每年至少开展 1 次。对其他大气污染物排放情况监测的频次、采样时间等要求，应按照有关环境监测管理规定和技术规范的要求执行。

（5）生态环境主管部门应采用随机方式对生活垃圾焚烧厂进行日常监督性监测，对焚烧炉渣热灼减率与烟气中颗粒物、二氧化硫、氮氧化物、氯化氢、重金属类污染物和一氧化碳的监测应每季度至少开展 1 次，对烟气中二噁英类的监测应每年至少开展 1 次。

(6)焚烧炉大气污染物浓度监测时的污染物浓度测定方法采用表 11-9 所列的方法标准。GB 18485—2014 实施后国家发布的污染物监测方法标准，如适用性满足要求，同样适用于该标准相应污染物的测定。

（7）生活垃圾焚烧厂应设置焚烧炉运行工况在线监测装置，监测结果应采用电子显示板进行公示并与当地生态环境主管部门和行业行政主管部门监控中心联网。焚烧炉运行工况在线监测指标应至少包括烟气中一氧化碳浓度和炉膛内焚烧温度。

（8）生活垃圾焚烧厂烟气在线监测装置安装要求应按《污染源自动监控管理办法》等规定执行并定期进行校对。在线监测结果应采用电子显示板进行公示并与当地生态环境主管部门和行业行政主管部门监控中心联网。烟气在线监测指标应至少包括烟气中一氧化碳、颗粒物、二氧化硫、氮氧化物和氯化氢。

表 11-9 污染物浓度测定方法

序号	污染物项目	方法标准名称	标准编号
1	颗粒物	固定污染源排气中颗粒物测定与气态污染物采样方法	GB/T 16157
2	二氧化硫（SO_2）	固定污染源排气中二氧化硫的测定 碘量法	HJ/T 56
		固定污染源废气 二氧化硫的测定 定电位电解法	HJ 57
		固定污染源废气 二氧化硫的测定 非分散红外吸收法	HJ 629
3	氮氧化物（NO_x）	固定污染源排气中氮氧化物的测定 紫外分光光度法	HJ/T 42
		固定污染源排气中氮氧化物的测定 盐酸萘乙二胺分光光度法	HJ/T 43
		固定污染源废气 氮氧化物的测定 非分散红外吸收法	HJ 692
		固定污染源废气 氮氧化物的测定 定电位电解法	HJ 693
4	氯化氢（HCl）	固定污染源排气中氯化氢的测定 硫氰酸汞分光光度法	HJ/T 27
		固定污染源废气 氯化氢的测定 硝酸银容量法	HJ 548
		环境空气和废气 氯化氢的测定 离子色谱法	HJ 549
5	汞	固定污染源废气 汞的测定 冷原子吸收分光光度法（暂行）	HJ 543
6	镉、铊、砷、铅、铬、锰、镍、锡、锑、铜、钴	空气和废气 颗粒物中铅等金属元素的测定 电感耦合等离子体质谱法	HJ 657
7	二噁英类	环境空气和废气 二噁英类的测定 同位素稀释高分辨气相色谱—高分辨质谱法	HJ 77.2
8	一氧化碳（CO）	固定污染源排气中一氧化碳的测定 非色散红外吸收法	HJ/T 44

九、实施与监督

（1）该标准由县级以上人民政府生态环境主管部门和行业主管部门负责监督实施。

（2）在任何情况下，生活垃圾焚烧厂均应遵守该标准的污染物排放控制要求，采取必要措施保证污染防治设施正常运行。各级生态环境主管部门在对生活垃圾焚烧厂进行监督性检查时，可以现场即时采样获得均值，将监测结果作为判定排污行为是否符合排放标准以及实施相关环境保护管理措施的依据。

第五节 危险废物贮存污染控制标准

一、术语

1. 危险废物贮存

危险废物贮存是指危险废物再利用或无害化处理和最终处置前的存放行为。

生产者产出的危险废物可以再利用的有两种情况：一是由于生产能力的限制，可利用的危险废物有一定的剩余；二是由于技术上的困难，对有再利用价值的尚未找到理想的技术方法加以有效的利用。属于上述情况的危险废物就需要贮存，有的危险废物属于无法利用或无利用价值的，则在无害化处理和最终处置前，也需暂时的贮存。

2．集中贮存

集中贮存是指危险废物集中处理、处置设施中所附设的按规定设计、建造或改建的用于专门存放危险废物的贮存设施和区域性的贮存设施。

根据《国务院关于全国危险废物和医疗废物处置设施建设规划的批复》，到 2006 年，在全国各省及部分市、地区将建成 30 多个危险废物集中处置中心和 300 多个医疗废物集中处置中心。这些集中处置中心都附设了集中贮存设施。

3．相容性

某种危险废物同其他危险废物或设施中其他物质接触时不产生气体、热量、有害物质，不会燃烧或爆炸，不发生其他可能对设施产生不利影响的反应和变化。本标准所述“兼容”即同于“相容”。

二、适用范围

《危险废物贮存污染控制标准》（GB 18597—2001）适用于所有的危险废物（尾矿除外）贮存的污染控制及监督管理，适用于危险废物的产生者、经营者和管理者。

三、一般要求

（1）所有危险废物产生者和危险废物经营者应建造专用的危险废物贮存设施，也可利用原有构筑物改建成危险废物贮存设施。

（2）在常温常压下易爆、易燃及排出有毒气体的危险废物必须进行预处理，使之稳定后贮存；否则，按易爆、易燃危险品贮存。

（3）在常温常压下不水解、不挥发的固体危险废物可在贮存设施内分别堆放。

（4）除上述（3）规定外，必须将危险废物装入容器内。

（5）禁止将不兼容（相互反应）的危险废物在同一容器内混装。

（6）无法装入常用容器的危险废物可用防漏胶袋等盛装。

（7）装载液体、半固体危险废物的容器内须留足够空间，容器顶部与液体表面之间保留 100 mm 以上的空间。

（8）医院产生的临床废物，必须当日消毒，消毒后装入容器。常温下贮存期不得超过 1 天，于 5℃以下冷藏的，不得超过 7 天。

（9）盛装危险废物的容器上必须粘贴符合 GB 18597—2001 附录 A 所示的标签。

（10）危险废物贮存设施在施工前应做环境影响评价。

四、危险废物贮存设施的选址要求

（1）应选在地质结构稳定，地震烈度不超过 7 度的区域内。

（2）设施底部必须高于地下水最高水位。

（3）应依据环境影响评价结论确定危险废物集中贮存设施的位置及其与周围人群的距离，并经具有审批权的生态环境主管部门批准，并可作为规划控制的依据。在对危险废物集中贮存设施场址进行环境影响评价时，应重点考虑危险废物集中贮存设施可能产生的有害物质泄漏、大气污染物（含恶臭物质）的产生与扩散以及可能的事故风险等因素，根据其所在地区的环境功能区类别，综合评价其对周围环境、居住人群的身体健康、日常生活和生产活动的影响，确定危险废物集中贮存设施与常住居民居住场所、农用地、地表水体以及其他敏感对象之间合理的位置关系。

（4）应避免建在溶洞区或易遭受严重自然灾害如洪水、滑坡、泥石流、潮汐等影响的地区。

（5）应建在易燃、易爆等危险品仓库、高压输电线路防护区域以外。

（6）应位于居民中心区常年最大风频的下风向。

（7）集中贮存的废物堆选址除满足以上要求外，还应满足：基础必须防渗，防渗层为至少 1 m 厚黏土层（渗透系数≤10^{-7} cm/s），或 2 mm 厚高密度聚乙烯，或至少 2 mm 厚的其他人工材料（渗透系数≤10^{-10} cm/s）等要求。

五、危险废物贮存设施（仓库式）的设计原则

（1）地面与裙脚要用坚固、防渗的材料制造，建筑材料必须与危险废物兼容。

（2）必须有泄漏液体收集装置、气体导出口及气体净化装置。

（3）设施内要有安全照明设施和观察窗口。

（4）用以存放装载液体、半固体危险废物容器的地方，必须有耐腐蚀的硬化地面，且表面无缝隙。

（5）应设计堵截泄漏的裙脚，地面与裙脚所围建的容积不低于堵截最大容器的最大储量或总储量的 1/5。

（6）不兼容的危险废物必须分开存放，并设有隔离间隔断。

六、危险废物堆放要求

（1）基础必须防渗，防渗层为至少 1 m 厚黏土层（渗透系数≤10^{-7} cm/s），或 2 mm 厚高密度聚乙烯，或至少 2 mm 厚的其他人工材料（渗透系数≤10^{-10} cm/s）。

（2）堆放危险废物的高度应根据地面承载能力确定。

（3）衬里放在一个基础或底座上。

（4）衬里要能覆盖危险废物或其溶出物可能涉及的范围。

（5）衬里材料与堆放危险废物兼容。

（6）在衬里上设计、建造浸出液收集清除系统。

（7）应设计建造径流疏导系统，保证能防止25年一遇的暴雨不会流到危险废物堆里。

（8）危险废物堆内设计雨水收集池，并能收集25年一遇的暴雨24 h降水量。

（9）危险废物堆要防风、防雨、防晒。

（10）产生量大的危险废物可以散装方式堆放贮存在按上述要求设计的废物堆里。

（11）不兼容的危险废物不能堆放在一起。

（12）总贮存量不超过300 kg（L）的危险废物要放入符合标准的容器内，加上标签，容器放入坚固的柜或箱中，柜或箱应设多个直径不少于 30 mm 的排气孔。不兼容危险废物要分别存放或存放在不渗透间隔分开的区域内，每个部分都应有防漏裙脚或储漏盘，防漏裙脚或储漏盘的材料要与危险废物相容。

第六节　危险废物填埋污染控制标准

一、概述

《危险废物填埋污染控制标准》（GB 18598—2019）规定了危险废物填埋的入场条件，填埋场的选址、设计、施工、运行、封场及监测的环境保护要求。该标准是对《危险废物填埋污染控制标准》（GB 18598—2001）的第一次修订，主要修订内容有：规范了危险废物填埋场场址选择技术要求；严格了危险废物填埋的入场标准；收严了危险废物填埋场废水排放控制要求；完善了危险废物填埋场运行及监测技术要求。

该标准适用于新建危险废物填埋场的建设、运行、封场及封场后环境管理过程的污染控制。现有危险废物填埋场的入场要求、运行要求、污染物排放要求、封场及封场后环境管理要求、监测要求按照该标准执行。该标准适用于生态环境主管部门对危险废物填埋场环境污染防治的监督管理。该标准不适用于放射性废物的处置及突发事故产生危险废物的临时处置。

该标准于2019年9月30日发布，2020年6月1日起实施。自实施之日起，《危险废物填埋污染控制标准》（GB 18598—2001）废止。

二、危险废物填埋处置技术特点

安全填埋是危险废物无害化处置技术之一，也是对危险废物使用其他方式处理后所采取的最终处置措施。利用对危险废物固化/稳定化处理、建筑防渗层构造等手段，将危险废物既放置在环境中，又令其与环境隔断联系。因此，是否能够成功地阻断这种联系，将是填埋场能否长远安全的关键，也是安全填埋风险之所在。

一个完整的危险废物填埋场应由若干个处置单元和构筑物组成，主要包括接收与贮存设施、分析与鉴别系统、预处理设施、填埋处置设施（其中包括：防渗系统、渗滤液收集和导排系统）、封场覆盖系统、渗滤液和废水处理系统、环境监测系统、应急设施及其他公用工程和配套设施。

三、危险废物填埋场选址要求

（1）填埋场选址应符合环境保护法律法规及相关法定规划要求。

（2）填埋场场址的位置及与周围人群的距离应依据环境影响评价结论确定。

在对危险废物填埋场场址进行环境影响评价时，应重点考虑危险废物填埋场渗滤液可能产生的风险、填埋场结构及防渗层长期安全性及其由此造成的渗漏风险等因素，根据其所在地区的环境功能区类别，结合该地区的长期发展规划和填埋场设计寿命期，重点评价其对周围地下水环境、居住人群的身体健康、日常生活和生产活动的长期影响，确定其与常住居民居住场所、农用地、地表水体以及其他敏感对象之间合理的位置关系。

（3）填埋场场址不应选在国务院和国务院有关主管部门及省、自治区、直辖市人民政府划定的生态保护红线区域、永久基本农田和其他需要特别保护的区域内。

（4）填埋场场址不得选在以下区域：破坏性地震及活动构造区，海啸及涌浪影响区；湿地；地应力高度集中，地面抬升或沉降速率快的地区；石灰溶洞发育带；废弃矿区、塌陷区；崩塌、岩堆、滑坡区；山洪、泥石流影响地区；活动沙丘区；尚未稳定的冲积扇、冲沟地区及其他可能危及填埋场安全的区域。

（5）填埋场选址的标高应位于重现期不小于 100 年一遇的洪水位之上，并在长远规划中的水库等人工蓄水设施淹没和保护区之外。

（6）填埋场场址地质条件应符合下列要求，刚性填埋场除外：

①场区的区域稳定性和岩土体稳定性良好，渗透性低，没有泉水出露；

②填埋场防渗结构底部应与地下水有记录以来的最高水位保持 3 m 以上的距离。

（7）填埋场场址不应选在高压缩性淤泥、泥炭及软土区域，刚性填埋场选址除外。

（8）填埋场场址天然基础层的饱和渗透系数不应大于 1.0×10^{-5} cm/s，且其厚度不应小于 2 m，刚性填埋场除外。

（9）填埋场场址不能满足上述（6）～（8）条的要求时，必须按照刚性填埋场要求建设。

四、污染物排放控制要求

（1）废水污染物排放控制要求

①填埋场产生的渗滤液（调节池废水）等污水必须经过处理，并符合本标准规定的

污染物排放控制要求后方可排放，禁止渗滤液回灌。

②2020 年 8 月 31 日前，现有危险废物填埋场废水进行处理，达到 GB 8978 中第一类污染物最高允许排放浓度标准要求及第二类污染物最高允许排放浓度标准要求后方可排放。第二类污染物排放控制项目包括：pH、悬浮物（SS）、五日生化需氧量（BOD_5）、化学需氧量（COD_{Cr}）、氨氮（NH_3-N）、磷酸盐（以 P 计）。

③自 2020 年 9 月 1 日起，现有危险废物填埋场废水污染物排放执行表 11-10 规定的限值。

（2）填埋场有组织气体和无组织气体排放应满足 GB 16297 和 GB 37822 的规定。监测因子由企业根据填埋废物特性从上述两个标准的污染物控制项目中提出，并征得当地生态环境主管部门同意。

（3）危险废物填埋场不应对地下水造成污染。地下水监测因子和地下水监测层位由企业根据填埋废物特性和填埋场所处区域水文地质条件提出必须具有代表性且能表示废物特性的参数，并征得当地生态环境主管部门同意。常规测定项目包括：浑浊度、pH、溶解性总固体、氯化物、硝酸盐（以 N 计）、亚硝酸盐（以 N 计）。填埋场地下水质量评价按照 GB/T 14848 执行。

表 11-10　危险废物填埋场废水污染物排放限值

单位：mg/L，pH 除外

<table>
<tr><th>序号</th><th>污染物项目</th><th>直接排放</th><th>间接排放*</th><th>污染物排放监控位置</th></tr>
<tr><td>1</td><td>pH</td><td>6～9</td><td>6～9</td><td rowspan="3">危险废物填埋场废水总排放口</td></tr>
<tr><td>2</td><td>五日生化需氧量（BOD_5）</td><td>4</td><td>50</td></tr>
<tr><td>3</td><td>化学需氧量（COD_{Cr}）</td><td>20</td><td>200</td></tr>
<tr><td>4</td><td>总有机碳（TOC）</td><td>8</td><td>30</td><td rowspan="10">危险废物填埋场废水总排放口</td></tr>
<tr><td>5</td><td>悬浮物（SS）</td><td>10</td><td>100</td></tr>
<tr><td>6</td><td>氨氮</td><td>1</td><td>30</td></tr>
<tr><td>7</td><td>总氮</td><td>1</td><td>50</td></tr>
<tr><td>8</td><td>总铜</td><td>0.5</td><td>0.5</td></tr>
<tr><td>9</td><td>总锌</td><td>1</td><td>1</td></tr>
<tr><td>10</td><td>总钡</td><td>1</td><td>1</td></tr>
<tr><td>11</td><td>氰化物（以 CN^- 计）</td><td>0.2</td><td>0.2</td></tr>
<tr><td>12</td><td>总磷（TP，以 P 计）</td><td>0.3</td><td>3</td></tr>
<tr><td>13</td><td>氟化物（以 F^- 计）</td><td>1</td><td>1</td></tr>
<tr><td>14</td><td>总汞</td><td colspan="2">0.001</td><td rowspan="4">渗滤液调节池废水排放口</td></tr>
<tr><td>15</td><td>烷基汞</td><td colspan="2">不得检出</td></tr>
<tr><td>16</td><td>总砷</td><td colspan="2">0.05</td></tr>
<tr><td>17</td><td>总镉</td><td colspan="2">0.01</td></tr>
</table>

序号	污染物项目	直接排放	间接排放*	污染物排放监控位置
18	总铬	0.1		
19	六价铬	0.05		渗滤液调节池废水排放口
20	总铅	0.05		
21	总铍	0.002		
22	总镍	0.05		
23	总银	0.5		
24	苯并[a]芘	0.000 03		

* 工业园区和危险废物集中处置设施内的危险废物填埋场向污水处理系统排放废水时执行间接排放限值。

第七节 危险废物焚烧污染控制标准

一、术语

1. 焚烧

指焚化燃烧危险废物使之分解并无害化的过程。

2. 焚烧残余物

指焚烧危险废物后排出的燃烧残渣、飞灰和经尾气净化装置产生的固态物质。

3. 二噁英类

多氯代二苯并-对-二噁英和多氯代二苯并呋喃的总称。即 PCDDs 和 PCDFs。

4. 二噁英毒性当量（TEQ）

二噁英毒性当量因子（TEF）是二噁英毒性同类物与 2,3,7,8-四氯代二苯并-对-二噁英对 Ah 受体的亲和性能之比，二噁英毒性当量可以通过下式计算：

$$\mathrm{TEQ}=\Sigma\text{（二噁英毒性同类物浓度}\times\mathrm{TEF}\text{）}$$

5. 标准状态

指温度在 273.16 K、压力在 101.325 kPa 时的气体状态。《危险废物焚烧污染控制标准》（GB 18484—2001）中规定的各项污染物的排放限值，均指在标准状态下以 11% O_2（干空气）作为换算基准换算后的浓度。

二、内容和适用范围

该标准从危险废物处置过程中环境污染防治出发，规定了危险废物焚烧设施场所的选址原则，焚烧基本技术性能指标，焚烧排放大气污染物的最高允许排放限值，焚烧残余物的处置原则和相应的环境监测等。

该标准适用于除易爆和具有放射性以外的危险废物焚烧设施的设计、环境影响评价、竣工验收以及运行过程中的污染控制管理。

三、危险废物焚烧处置的特点

焚烧处置方法是一种高温热处理技术，即以一定的过剩空气量与被处置的危险废物在焚烧炉内进行氧化燃烧反应，废物中的有毒、有害物质在高温下氧化、分解而被破坏。焚烧处置的特点是它可同时实现废物的无害化、减量化、资源化。焚烧的目的是借助焚烧工况的控制，使被焚烧的物质无害化，最大限度地减容，并尽可能减少新的污染物产生，避免造成二次污染。对于大、中型的危险废物焚烧厂确有条件能同时实现使废物减量、彻底焚毁废物中的毒性物质，以及回收利用焚烧产生的废热这三个目的。焚烧法不但可以处置固态废物，还可以处置液态或气态废物，并且通过残渣熔融使重金属元素稳定化。

焚烧处置技术的最大弊端是产生废气污染。焚烧烟气中主要的空气污染物是粒状污染物、酸性气体、氮的氧化物、一氧化碳、重金属与二噁英等有机氯化物。

四、危险废物焚烧厂选址要求

各类焚烧厂不允许建设在《地表水环境质量标准》（GB 3838）中规定的地表水环境质量Ⅰ类、Ⅱ类功能区和《环境空气质量标准》（GB 3095）中规定的环境空气质量一类功能区，即自然保护区、风景名胜区和其他需要特殊保护的地区。集中式危险废物焚烧厂不允许建设在人口密集的居住区、商业区和文化区。

各类焚烧厂不允许建设在居民区主导风向的上风向地区。

五、焚烧炉的技术性能指标

针对焚烧处置的危险废物类型不同，其焚烧炉的技术性能指标也有所差别，见表11-11。

表 11-11　焚烧炉的技术性能指标

指标 / 废物类型	焚烧炉温度/℃	烟气停留时间/ s	焚烧效率/%	焚毁去除率/%	焚烧残渣热灼减率/%
危险废物	≥1 100	≥2.0	≥99.9	≥99.99	＜5
多氯联苯	≥1 200	≥2.0	≥99.9	≥99.999 9	＜5
医院临床废物	≥850	≥1.0	≥99.9	≥99.99	＜5

六、污染物（项目）排放控制要求

（1）焚烧炉大气污染物排放限值。

焚烧炉排气中任何一种有害物质浓度不得超过表 11-12 中所列的最高允许限值。

表 11-12 焚烧炉大气污染物排放限值①

序号	污染物	不同焚烧容量时的最高允许排放浓度限值/（mg/m^3）		
		≤300 kg/h	300～2 500 kg/h	≥2 500 kg/h
1	烟气黑度	林格曼Ⅰ级		
2	烟尘	100	80	65
3	一氧化碳（CO）	100	80	80
4	二氧化硫（SO_2）	400	300	200
5	氟化氢（HF）	9.0	7.0	5.0
6	氯化氢（HCl）	100	70	60
7	氮氧化物（以 NO_2 计）	500		
8	汞及其化合物（以 Hg 计）	0.1		
9	镉及其化合物（以 Cd 计）	0.1		
10	砷、镍及其化合物（以 As+Ni 计）②	1.0		
11	铅及其化合物（以 Pb 计）	1.0		
12	铬、锡、锑、铜、锰及其化合物（以 Cr+Sn+Sb+Cu+Mn 计）③	4.0		
13	二噁英类	0.5 TEQ ng/m^3		

注：① 在测试计算过程中，以 11% O_2（干气）作为换算基准。换算公式为：

$$c=\frac{10}{21-O_s}\times c_s \tag{11-4}$$

式中：c —— 标准状态下被测污染物经换算后的浓度，mg/m^3；

O_s —— 排气中氧气的浓度，%；

c_s —— 标准状态下被测污染物的浓度，mg/m^3。

② 指砷和镍的总量。

③ 指铬、锡、锑、铜和锰的总量。

（2）危险废物焚烧厂排放废水时，其水中污染物最高允许排放浓度按《污水综合排放标准》（GB 8978）执行。

（3）焚烧残余物按危险废物进行安全处置。

（4）危险废物焚烧厂噪声执行《工业企业厂界环境噪声排放标准》（GB 12348）。

第八节　一般工业固体废物贮存、处置场污染控制标准

一、术语

1．第Ⅰ类工业固体废物

按照《固体废物浸出毒性浸出方法》规定方法进行浸出试验而获得的浸出液中，任何一种污染物的浓度均未超过《污水综合排放标准》（GB 8978）最高允许排放浓度，且pH在6～9的一般工业固体废物。

2．第Ⅱ类工业固体废物

按照《固体废物浸出毒性浸出方法》规定方法进行浸出试验而获得的浸出液中，有一种或一种以上的污染物浓度超过《污水综合排放标准》（GB 8978）最高允许排放浓度，或者是pH在6～9之外的一般工业固体废物。

3．贮存场

将一般工业固体废物置于符合本标准规定的非永久性的集中堆放场所。

4．处置场

将一般工业固体废物置于符合本标准规定的永久性的集中堆放场所。

二、适用范围

本标准适用于新建、扩建、改建及已经建成投产的一般工业固体废物贮存、处置场的建设、运行和监督管理。不适用于危险废物的贮存、处置设施和生活垃圾填埋场。

三、一般工业固体废物贮存、处置场分类

根据一般工业固体废物分为两类，相应的贮存、处置场也分为两类，Ⅰ类场适用于Ⅰ类一般工业固体废物的贮存和处置；Ⅱ类场适用于Ⅱ类一般工业固体废物的贮存和处置。

四、一般工业固体废物贮存、处置场对环境的主要影响

一般工业固体废物虽然不具有危险废物的危险性，但它产出量大，贮存、处置占地多，因此不可低估对环境造成的影响。一般工业固体废物贮存、处置场对环境的影响主要有以下几方面：

1．对生态环境的影响

贮存、处置场的建设，必然造成天然土层植被的破坏，林木的损失，同时也造成景观生态的影响。只有在贮存、处置场封场后生态环境才有望得以恢复。

2. 对大气环境的影响

在作业和自然风扬尘的情况下造成周围大气环境的粉尘污染，致使空气中颗粒物浓度增高。如果是煤矸石型的堆场，在自燃的情况下，也会散发大量的SO_2，造成SO_2浓度增高。

3. 对水环境的影响

淋沥固体废物的雨水径流有可能进入河流、湖泊，尤其是Ⅱ类场，可造成地表水体的污染。

渗滤液收集、处理不当或防渗层泄漏，可能造成地下水污染，这是建设贮存、处置场时，应予特别关注的问题。因此在设计中要有防渗系统、集排水系统、渗滤液收集系统、处理系统以及对场周边地下水的监控系统。

五、一般工业固体废物贮存、处置场选址要求

1. Ⅰ类场和Ⅱ类场的共同要求

（1）所选场址应符合当地城乡建设总体规划要求。

（2）应依据环境影响评价结论确定场址的位置及其与周围人群的距离，并经具有审批权的生态环境主管部门批准，并可作为规划控制的依据。在对一般工业固体废物贮存、处置场场址进行环境影响评价时，应重点考虑一般工业固体废物贮存、处置场产生的渗滤液以及粉尘等大气污染物等因素，根据其所在地区的环境功能区类别，综合评价其对周围环境、居住人群的身体健康、日常生活和生产活动的影响，确定其与常住居民居住场所、农用地、地表水体、高速公路、交通主干道（国道或省道）、铁路、飞机场、军事基地等敏感对象之间合理的位置关系。

（3）应选在满足承载力要求的地基上，以避免地基下沉的影响，特别是不均匀或局部下沉的影响。

（4）应避开断层、断层破碎带、溶洞区，以及天然滑坡或泥石流影响区。

（5）禁止选在江河、湖泊、水库最高水位线以下的滩地和洪泛区。

（6）禁止选在自然保护区、风景名胜区和其他需要特别保护的区域。

2. Ⅰ类场的其他要求

对于Ⅰ类场应优先选用废弃的采矿坑、塌陷区。

3. Ⅱ类场的其他要求

（1）应避开地下水主要补给区和饮用水源含水层。

（2）应选在防渗性能好的地基上。天然基础层地表距地下水位的距离不得<1.5 m。

上述的要求主要是防止渗滤液对地下水和饮用水源的污染。如果天然基础层渗透系数$>1.0\times10^{-7}$ cm/s时，应采用天然或人工材料构筑防渗层，防渗层的厚度应相当于渗透系数1.0×10^{-7} cm/s和厚度1.5 m的黏土层的防渗性能。

六、污染物排放控制要求

1. 渗滤液及其处理后的排放水

渗滤液及其处理后的排放水应根据贮存和处置的一般工业固体废物的特征组分作为控制项目。

2. 地下水

在贮存、处置场投入使用前，以《地下水质量标准》（GB/T 14848）规定的项目为控制项目。在使用过程中和关闭或封场后的控制项目，可选择所贮存、处置的固体废物的特征组分作为控制项目。

3. 大气

工业固废贮存、处置场以颗粒物为控制项目，其中属于自燃性煤矸石的贮存、处置场，以颗粒物和二氧化硫为控制项目。

第九节　危险废物和医疗废物处置设施建设项目环境影响评价要求

由于危险废物处置具有潜在的风险，为了防止在危险废物处理过程中造成对环境的污染，国家环境保护总局于 2004 年 4 月 15 日发布了《危险废物和医疗废物处置设施建设环境影响评价技术原则》，该原则在环评技术导则的基础上针对危险废物焚烧厂和危险废物填埋场，提出一些特殊的要求，主要归纳为：

（1）危险废物和医疗废物处置设施建设项目环境影响评价必须编制环境影响报告书，并严格执行国家、地方相关法律、法规、标准的有关规定。

（2）根据处置设施的特点，进行环境影响因素识别和评价因子筛选，并确定评价重点。环境要素应按三级或三级以上等级进行评价。环境影响评价范围应根据处理方法和环境敏感程度合理确定，要包括事故状态下可能影响的范围。

（3）重点关注厂（场）址选择。由于危险废物及医疗废物的处置所具有的危险性和危害性，因此在环境影响评价中，首要关注的是厂（场）址的选择。处置设施选址除要符合国家法律法规要求外，还要就社会环境、自然环境、场地环境、工程地质、水文地质、气候条件、应急救援等因素进行综合分析。结合《危险废物焚烧污染控制标准》（GB 18484—2001）、《危险废物填埋污染控制标准》（GB 18598—2001）、《危险废物贮存污染控制标准》（GB 18597—2001）、《医疗废物集中焚烧处置工程建设技术要求》中规定的对厂址选择的要求，详细论证拟选厂（场）址的合理性。

（4）要进行全时段的环境影响评价。处置的对象是危险废物或医疗废物，处置的方法包括焚烧法、安全填埋法、其他物化方法。无论使用何种技术处置何种对象，其设施建设项目都经历建设期、营运期和服务期满后。但是根据此类环评的特殊性，对于使用焚烧及其他物化技术的处置厂，主要关注的是营运期，而对于填埋场则关注的是建设期、营运期和服务期满后全时段的环境影响。填埋场在建设期势必要永久占地和临时占地，植被将受到影响，可能造成生物资源或农业资源损失，甚至对生态环境敏感目标产生影响。而在服务期满后，需要提出填埋场封场、植被恢复的具体措施，并要求提出封场后30年内的管理和监测方案。这对保护生态环境可谓是重要的问题。

（5）要进行全过程的环境影响评价。危险废物和医疗废物处置设施建设环境影响评价应包括收集、运输、贮存、预处理、处置全过程。由于各环节所产生的污染物及其对环境的影响有所不同，由此制定的防治措施是保证在处置过程不造成二次污染的重要环境影响评价内容。

（6）必须要有环境风险评价。环境风险评价的目的是分析和预测建设项目存在的潜在危险，预测项目营运期可能发生的突发性事件，以及由其引起有毒有害和易燃易爆等物质的泄漏，造成对人身的损害和对环境的污染，从而提出合理可行的防范与减缓措施及应急预案，以使建设项目的事故率达到最小，使事故带来的损失及对环境的影响达到可接受的水平。

（7）充分重视环境管理与环境监测。为保证危险废物和医疗废物的处置设施安全、有效的运行，必须有健全的管理机构和完整的规章制度。环境影响评价报告书必须提出风险管理及应急救援制度、转移联单管理制度、处置过程安全操作规程、人员培训考核制度、档案管理制度、处置全过程管理制度以及职业健康、安全、环保管理体系等。在环境监测方面，焚烧处置厂重点是大气环境监测，而对安全填埋场重点则是地下水的监测。

第十节　建设项目危险废物环境影响评价指南

为贯彻落实《中华人民共和国环境保护法》《中华人民共和国环境影响评价法》《中华人民共和国固体废物污染环境防治法》等法律法规，按照《建设项目环境影响评价技术导则　总纲》（HJ 2.1—2016）及其他相关技术标准的有关规定，进一步规范建设项目产生危险废物的环境影响评价工作，指导各级生态环境主管部门开展相关建设项目环境影响评价审批，原环境保护部制定了《建设项目危险废物环境影响评价指南》（以下简称《指南》），该《指南》自 2017 年 10 月 1 日起施行。

一、适用范围

《指南》规定了产生危险废物建设项目环境影响评价的原则、内容和技术要求。不适用于危险废物经营单位从事的各类别危险废物收集、贮存、处置经营活动的环境影响评价。

《指南》适用于需编制环境影响报告书（表）的建设项目。

相关竣工环境保护验收、规划环评工作也可参照《指南》试行。

二、编制依据

《中华人民共和国环境保护法》
《中华人民共和国固体废物污染环境防治法》
《中华人民共和国环境影响评价法》
《国家危险废物名录》（环境保护部、国家发展和改革委员会、公安部令 第39号）
《危险废物鉴别标准》（GB 5085.1～7）
《危险废物焚烧污染控制标准》（GB 18484）
《危险废物贮存污染控制标准》（GB 18597）及其修改单
《危险废物填埋污染控制标准》（GB 18598）及其修改单
《环境保护图形标志　固体废物贮存（处置）场》（GB 15562.2）
《建设项目环境影响评价技术导则　总纲》（HJ 2.1）
《环境影响评价技术导则　大气环境》（HJ 2.2）
《环境影响评价技术导则　地表水环境》（HJ 2.3）
《环境影响评价技术导则　声环境》（HJ 2.4）
《环境影响评价技术导则　地下水环境》（HJ 610）
《建设项目环境风险评价技术导则》（HJ/T 169）
《危险废物鉴别技术规范》（HJ/T 298）
《危险废物集中焚烧处置工程建设技术规范》（HJ/T 176）
《危险废物收集　贮存　运输技术规范》（HJ 2025）
《危险废物安全填埋处置工程建设技术要求》（环发〔2004〕75号）
《危险废物转移联单管理办法》（国家环保总局令 第5号）
《企业事业单位突发环境事件应急预案备案管理办法（试行）》（环发〔2015〕4号）
关于印发《危险废物规范化管理指标体系》的通知（环办〔2015〕99号）

三、基本原则

（1）重点评价，科学估算。对于所有产生危险废物的建设项目，应科学估算产生危险废物的种类和数量等相关信息，并将危险废物作为重点进行环境影响评价，并在环境影响报告书的相关章节中细化完善，环境影响报告表中的相关内容可适当简化。

（2）科学评价，降低风险。对建设项目产生的危险废物种类、数量、利用或处置方式、环境影响以及环境风险等进行科学评价，并提出切实可行的污染防治对策措施。坚持无害化、减量化、资源化原则，妥善利用或处置产生的危险废物，保障环境安全。

（3）全程评价，规范管理。对建设项目危险废物的产生、收集、贮存、运输、利用、处置全过程进行分析评价，严格落实危险废物各项法律制度，提高建设项目危险废物环境影响评价的规范化水平，促进危险废物的规范化监督管理。

四、危险废物环境影响评价技术要求

（一）工程分析

1. 基本要求

工程分析应结合建设项目主辅工程的原辅材料使用情况及生产工艺，全面分析各类固体废物的产生环节、主要成分、有害成分、理化性质及其产生、利用和处置量。

2. 固体废物属性判定

根据《中华人民共和国固体废物污染环境防治法》《固体废物鉴别标准 通则》（GB 34330—2017），对建设项目产生的物质（除目标产物，即：产品、副产品外），依据产生来源、利用和处置过程鉴别属于固体废物并且作为固体废物管理的物质，应按照《国家危险废物名录》《危险废物鉴别标准 通则》（GB 5085.7）等进行属性判定。

（1）列入《国家危险废物名录》的固体废物，直接判定为危险废物。环境影响报告书（表）中应对照名录明确危险废物的类别、行业来源、代码、名称、危险特性。

（2）未列入《国家危险废物名录》，但从工艺流程及产生环节、主要成分、有害成分等角度分析可能具有危险特性的固体废物，环评阶段可类比相同或相似的固体废物危险特性判定结果，也可选取具有相同或相似性的样品，按照《危险废物鉴别技术规范》（HJ/T 298）、《危险废物鉴别标准》（GB 5085.1～6）等国家规定的危险废物鉴别标准和鉴别方法予以认定。该类固体废物产生后，应按国家规定的标准和方法对所产生的固体废物再次开展危险特性鉴别，并根据其主要有害成分和危险特性确定所属废物类别，按照《国家危险废物名录》要求进行归类管理。

（3）环评阶段不具备开展危险特性鉴别条件的可能含有危险特性的固体废物，环境影响报告书（表）中应明确疑似危险废物的名称、种类、可能的有害成分，并明确暂按危险废物从严管理，并要求在该类固体废物产生后开展危险特性鉴别，环境影响报告书（表）中应按《危险废物鉴别技术规范》（HJ/T 298）、《危险废物鉴别标准 通则》（GB 5085.7）等要求给出详细的危险废物特性鉴别方案建议。

3. 产生量核算方法

采用物料衡算法、类比法、实测法、产排污系数法等相结合的方法核算建设项目危险废物的产生量。

对于生产工艺成熟的项目，应通过物料衡算法分析估算危险废物产生量，必要时采用类比法、产排污系数法校正，并明确类比条件、提供类比资料；若无法按物料衡算法估算，可采用类比法估算，但应给出所类比项目的工程特征和产排污特征等类比条件；对于改、扩建项目可采用实测法统计核算危险废物产生量。

4．污染防治措施

工程分析应给出危险废物收集、贮存、运输、利用、处置环节采取的污染防治措施，并以表格的形式列明危险废物的名称、数量、类别、形态、危险特性和污染防治措施等内容，样表见表 11-13。

表 11-13 工程分析中危险废物汇总样表

序号	危险废物名称	危险废物类别	危险废物代码	产生量（吨/年）	产生工序及装置	形态	主要成分	有害成分	产废周期	危险特性	污染防治措施*
1											
2											
…											

注：*污染防治措施一栏中应列明各类危险废物的贮存、利用或处置的具体方式。对同一贮存区同时存放多种危险废物的，应明确分类、分区、包装存放的具体要求。

在项目生产工艺流程图中应标明危险废物的产生环节，在厂区布置图中应标明危险废物贮存场所（设施）、自建危险废物处置设施的位置。

（二）环境影响分析

1．基本要求

在工程分析的基础上，环境影响报告书（表）应从危险废物的产生、收集、贮存、运输、利用和处置等全过程以及建设期、运营期、服务期满后等全时段角度考虑，分析预测建设项目产生的危险废物可能造成的环境影响，进而指导危险废物污染防治措施的补充完善。

同时，应特别关注与项目有关的特征污染因子，按《环境影响评价技术导则 地下水环境》《环境影响评价技术导则 大气环境》等要求，开展必要的土壤、地下水、大气等环境背景监测，分析环境背景变化情况。

2．危险废物贮存场所（设施）环境影响分析

危险废物贮存场所（设施）环境影响分析内容应包括：

（1）按照《危险废物贮存污染控制标准》（GB 18597）及其修改单，结合区域环境条件，分析危险废物贮存场选址的可行性。

（2）根据危险废物产生量、贮存期限等分析、判断危险废物贮存场所（设施）的能力是否满足要求。

（3）按环境影响评价相关技术导则的要求，分析预测危险废物贮存过程中对环境空

气、地表水、地下水、土壤以及环境敏感保护目标可能造成的影响。

3．运输过程的环境影响分析

分析危险废物从厂区内产生工艺环节运输到贮存场所或处置设施可能产生散落、泄漏所引起的环境影响。对运输路线沿线有环境敏感点的，应考虑其对环境敏感点的环境影响。

4．利用或者处置的环境影响分析

利用或者处置危险废物的建设项目环境影响分析应包括：

（1）按照《危险废物焚烧污染控制标准》（GB 18484）、《危险废物填埋污染控制标准》（GB 18598）等，分析论证建设项目危险废物处置方案选址的可行性。

（2）应按建设项目建设和运营的不同阶段开展自建危险废物处置设施（含协同处置危险废物设施）的环境影响分析预测，分析对环境敏感保护目标的影响，并提出合理的防护距离要求。必要时，应开展服务期满后的环境影响评价。

（3）对综合利用危险废物的，应论证综合利用的可行性，并分析可能产生的环境影响。

5．委托利用或者处置的环境影响分析

环评阶段已签订利用或者委托处置意向的，应分析危险废物利用或者处置途径的可行性。暂未委托利用或者处置单位的，应根据建设项目周边有资质的危险废物处置单位的分布情况、处置能力、资质类别等，给出建设项目产生危险废物的委托利用或处置途径建议。

（三）污染防治措施技术经济论证

1．基本要求

环境影响报告书（表）应对建设项目可研报告、设计等技术文件中的污染防治措施的技术先进性、经济可行性及运行可靠性进行评价，根据需要补充完善危险废物污染防治措施。明确危险废物贮存、利用或处置相关环境保护设施投资并纳入环境保护设施投资、“三同时”验收表。

2．贮存场所（设施）污染防治措施

分析项目可研、设计等技术文件中危险废物贮存场所（设施）所采取的污染防治措施、运行与管理、安全防护与监测、关闭等要求是否符合有关要求，并提出环保优化建议。

危险废物贮存应关注“四防”（防风、防雨、防晒、防渗漏），明确防渗措施和渗漏收集措施，以及危险废物堆放方式、警示标识等方面内容。

对同一贮存场所（设施）贮存多种危险废物的，应根据项目所产生危险废物的类别和性质，分析论证贮存方案与《危险废物贮存污染控制标准》（GB 18597）中的贮存容器要求、相容性要求等的符合性，必要时，提出可行的贮存方案。

环境影响报告书（表）应列表明确危险废物贮存场所（设施）的名称、位置、占地面积、贮存方式、贮存容积、贮存周期等，样表见表 11-14。

表 11-14　建设项目危险废物贮存场所（设施）基本情况样表

序号	贮存场所（设施）名称	危险废物名称	危险废物类别	危险废物代码	位置	占地面积	贮存方式	贮存能力	贮存周期
1									
2									
…									

3. 运输过程的污染防治措施

按照《危险废物收集 贮存 运输技术规范》（HJ 2025），分析危险废物的收集和转运过程中采取的污染防治措施的可行性，并论证运输方式、运输线路的合理性。

4. 利用或者处置方式的污染防治措施

按照《危险废物焚烧污染控制标准》（GB 18484）、《危险废物填埋污染控制标准》（GB 18598）和《水泥窑协同处置固体废物污染控制标准》（GB 30485）等，分析论证建设项目自建危险废物处置设施的技术、经济可行性，包括处置工艺、处理能力是否满足要求，装备（装置）水平的成熟、可靠性及运行的稳定性和经济合理性，污染物稳定达标的可靠性。

5. 其他要求

（1）积极推行危险废物的无害化、减量化、资源化，提出合理、可行的措施，避免产生二次污染。

（2）改扩建及异地搬迁项目需说明现有工程危险废物的产生、收集、贮存、运输、利用和处置情况及处置能力，存在的环境问题及拟采取的“以新带老”措施等内容，改扩建项目产生的危险废物与现有贮存或处置的危险废物的相容性等。涉及原有设施拆除及造成环境影响的分析，明确应采取的措施。

（四）环境风险评价

按照《建设项目环境风险评价技术导则》（HJ/T 169）和地方生态环境部门有关规定，针对危险废物产生、收集、贮存、运输、利用、处置等不同阶段的特点，进行风险识别和源项分析并进行后果计算，提出危险废物的环境风险防范措施和应急预案编制意见，并纳入建设项目环境影响报告书（表）的突发环境事件应急预案专题。

（五）环境管理要求

按照危险废物相关导则、标准、技术规范等要求，严格落实危险废物环境管理与监测制度，对项目危险废物收集、贮存、运输、利用、处置各环节提出全过程环境监管要求。

列入《国家危险废物名录》附录《危险废物豁免管理清单》中的危险废物，在所列的豁免环节，且满足相应的豁免条件时，可以按照豁免内容的规定实行豁免管理。

对冶金、石化和化工行业中有重大环境风险，建设地点敏感，且持续排放重金属或者持久性有机污染物的建设项目，提出开展环境影响后评价要求，并将后评价作为其改扩建、技改环评管理的依据。

（六）危险废物环境影响评价结论与建议

归纳建设项目产生危险废物的名称、类别、数量和危险特性，分析预测危险废物产生、收集、贮存、运输、利用、处置等环节可能造成的环境影响，提出预防和减缓环境影响的污染防治、环境风险防范措施以及环境管理等方面的改进建议。

（七）附件

危险废物环境影响评价相关附件可包括：

（1）开展危险废物属性实测的，提供危险废物特性鉴别检测报告；

（2）改扩建项目附已建危险废物贮存、处理及处置设施照片等。

第十二章　建设项目竣工环境保护验收

“建设项目需要配套建设的环境保护设施，必须与主体工程同时设计、同时施工、同时投产使用”，是《建设项目环境保护管理条例》中对建设项目的明确要求，对其跟踪检查和竣工环境保护验收是我国独具特色的环境管理制度，也是生态环境部对建设项目实施管理的重要手段和日常工作内容之一。

从最早作为试点的第一个项目“小湾水电站”竣工环境保护验收起，以全面调查工程建设与试运行以来造成的环境影响，编制调查报告的形式，为公路、铁路、管道（管线）、水利、水电、油（气）田开发、矿山开采等建设项目竣工环境保护验收提供验收依据已逐渐形成惯例。《建设项目环境保护管理条例》中明确建设单位应当按照国务院生态环境主管部门规定的标准和程序，对配套建设的环境保护设施进行验收。

为进一步贯彻《中华人民共和国环境保护法》《中华人民共和国环境影响评价法》和《建设项目环境保护管理条例》，规范建设项目竣工后建设单位自主开展环境保护验收的程序和标准，2017 年原环境保护部制定了《建设项目竣工环境保护验收暂行办法》（国环规环评〔2017〕4 号）。

暂行办法中规定以排放污染物为主的建设项目，参照《建设项目竣工环境保护验收技术指南　污染影响类》（生态环境部公告　2018 年　第 9 号）编制验收监测报告；主要对生态造成影响的建设项目，按照《建设项目竣工环境保护验收技术规范　生态影响类》（HJ/T 394—2007）编制验收调查报告。

第一节　建设项目竣工环境保护验收暂行办法

一、总则

第一条　为规范建设项目环境保护设施竣工验收的程序和标准，强化建设单位环境保护主体责任，根据《建设项目环境保护管理条例》，制定本办法。

第二条　本办法适用于编制环境影响报告书（表）并根据环保法律法规的规定由建设单位实施环境保护设施竣工验收的建设项目以及相关监督管理。

第三条　建设项目竣工环境保护验收的主要依据包括：

（一）建设项目环境保护相关法律、法规、规章、标准和规范性文件；

（二）建设项目竣工环境保护验收技术规范；

（三）建设项目环境影响报告书（表）及审批部门审批决定。

第四条 建设单位是建设项目竣工环境保护验收的责任主体，应当按照本办法规定的程序和标准，组织对配套建设的环境保护设施进行验收，编制验收报告，公开相关信息，接受社会监督，确保建设项目需要配套建设的环境保护设施与主体工程同时投产或者使用，并对验收内容、结论和所公开信息的真实性、准确性和完整性负责，不得在验收过程中弄虚作假。

环境保护设施是指防治环境污染和生态破坏以及开展环境监测所需的装置、设备和工程设施等。

验收报告分为验收监测（调查）报告、验收意见和其他需要说明的事项三项内容。

二、验收的程序和内容

第五条 建设项目竣工后，建设单位应当如实查验、监测、记载建设项目环境保护设施的建设和调试情况，编制验收监测（调查）报告。以排放污染物为主的建设项目，参照《建设项目竣工环境保护验收技术指南 污染影响类》编制验收监测报告；主要对生态造成影响的建设项目，按照《建设项目竣工环境保护验收技术规范 生态影响类》编制验收调查报告；火力发电、石油炼制、水利水电、核与辐射等已发布行业验收技术规范的建设项目，按照该行业验收技术规范编制验收监测报告或者验收调查报告。

建设单位不具备编制验收监测（调查）报告能力的，可以委托有能力的技术机构编制。建设单位对受委托的技术机构编制的验收监测（调查）报告结论负责。建设单位与受委托的技术机构之间的权利义务关系，以及受委托的技术机构应当承担的责任，可以通过合同形式约定。

第六条 需要对建设项目配套建设的环境保护设施进行调试的，建设单位应当确保调试期间污染物排放符合国家和地方有关污染物排放标准和排污许可等相关管理规定。

环境保护设施未与主体工程同时建成的，或者应当取得排污许可证但未取得的，建设单位不得对该建设项目环境保护设施进行调试。

调试期间，建设单位应当对环境保护设施运行情况和建设项目对环境的影响进行监测。验收监测应当在确保主体工程调试工况稳定、环境保护设施运行正常的情况下进行，并如实记录监测时的实际工况。国家和地方有关污染物排放标准或者行业验收技术规范对工况和生产负荷另有规定的，按其规定执行。建设单位开展验收监测活动，可根据自身条件和能力，利用自有人员、场所和设备自行监测；也可以委托其他有能力的监测机构开展监测。

第七条 验收监测（调查）报告编制完成后，建设单位应当根据验收监测（调查）

报告结论，逐一检查是否存在本办法第八条所列验收不合格的情形，提出验收意见。存在问题的，建设单位应当进行整改，整改完成后方可提出验收意见。

验收意见包括工程建设基本情况、工程变动情况、环境保护设施落实情况、环境保护设施调试效果、工程建设对环境的影响、验收结论和后续要求等内容，验收结论应当明确该建设项目环境保护设施是否验收合格。

建设项目配套建设的环境保护设施经验收合格后，其主体工程方可投入生产或者使用；未经验收或者验收不合格的，不得投入生产或者使用。

第八条　建设项目环境保护设施存在下列情形之一的，建设单位不得提出验收合格的意见：

（一）未按环境影响报告书（表）及其审批部门审批决定要求建成环境保护设施，或者环境保护设施不能与主体工程同时投产或者使用的；

（二）污染物排放不符合国家和地方相关标准、环境影响报告书（表）及其审批部门审批决定或者重点污染物排放总量控制指标要求的；

（三）环境影响报告书（表）经批准后，该建设项目的性质、规模、地点、采用的生产工艺或者防治污染、防止生态破坏的措施发生重大变动，建设单位未重新报批环境影响报告书（表）或者环境影响报告书（表）未经批准的；

（四）建设过程中造成重大环境污染未治理完成，或者造成重大生态破坏未恢复的；

（五）纳入排污许可管理的建设项目，无证排污或者不按证排污的；

（六）分期建设、分期投入生产或者使用依法应当分期验收的建设项目，其分期建设、分期投入生产或者使用的环境保护设施防治环境污染和生态破坏的能力不能满足其相应主体工程需要的；

（七）建设单位因该建设项目违反国家和地方环境保护法律法规受到处罚，被责令改正，尚未改正完成的；

（八）验收报告的基础资料数据明显不实，内容存在重大缺项、遗漏，或者验收结论不明确、不合理的；

（九）其他环境保护法律法规规章等规定不得通过环境保护验收的。

第九条　为提高验收的有效性，在提出验收意见的过程中，建设单位可以组织成立验收工作组，采取现场检查、资料查阅、召开验收会议等方式，协助开展验收工作。验收工作组可以由设计单位、施工单位、环境影响报告书（表）编制机构、验收监测（调查）报告编制机构等单位代表以及专业技术专家等组成，代表范围和人数自定。

第十条　建设单位在“其他需要说明的事项”中应当如实记载环境保护设施设计、施工和验收过程简况、环境影响报告书（表）及其审批部门审批决定中提出的除环境保护设施外的其他环境保护对策措施的实施情况，以及整改工作情况等。

相关地方政府或者政府部门承诺负责实施与项目建设配套的防护距离内居民搬迁、

功能置换、栖息地保护等环境保护对策措施的，建设单位应当积极配合地方政府或部门在所承诺的时限内完成，并在“其他需要说明的事项”中如实记载前述环境保护对策措施的实施情况。

第十一条 除按照国家需要保密的情形外，建设单位应当通过其网站或其他便于公众知晓的方式，向社会公开下列信息：

（一）建设项目配套建设的环境保护设施竣工后，公开竣工日期；

（二）对建设项目配套建设的环境保护设施进行调试前，公开调试的起止日期；

（三）验收报告编制完成后 5 个工作日内，公开验收报告，公示的期限不得少于 20 个工作日。

建设单位公开上述信息的同时，应当向所在地县级以上生态环境主管部门报送相关信息，并接受监督检查。

第十二条 除需要取得排污许可证的水和大气污染防治设施外，其他环境保护设施的验收期限一般不超过 3 个月；需要对该类环境保护设施进行调试或者整改的，验收期限可以适当延期，但最长不超过 12 个月。

验收期限是指自建设项目环境保护设施竣工之日起至建设单位向社会公开验收报告之日止的时间。

第十三条 验收报告公示期满后 5 个工作日内，建设单位应当登录全国建设项目竣工环境保护验收信息平台，填报建设项目基本信息、环境保护设施验收情况等相关信息，生态环境主管部门对上述信息予以公开。

建设单位应当将验收报告以及其他档案资料存档备查。

第十四条 纳入排污许可管理的建设项目，排污单位应当在项目产生实际污染物排放之前，按照国家排污许可有关管理规定要求，申请排污许可证，不得无证排污或不按证排污。建设项目验收报告中与污染物排放相关的主要内容应当纳入该项目验收完成当年排污许可证执行年报。

三、监督检查

第十五条 各级生态环境主管部门应当按照《建设项目环境保护事中事后监督管理办法（试行）》等规定，通过“双随机一公开”抽查制度，强化建设项目环境保护事中事后监督管理。

要充分依托建设项目竣工环境保护验收信息平台，采取随机抽取检查对象和随机选派执法检查人员的方式，同时结合重点建设项目定点检查，对建设项目环境保护设施“三同时”落实情况、竣工验收等情况进行监督性检查，监督结果向社会公开。

第十六条 需要配套建设的环境保护设施未建成、未经验收或者经验收不合格，建设项目已投入生产或者使用的，或者在验收中弄虚作假的，或者建设单位未依法向社会公开验收报告的，县级以上生态环境主管部门应当依照《建设项目环境保护管理条例》的规定予以处罚，并将建设项目有关环境违法信息及时记入诚信档案，及时向社会公开违法者名单。

第十七条　相关地方政府或者政府部门承诺负责实施的环境保护对策措施未按时完成的，生态环境主管部门可以依照法律法规和有关规定采取约谈、综合督查等方式督促相关政府或者政府部门抓紧实施。

第二节　建设项目竣工环境保护验收技术指南　污染影响类

一、适用范围

本技术指南规定了污染影响类建设项目竣工环境保护验收的总体要求，提出了验收程序、验收自查、验收监测方案和报告编制、验收监测技术的一般要求。

本技术指南适用于污染影响类建设项目竣工环境保护验收，已发布行业验收技术规范的建设项目从其规定，行业验收技术规范中未规定的内容按照本指南执行。

二、验收工作程序

验收工作主要包括验收监测工作和后续工作，其中验收监测工作可分为启动、自查、编制验收监测方案、实施监测与检查、编制验收监测报告五个阶段。具体工作程序见图 12-1。

三、验收自查

1. 环保手续履行情况

主要包括环境影响报告书（表）及其审批部门审批决定，初步设计（环保篇）等文件，国家与地方生态环境部门对项目的督查、整改要求的落实情况，建设过程中的重大变动及相应手续履行情况，是否按排污许可相关管理规定申领了排污许可证，是否按辐射安全许可管理办法申领了辐射安全许可证。

2. 项目建成情况

对照环境影响报告书（表）及其审批部门审批决定等文件，自查项目建设性质、规模、地点，主要生产工艺、产品及产量、原辅材料消耗，项目主体工程、辅助工程、公用工程、储运工程和依托工程内容及规模等情况。

3. 环境保护设施建设情况

（1）建设过程

施工合同中是否涵盖环境保护设施的建设内容和要求，是否有环境保护设施建设进度和资金使用内容，项目实际环保投资总额占项目实际总投资额的百分比。

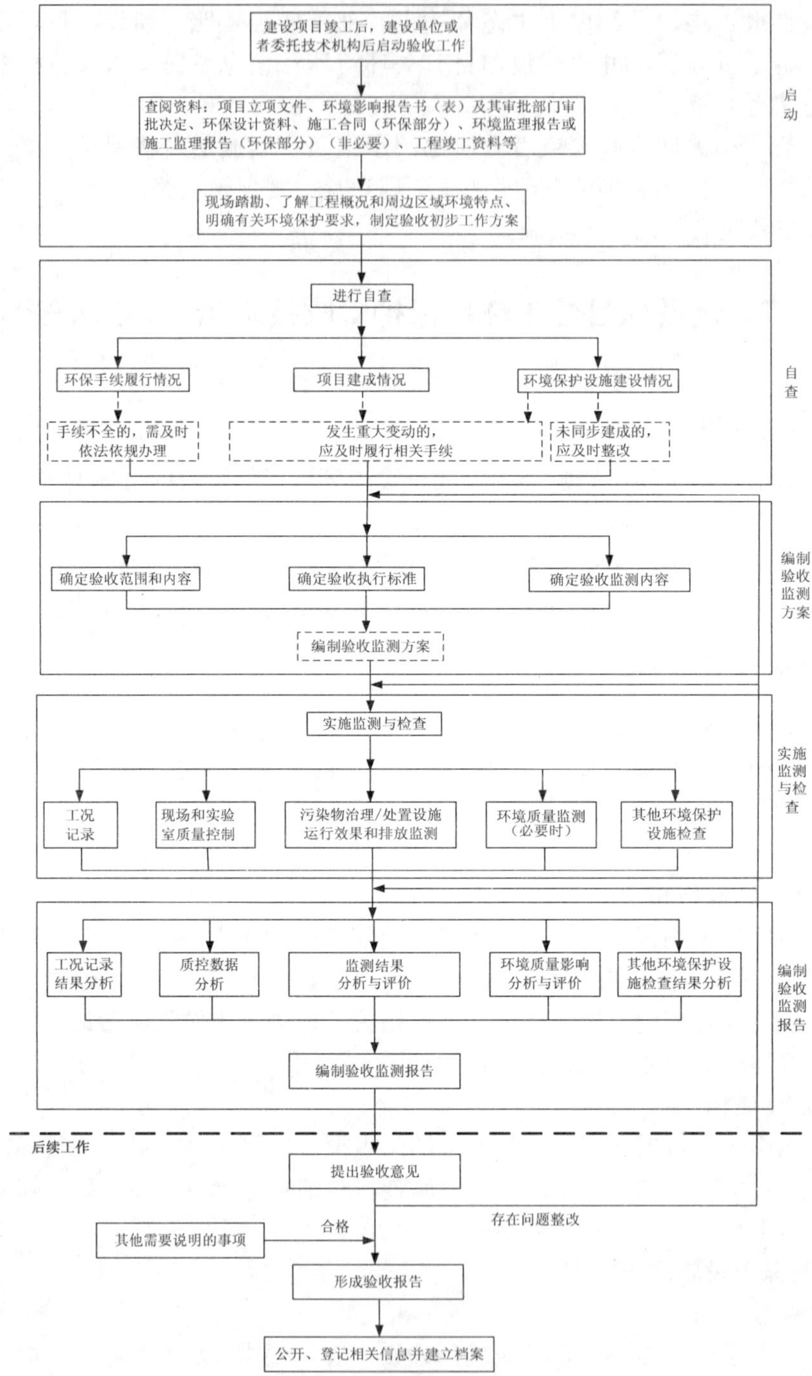
建设项目竣工后，建设单位或者委托技术机构后启动验收工作
查阅资料：项目立项文件、环境影响报告书（表）及其审批部门审批决定、环保设计资料、施工合同（环保部分）、环境监理报告或施工监理报告（环保部分）（非必要）、工程竣工资料等
现场踏勘、了解工程概况和周边区域环境特点、明确有关环境保护要求，制定验收初步工作方案
启动
进行自查
环保手续履行情况
项目建成情况
环境保护设施建设情况
手续不全的，需及时依法依规办理
发生重大变动的，应及时履行相关手续
未同步建成的，应及时整改
自查
确定验收范围和内容
确定验收执行标准
确定验收监测内容
编制验收监测方案
编制验收监测方案
实施监测与检查
工况记录
现场和实验室质量控制
污染物治理/处置设施运行效果和排放监测
环境质量监测（必要时）
其他环境保护设施检查
实施监测与检查
工况记录结果分析
质控数据分析
监测结果分析与评价
环境质量影响分析与评价
其他环境保护设施检查结果分析
编制验收监测报告
编制验收监测报告
后续工作
提出验收意见
存在问题整改
合格
其他需要说明的事项
形成验收报告
公开、登记相关信息并建立档案

图 12-1 验收工作程序

（2）污染物治理/处置设施

按照废气、废水、噪声、固体废物的顺序，逐项自查环境影响报告书（表）及其审批部门审批决定中的污染物治理/处置设施建成情况，如废水处理设施类别、规模、工艺及主要技术参数，排放口数量及位置；废气处理设施类别、处理能力、工艺及主要技术参数，排气筒数量、位置及高度；主要噪声源的防噪降噪设施；辐射防护设施类别及防护能力；固体废物的储运场所及处置设施等。

（3）其他环境保护设施

按照环境风险防范、在线监测和其他设施的顺序，逐项自查环境影响报告书（表）及其审批部门审批决定中的其他环境保护设施建成情况，如装置区围堰、防渗工程、事故池；规范化排污口及监测设施、在线监测装置；“以新带老”改造工程、关停或拆除现有工程（旧机组或装置）、淘汰落后生产装置；生态恢复工程、绿化工程、边坡防护工程等。

（4）整改情况

自查发现未落实环境影响报告书（表）及其审批部门审批决定要求的环境保护设施的，应及时整改。

四、重大变动情况

自查发现项目性质、规模、地点、采用的生产工艺或者防治污染、防止生态破坏的措施发生重大变动，且未重新报批环境影响报告书（表）或环境影响报告书（表）未经批准的，建设单位应及时依法依规履行相关手续。

五、验收监测方案与验收监测报告编制

1．验收监测方案编制

（1）验收监测方案编制目的及要求

编制验收监测方案是根据验收自查结果，明确工程实际建设情况和环境保护设施落实情况，在此基础上确定验收工作范围、验收评价标准，明确监测期间工况记录方法，确定验收监测点位、监测因子、监测方法、频次等，确定其他环境保护设施验收检查内容，制定验收监测质量保证和质量控制工作方案。

验收监测方案作为实施验收监测与检查的依据，有助于验收监测与检查工作开展得更加规范、全面和高效。石化、化工、冶炼、印染、造纸、钢铁等重点行业编制环境影响报告书的项目推荐编制验收监测方案。建设单位也可根据建设项目的具体情况，自行决定是否编制验收监测方案。

（2）验收监测方案推荐内容

验收监测方案内容可包括：建设项目概况、验收依据、项目建设情况、环境保护设

施、验收执行标准、验收监测内容、现场监测注意事项、其他环保设施检查内容、质量保证和质量控制方案等。

2．验收监测报告编制

编制验收监测报告是在实施验收监测与检查后，对监测数据和检查结果进行分析、评价得出结论。结论应明确环境保护设施调试、运行效果，包括污染物排放达标情况、环境保护设施处理效率达到设计指标情况、主要污染物排放总量核算结果与总量指标符合情况，建设项目对周边环境质量的影响情况，其他环保设施落实情况等。

（1）报告编制基本要求

验收监测报告编制应规范、全面，必须如实、客观、准确地反映建设项目对环境影响报告书（表）及审批部门审批决定要求的落实情况。

（2）验收监测报告内容

验收监测报告内容应包括但不限于以下内容：

建设项目概况、验收依据、项目建设情况、环境保护设施、环境影响报告书（表）主要结论与建议及审批部门审批决定、验收执行标准、验收监测内容、质量保证和质量控制、验收监测结果、验收监测结论、建设项目环境保护“三同时”竣工验收登记表等。

编制环境影响报告书的建设项目应编制建设项目竣工环境保护验收监测报告，编制环境影响报告表的建设项目可视情况自行决定编制建设项目竣工环境保护验收监测报告书或表。

六、验收监测技术要求

1．工况记录要求

验收监测应当在确保主体工程工况稳定、环境保护设施运行正常的情况下进行，并如实记录监测时的实际工况以及决定或影响工况的关键参数，如实记录能够反映环境保护设施运行状态的主要指标。典型行业主体工程、环保工程及辅助工程在验收监测期间的工况记录推荐方法见指南附录3。

2．验收执行标准

（1）污染物排放标准

建设项目竣工环境保护验收污染物排放标准原则上执行环境影响报告书（表）及其审批部门审批决定所规定的标准。在环境影响报告书（表）审批之后发布或修订的标准对建设项目执行该标准有明确时限要求的，按新发布或修订的标准执行。特别排放限值的实施地域范围、时间，按国务院生态环境主管部门或省级人民政府规定执行。

建设项目排放环境影响报告书（表）及其审批部门审批决定中未包括的污染物，执行相应的现行标准。

对国家和地方标准以及环境影响报告书（表）审批决定中尚无规定的特征污染因

子，可按照环境影响报告书（表）和工程《初步设计》（环保篇）等的设计指标进行参照评价。

（2）环境质量标准

建设项目竣工环境保护验收期间的环境质量评价执行现行有效的环境质量标准。

（3）环境保护设施处理效率

环境保护设施处理效率按照相关标准、规范、环境影响报告书（表）及其审批部门审批决定的相关要求进行评价，也可参照工程《初步设计》（环保篇）中的要求或设计指标进行评价。

3．监测内容

（1）环保设施调试运行效果监测

① 环境保护设施处理效率监测。

各种废水处理设施的处理效率；

各种废气处理设施的去除效率；

固（液）体废物处理设备的处理效率和综合利用率等；

用于处理其他污染物的处理设施的处理效率；

辐射防护设施屏蔽能力及效果。

若不具备监测条件，无法进行环保设施处理效率监测的，需在验收监测报告（表）中说明具体情况及原因。

② 污染物排放监测。

a）排放到环境中的废水，以及环境影响报告书（表）及其审批部门审批决定中有回用或间接排放要求的废水；

b）排放到环境中的各种废气，包括有组织排放和无组织排放；

c）产生的各种有毒有害固（液）体废物，需要进行危废鉴别的，按照相关危废鉴别技术规范和标准执行；

d）厂界环境噪声；

e）环境影响报告书（表）及其审批部门审批决定、排污许可证规定的总量控制污染物的排放总量；

f）场所辐射水平。

（2）环境质量影响监测

环境质量影响监测主要针对环境影响报告书（表）及其审批部门审批决定中关注的环境敏感保护目标的环境质量，包括地表水、地下水和海水、环境空气、声环境、土壤环境、辐射环境质量等的监测。

（3）监测因子确定原则

监测因子确定的原则如下：

环境影响报告书（表）及其审批部门审批决定中确定的污染物；

环境影响报告书（表）及其审批部门审批决定中未涉及，但属于实际生产可能产生的污染物；

环境影响报告书（表）及其审批部门审批决定中未涉及，但现行相关国家或地方污染物排放标准中有规定的污染物；

环境影响报告书（表）及其审批部门审批决定中未涉及，但现行国家总量控制规定的污染物；

其他影响环境质量的污染物，如调试过程中已造成环境污染的污染物，国家或地方生态环境部门提出的、可能影响当地环境质量、需要关注的污染物等。

（4）验收监测频次确定原则

为使验收监测结果全面真实地反映建设项目污染物排放和环境保护设施的运行效果，采样频次应能充分反映污染物排放和环境保护设施的运行情况，因此，监测频次一般按以下原则确定：

对有明显生产周期、污染物稳定排放的建设项目，污染物的采样和监测频次一般为2～3个周期，每个周期3至多次（不应少于执行标准中规定的次数）；

对无明显生产周期、污染物稳定排放、连续生产的建设项目，废气采样和监测频次一般不少于2天、每天不少于3个样品；废水采样和监测频次一般不少于2天，每天不少于4次；厂界噪声监测一般不少于2天，每天不少于昼夜各1次；

场所辐射监测运行和非运行两种状态下每个测点测试数据一般不少于5个；

固体废物（液）采样一般不少于2天，每天不少于3个样品，分析每天的混合样，需要进行危废鉴别的，按照相关危废鉴别技术规范和标准执行；

对污染物排放不稳定的建设项目，应适当增加采样频次，以便能够反映污染物排放的实际情况；

对型号、功能相同的多个小型环境保护设施处理效率监测和污染物排放监测，可采用随机抽测方法进行。

抽测的原则：同样设施总数大于5个且小于20个的，随机抽测设施数量比例应不小于同样设施总数量的50%；

同样设施总数大于 20 个的，随机抽测设施数量比例应不小于同样设施总数量的30%；

进行环境质量监测时，地表水和海水环境质量监测一般不少于2天、监测频次按相关监测技术规范并结合项目排放口废水排放规律确定；

地下水监测一般不少于2天、每天不少于2次，采样方法按相关技术规范执行；环境空气质量监测一般不少于2天、采样时间按相关标准规范执行；

环境噪声监测一般不少于2天、监测量及监测时间按相关标准规范执行；

土壤环境质量监测至少布设三个采样点，每个采样点至少采集1个样品，采样点布设和样品采集方法按相关技术规范执行；

对设施处理效率的监测，可选择主要因子并适当减少监测频次，但应考虑处理周期并合理选择处理前、后的采样时间，对于不稳定排放的，应关注最高浓度排放时段。

4．质量保证和质量控制要求

验收监测采样方法、监测分析方法、监测质量保证和质量控制要求均按照《排污单位自行监测技术指南 总则》（HJ 819）执行。

第三节 建设项目竣工环境保护验收技术规范 生态影响类

一、总则

1．适用范围

该标准适用于交通运输（公路，铁路，城市道路和轨道交通，港口和航运，管道运输等）、水利水电、石油和天然气开采、矿山采选、电力生产（风力发电）、农业、林业、牧业、渔业、旅游等行业和海洋、海岸带开发、高压输变电线路等主要对生态造成影响的建设项目，以及区域、流域开发项目竣工环境保护验收调查工作。其他项目涉及生态影响的可参照执行。

2．验收调查工作程序

验收调查工作可分为准备、初步调查、编制实施方案、详细调查、编制调查报告五个阶段。具体工作程序见图12-2。

（1）准备阶段：收集、分析工程有关的文件和资料，了解工程概况和项目建设区域的基本生态特征，明确环境影响评价文件和环境影响评价审批文件有关要求，制定初步调查工作方案。

（2）初步调查阶段：核查工程设计、建设变更情况及环境敏感目标变化情况，初步掌握环境影响评价文件和环境影响评价审批文件要求的环境保护措施落实情况、与主体工程配套的污染防治设施完成及运行情况和生态保护措施执行情况，获取相应的影像资料。

（3）编制实施方案阶段：确定验收调查标准、范围、重点及采用的技术方法，编制验收调查实施方案文本。

（4）详细调查阶段：调查工程建设期和运行期造成的实际环境影响，详细核查环境影响评价文件及初步设计文件提出的环境保护措施落实情况、运行情况、有效性和环境影响评价审批文件有关要求的执行情况。

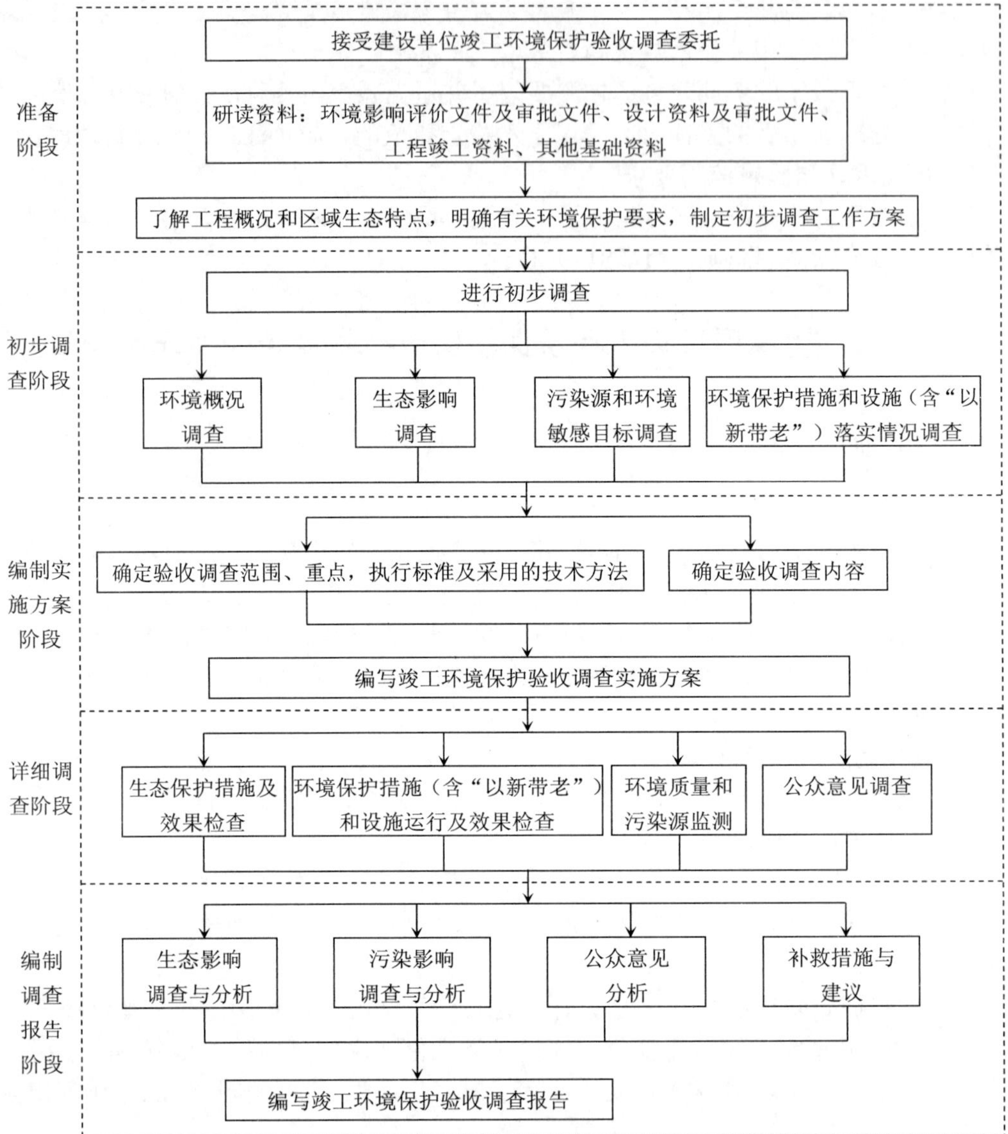

图 12-2　验收调查工作程序

（5）编制调查报告阶段：对项目建设造成的实际环境影响、环境保护措施的落实情况进行论证分析，针对尚未达到环境保护验收要求的各类环境保护问题，提出整改与补救措施，明确验收调查结论，编制验收调查报告文本。

3. 验收调查时段和范围

根据工程建设过程，验收调查时段一般分为工程前期、施工期、试运行期三个时段。

验收调查范围原则上与环境影响评价文件的评价范围一致；当工程实际建设内容发生变更或环境影响评价文件未能全面反映出项目建设的实际生态影响和其他环境影响时，根据工程实际变更和实际环境影响情况，结合现场踏勘对调查范围进行适当调整。

4. 验收调查标准

验收调查标准原则上采用建设项目环境影响评价阶段经生态环境主管部门确认的环境保护标准与环境保护设施工艺指标进行验收，对已修订新颁布的环境保护标准应提出验收后按新标准进行达标考核的建议。

环境影响评价文件和环境影响评价审批文件中有明确规定的按其规定作为验收标准；环境影响评价文件和环境影响评价审批文件中没有明确规定的，可按法律、法规、部门规章的规定参考国家、地方或发达国家环境保护标准；现阶段暂时还没有环境保护标准的可按实际调查情况给出结果。

5. 验收调查运行工况要求

对于公路、铁路、轨道交通等线性工程以及港口项目，验收调查应在工况稳定、生产负荷达到近期预测生产能力（或交通量）75%以上的情况下进行；如果短期内生产能力（或交通量）确实无法达到设计能力75%或以上的，验收调查应在主体工程运行稳定、环境保护设施运行正常的条件下进行，注明实际调查工况，并按环境影响评价文件近期的设计能力（或交通量）对主要环境要素进行影响分析。生产能力达不到设计能力75%时，可以通过调整工况达到设计能力75%以上再进行验收调查。国家、地方环境保护标准对建设项目运行工况另有规定的按相应标准规定执行。对于水利水电项目、输变电工程、油气开发工程（含集输管线）、矿山采选可按其行业特征执行，在工程正常运行的情况下即可开展验收调查工作。对分期建设、分期投入生产的建设项目应分阶段开展验收调查工作，如水利、水电项目分期蓄水、发电等。

6. 验收调查重点

验收调查应重点调查以下内容：

（1）核查实际工程内容及方案设计变更情况。

（2）环境敏感目标基本情况及变更情况。

（3）实际工程内容及方案设计变更造成的环境影响变化情况。

（4）环境影响评价制度及其他环境保护规章制度执行情况。

（5）环境影响评价文件及环境影响评价审批文件中提出的主要环境影响。

（6）环境质量和主要污染因子达标情况。

（7）环境保护设计文件、环境影响评价文件及环境影响评价审批文件中提出的环境保护措施落实情况及其效果、污染物排放总量控制要求落实情况、环境风险防范与应急措施落实情况及有效性。

（8）工程施工期和试运行期实际存在的及公众反映强烈的环境问题。

（9）验证环境影响评价文件对污染因子达标情况的预测结果。

（10）工程环境保护投资情况。

二、验收调查技术要求

1．环境敏感目标调查

根据表 12-1 所界定的环境敏感目标，调查其地理位置、规模与工程的相对位置关系、所处环境功能区及保护内容等，附图、列表予以说明，并注明实际环境敏感目标与环境影响评价文件中的变化情况及变化原因。

表 12-1　环境敏感目标

环境敏感目标	主要内容
需特殊保护地区	国家法律、法规、行政规章及规划确定的或经县级以上人民政府批准的需要特殊保护的地区，如饮用水水源保护区、自然保护区、风景名胜区、生态功能保护区、基本农田保护区、水土流失重点防治区、森林公园、地质公园、世界遗产地、国家重点文物保护单位、历史文化保护地等，以及有特殊价值的生物物种资源分布区域
生态敏感与脆弱区	沙尘暴源区、石漠化区、荒漠中的绿洲、严重缺水地区、珍稀动植物栖息地或特殊生态系统、天然林、热带雨林、红树林、珊瑚礁、鱼虾产卵场、重要湿地和天然渔场等
社会关注区	具有历史、文化、科学、民族意义的保护地等

2．工程调查

（1）工程建设过程。应说明建设项目立项时间和审批部门，初步设计完成及批复时间，环境影响评价文件完成及审批时间，工程开工建设时间，环境保护设施设计单位、施工单位和工程环境监理单位，投入试运行时间等。

（2）工程概况。应明确建设项目所处的地理位置、项目组成、工程规模、工程量、主要经济或技术指标（可列表）、主要生产工艺及流程、工程总投资与环境保护投资（环境保护投资应列表分类详细列出）、工程运行状况等。工程建设过程中发生变更时，应重点说明其具体变更内容及有关情况。

（3）提供适当比例的工程地理位置图和工程平面图（线性工程给出线路走向示意图），明确比例尺，工程平面布置图（或线路走向示意图）中应标注主要工程设施和环境敏感目标。

3．环境保护措施落实情况调查

（1）概括描述工程在设计、施工、运行阶段针对生态影响、污染影响和社会影响所采取的环境保护措施，并对环境影响评价文件及环境影响评价审批文件所提各项环境保护措施的落实情况一一予以核实、说明。

（2）给出环境影响评价、设计和实际采取的生态保护和污染防治措施对照、变化情况，并对变化情况予以必要的说明；对无法全面落实的措施，应说明实际情况并提出后续实施、改进的建议。

（3）生态影响的环境保护措施主要是针对生态敏感目标（水生、陆生）的保护措施，包括植被的保护与恢复措施、野生动物保护措施（如野生动物通道）、水环境保护措施、生态用水泄水建筑物及运行方案、低温水缓解工程措施、鱼类保护设施与措施、水土流失防治措施、土壤质量保护和占地恢复措施、自然保护区、风景名胜区、生态功能保护区等生态敏感目标的保护措施、生态监测措施等。

（4）污染影响的环境保护措施主要是指针对水、气、声、固体废物、电磁、振动等各类污染源所采取的保护措施。

（5）社会影响的环境保护措施主要包括移民安置、文物保护等方面所采取的保护措施。

4．生态影响调查

（1）调查内容

根据建设项目的特点设置调查内容，一般包括：

① 工程沿线生态状况，珍稀动植物和水生生物的种类、保护级别和分布状况、鱼类三场分布等。

② 工程占地情况调查，包括临时占地、永久占地，列表说明占地位置、用途、类型、面积、取弃土量（取弃土场）及生态恢复情况等。

③ 工程影响区域内水土流失现状、成因、类型，所采取的水土保持、绿化及措施的实施效果等。

④ 工程影响区域内自然保护区、风景名胜区、饮用水源保护区、生态功能保护区、基本农田保护区、水土流失重点防治区、森林公园、地质公园、世界遗产地等生态敏感目标和人文景观的分布状况，明确其与工程影响范围的相对位置关系、保护区级别、保护物种及保护范围等。提供适当比例的保护区位置图，注明工程相对位置、保护区位置和边界。

⑤ 工程影响区域内植被类型、数量、覆盖率的变化情况。

⑥ 工程影响区域内不良地质地段分布状况及工程采取的防护措施。

⑦ 工程影响区域内水利设施、农业灌溉系统分布状况及工程采取的保护措施。

⑧ 建设项目建设及运行改变周围水系情况时，应做水文情势调查，必要时须进行水

生生态调查。

⑨ 如需进行植物样方、水生生态、土壤调查，应明确调查范围、位置、因子、频次，并提供调查点位图。

⑩ 上述内容可根据实际情况进行适当增减。

（2）调查方法

① 文件资料调查。

查阅工程有关协议、合同等文件，了解工程施工期产生的生态影响，调查工程建设占用土地（耕地、林地、自然保护区等）或水利设施等产生的生态影响及采取的相应生态补偿措施。

② 现场勘察。

a）通过现场勘察核实文件资料的准确性，了解项目建设区域的生态背景，评估生态影响的范围和程度，核查生态保护与恢复措施的落实情况。

b）现场勘察范围：全面覆盖项目建设所涉及的区域，勘察区域与勘察对象应基本能覆盖建设项目所涉及区域的 80%以上。对于建设项目涉及的范围较大、无法全部覆盖的，可根据随机性和典型性的原则，选择有代表性的区域与对象进行重点现场勘察。

c）勘察区域与勘察对象的选择应遵循验收调查重点确定原则进行。

d）为了定量了解项目建设前后对周围生态所产生的影响，必要时需进行植物样方调查或水生生态影响调查。若环境影响评价文件未进行此部分调查而工程的影响又较为突出、需定量时，需设置此部分调查内容；原则上与环境影响评价文件中的调查内容、位置、因子相一致；若工程变更影响位置发生变化时，除在影响范围内选点进行调查外，还应在未影响区选择对照点进行调查。

③ 公众意见调查。

可以定性了解建设项目在不同时期存在的环境影响，发现工程前期和施工期曾经存在的及目前可能遗留的环境问题，有助于明确和分析运行期公众关心的环境问题，为改进已有环境保护措施和提出补救措施提供依据。

公众意见调查在公众知情的情况下开展，可采用问询、问卷调查、座谈会、媒体公示等方法，较为敏感或知名度较高的项目也可采取听证会的方式。调查对象应选择工程影响范围内的人群，从性别、年龄、职业、居住地、受教育程度等方面考虑覆盖社会各阶层的意见，民族地区必须有少数民族的代表。调查样本数量应根据实际受影响人群数量和人群分布特征，在满足代表性的前提下确定。

调查内容可根据建设项目的工程特点和周围环境特征设置，一般包括：

a）工程施工期是否发生过环境污染事件或扰民事件。

b）公众对建设项目施工期、试运行期存在的主要环境问题和可能存在的环境影响方式的看法与认识，可按生态、水、气、声、固体废物、振动、电磁等环境要素设计问题。

c）公众对建设项目施工期、试运行期采取的环境保护措施效果的满意度及其他意见。

d）对涉及环境敏感目标或公众环境利益的建设项目，应针对环境敏感目标或公众环境利益设计调查问题，了解其是否受到影响。

e）公众最关注的环境问题及希望采取的环境保护措施。

f）公众对建设项目环境保护工作的总体评价。

④ 遥感调查。

a）适用于涉及范围区域较大、人力勘察较为困难或难以到达的建设项目。

b）遥感调查一般需以下内容：卫星遥感资料、地形图等基础资料，通过卫星遥感技术或 GPS 定位等技术获取专题数据；数据处理与分析；成果生成。

（3）调查结果分析

① 自然生态影响调查结果。

a）根据工程建设前后影响区域内重要野生生物（包括陆生和水生）生存环境及生物量的变化情况，结合工程采取的保护措施，分析工程建设对动植物生存的影响；调查与环境影响评价文件中预测值的符合程度及减免、补偿措施的落实情况。

b）分析建设项目建设及运营造成的地貌影响及保护措施。

c）分析工程建设对自然保护区、风景名胜区、人文景观等生态敏感目标的影响，并提供工程与环境敏感目标的相对位置关系图，必要时提供图片辅助说明调查结果。

② 农业生态影响调查结果。

a）与环境影响评价文件对比，列表说明工程实际占地和变化情况，包括基本农田和耕地，明确占地性质、占地位置、占地面积、用途、采取的恢复措施和恢复效果，必要时采用图片进行说明。

b）说明工程影响区域内对水利设施、农业灌溉系统采取的保护措施。

c）分析采取工程、植物、节约用地、保护和管理措施后，对区域内农业生态的影响。

③ 水土流失影响调查结果。

a）列表说明工程土石方量调运情况，占地位置、原土地类型、采取的生态恢复措施和恢复效果，采取的护坡、排水、防洪、绿化工程等。

b）调查工程对影响区域内河流、水利设施的影响，包括与工程的相对位置关系、工程施工方式、采取的保护措施。

c）调查采取工程、植物和管理措施后，保护水土资源的情况。

d）根据建设项目建设前水土流失原始状况，对工程施工扰动原地貌、损坏土地和植被、弃渣、损坏水土保持设施和造成水土流失的类型、分布、流失总量及危害的情况进行分析。

e）若建设项目水土保持验收工作已结束，可适当参考其验收结果。

f）必要时辅以图表进行说明。

④ 监测结果。

a）统计监测数据，与原有生态数据或相关标准对比，明确环境变化情况，并分析发生变化的原因。

b）分析工程建设前后对环境敏感目标的影响程度。

⑤ 措施有效性分析及补救措施与建议。

a）从自然生态影响、生态敏感目标影响、农业生态影响、水土流失影响等方面分析采取的生态保护措施的有效性。分析指标包括生物量、特殊生境条件、特有物种的增减量、景观效果、水土流失率等；评述生态保护措施对生态结构与功能的保护（保护性质与程度）、生态功能补偿的可达性、预期的可恢复程度等。

b）根据上述分析结果，对存在的问题分析原因，并从保护、恢复、补偿、建设等方面提出具有操作性的补救措施和建议。

c）对短期内难以显现的预期生态影响，应提出跟踪监测要求及回顾性评价建议，并制订监测计划。

（4）调查结论与建议

调查结论是全部调查工作的结论，编写时需概括和总结全部工作。

① 总结建设项目对环境影响评价文件及环境影响评价审批文件要求的落实情况。

② 重点概括说明工程建设完成后产生的主要环境问题及现有环境保护措施的有效性，在此基础上，对环境保护措施提出改进措施和建议。

③ 根据调查和分析的结果，客观、明确地从技术角度论证工程是否符合建设项目竣工环境保护验收条件，主要包括：

a）建议通过竣工环境保护验收。

b）限期整改后，建议通过竣工环境保护验收。